ONE
FOOD
×
ONE
LESSON

×

EAT,
HISTORY AND
CULTURE

美食背后的
文史盛宴

江隐龙 著　安颜颜 摄影

中国轻工业出版社

图书在版编目（CIP）数据

一食一课：美食背后的文史盛宴 / 江隐龙著；安颜颜摄影. —北京：中国轻工业出版社，2024.1
ISBN 978-7-5184-4591-2

Ⅰ.①一… Ⅱ.①江… ②安… Ⅲ.①饮食—文化—中国—摄影集 Ⅳ.① TS971.202-64

中国国家版本馆 CIP 数据核字（2023）第 203138 号

责任编辑：钟　雨
策划编辑：钟　雨　　责任终审：劳国强　　封面设计：伍毓泉
版式设计：锋尚设计　　责任校对：朱燕春　　责任监印：张京华

出版发行：中国轻工业出版社（北京鲁谷东街5号，邮编：100040）
印　　刷：鸿博昊天科技有限公司
经　　销：各地新华书店
版　　次：2024年1月第1版第1次印刷
开　　本：710×1000　1/16　印张：18.25
字　　数：347千字
书　　号：ISBN 978-7-5184-4591-2　定价：98.00元
邮购电话：010-85119873
发行电话：010-85119832　010-85119912
网　　址：http://www.chlip.com.cn
Email：club@chlip.com.cn
如发现图书残缺请与我社邮购联系调换
211028S1X101ZBW

一

中国是"四大文明古国"之一，也是"世界三大烹饪王国"之一。将这两个称号合并，似乎不难得出中华美食源远流长的结论。但是，当我们将视线从固有印象移向历史证据时，却会发现很多具体的中国菜"似旧实新"。

直到汉代，面条和饼都没有正式分家，面条最早的名称是"索饼"，可以理解为绳索一样的饼。馄饨也是一样，三国时期，《广雅》对馄饨的解释依然只有两个字："饼也。"连面食的基本分类都一片混沌，各类精致面点的发展史就更不待言了。

中国第一部独立饮食著作《四时食制》于三国时期才问世，而且这部著作的作者不是别人，正是曹魏的奠基人、汉末杰出的诗人曹操。《四时食制》仅记载了食材的名称、特色、产地，其简略程度连菜谱都算不上，反倒像是曹操在南征北战的间隙中偶然写就的风土志。

中国菜最独特的绝活是炒，炒这种技法需要锅与油——而这两个在如今看似没有门槛的条件，在相当长的历史时期里都是不充分的。中国的炊具从陶器到青铜器，在受热均匀度、导热速度、保温时长等方面都无法支撑起炒菜。直到宋代，铁锅的出现才使之成为可能；而薄铁锅的成熟更是在元明时期。油也是如此：相对廉价的植物油直到唐宋之后才逐渐普及，其进一步扩散则是明代花生传入之后的事，因此，大多数炒菜的历史再回溯都很难逾越这一条时间线。

中国驳杂的菜系如同群雄并起的江湖，各自的拥趸常常会在茶余饭后争一争"正统""本源"。其实南烹北馔直到唐宋时期才形成，四大菜系在清初才定型，而八大菜系更是直到清末才渐成格局。有些饮食习惯，比如喝烧酒，直到清民时期才形成；很多著名的小吃，如大盘鸡、螺蛳粉等，直到新中国成立后才问世。

意外吗？虽然有一点点违背"常识"，但中国菜似乎没有那么"古老"。

二

孙中山先生曾在《建国方略》中赞扬中国饮食文化"至今尚为文明各国所不及"。而在普通的中国食客眼中，中餐无论从食物种类的多样性、烹饪技巧的复杂性、炊具餐具的独特性来看，也都堪称鹤立鸡群。中国菜庞杂的枝干似乎天然扎根于与世界其他地方截然不同的土壤，以至于其呈现出来的面貌如此与众不同。

但事实上，中国饮食的发展之路从未真正独立于世界，中华美食中很多基础性的食材都是不折不扣的舶来品。比如，小麦来自两河流域，高粱来自非洲，辣椒、玉米来自美洲……中国的农作物有一个颇具标志性的现象：不少蔬菜瓜果的名称中有类似"胡""番""洋"这样的前缀，其实这就是外来作物最明显的烙印。如果要深究，不同的前缀甚至大体指向了不同农作物引入的朝代，这是属于美食自己的独特编年史。

别的且不提，辣椒是中国多少地方菜肴、小吃的"灵魂"？没有辣椒，一半的中国菜、大多数南方菜和几乎所有的川菜都会黯然失色。但恰恰是在中华美食中扮演如此重要角色的辣椒，居然直到明代末期才传入中国——如果说在陶器的发明、人类得以利用炊具为食材调味前，中国人都生活在漫长的无滋无味的岁月中，那么直到16世纪，中国人的"五味"体系都因为少了辣椒而不完整。

如果能够收起对于中国菜的一点点虚荣心，会发现鲁迅"只有民族的，才是世界的"这句名言放在中华美食中同样适用。中国菜之所以"中国"，正是因为"世界"；中华美食之所以独辟蹊径、自成一家，正是因为海纳百川、有容乃大。

意外吗？虽然有一点点伤害"民族感情"，但中国菜的血统似乎也没有那么纯正。

三

每一个事物都对应着它的造物者，正如同每一道美食都拥有开创它的厨师。

中华美食从来不乏起源传说。在这些林林总总的故事中，有不少套用了同一个模板，情节大同小异，比如某某皇帝、太后、大臣微服私访或落难在外，因吃惯了山珍海味又饥肠辘辘而被一道民间美食虏获，遂赋名如是云云。这些故事的主角往往本身有些名气，比如乾隆皇帝、慈禧太后，有时还会牵扯一些著名的历史事件。还有一些则缺乏人物、时间、地点，以"很久很久以前，有一个……"作为开头，其内容却不见于任何古籍。这两种传说，仅凭常识即能分辨真伪。

还有一些故事，就有些似是而非。比如，楚人为纪念屈原，包了粽子投入江水祭奠，这个传说似乎就有些靠谱。再比如诸葛亮南征孟获，路上为祭奠河神，以面团代人头发明了"蛮头"，后演化为"馒头"，听起来就更合乎情理。而且，这些传说还有古籍支撑。南朝梁吴均[1]《续齐谐记》记载："屈原五月五日投汨罗而死，楚人哀之，遂以竹筒贮米，投水祭之。"明代郎瑛[2]在《七修类稿》记载："馒头本名蛮头，蛮地以人头祭神，诸葛之征孟获，命以面包肉为人头以祭，谓之'蛮头'，今讹而为'馒头'也。"

这些有文献佐证的故事是真是假呢？孤立来看，这些故事是很难被证明或证伪的。但是，若切入更为宏观的视角，对照故事发生时代的烹饪技术、炊具材质、农作物种类，就能得出这些流传已久的故事也大多是以讹传讹，难以作为正史引用。

古代第一个为厨师立传的人是袁枚[3]，而袁枚生活的乾隆、嘉庆时期，已经是中国封建社会的末期。虽然中国历代也不乏名厨问世，但古籍对于烹饪的记载，从总体上来说依然是幽暗未明、四纷五落的。个中的确有不少名宴甚至是名人的私家菜被记载下来，但其制法大多湮没，菜品也最终没能一直流传。最有能力书写美食史的文人士大夫阶层，直到宋代才渐渐对饮食之道产生了相对广泛的兴趣，毕竟孔圣人有言："君子谋道不谋食。"洋洋洒洒的二十四史虽然详尽，却连放一张餐桌都显得局促。

意外吗？虽然有一点点违背饮食大国的风范，但中国菜的源流的确漫漶不清。

四

刘慈欣[4]在科幻小说《朝闻道》中写道："当生命意识到宇宙奥秘的存在时，距它最终解开这个奥秘只有一步之遥了……比如地球生命，用了四十多亿年时间才第一次意识到宇宙奥秘的存在，但那一时刻距你们建成爱因斯坦赤道只有不到四十万年时间，而这一进程最关键的

1　吴均（469—520年），字叔庠，南朝梁文学家。著有《续齐谐记》。
2　郎瑛（1487—1566年），字仁宝，明代人。著有《书史衮钺》《萃忠录》《七修类稿》。
3　袁枚（1716—1798年），字子才，清代文学家。著有《随园食单》。被誉为"食圣"。
4　刘慈欣（1963—至今），当代科幻作家、工程师。著有《三体》。

加速期只有不到五百年时间。如果说那个原始人对宇宙的几分钟凝视是看到了一颗宝石，其后你们所谓的整个人类文明，不过是弯腰去拾它罢了。"

这句话，放在中国饮食发展史中，同样适用。在将吃从生存层次推向生活层次之前，人类茹毛饮血以几百万年计。在这之后，中国人用了几十万年做出第一份烧烤，用了几万年煮出第一碗汤，用了几千年将美食荟萃为南北不同的风格，用了几百年将这两种风格派生为八大菜系，而真正将中华美食推向极度灿烂的历程，其实只有几十年。在马家浜文化遗址中出土了腰檐陶釜和长方形横条陶烧火架（炉箅），这可以看作是中国人最早架起的烧烤摊——如果说这个烧烤摊是中国最早的"吃货"无意中发现的宝石，那其后所谓的整个中国饮食史，不过是弯腰去拾它罢了。

中华美食的与众不同是不言而喻的。从技术、文化、种类等多个角度来看，将中国菜视为世界美食金字塔的顶端也绝不为过。也因此，中国菜并不需要依靠历史悠久、血统纯正或是传承清晰来标榜其伟大。相反，中国菜的似旧实新，其实是生命力强大、极具变革精神的体现。中国菜的"血统"混杂，其实是包容性强、不择细壤以成其高的体现。中国菜起源传说的驳杂，其实是饮食文化走入寻常百姓家、成为民族整体记忆的体现。风物长宜放眼量，不为民族、国家、文化等概念束缚，回归美食本身，才是吃货最纯粹的初心。

这本书，包含了二十四节中华美食课。在这些"课程"中，作者和摄影师试图将繁冗严肃的中国数千年饮食史捣碎，通过文字与摄影，分别调入二十四种具有代表性的中华美食中，为读者打造一堂堂既饱口福又饱眼福的美食学术之课。每一堂课都充满着中华饮食史中的种种意外，每一堂课又都在努力守护着吃货的初心。而当读者最终在这个学期"毕业"时，对于"美食"二字一定会有更深的领悟。

你，准备好了么？

目录
×
CONTENTS

主食是主宰餐桌的食物，也最能展现一个民族的精气神。

中国人是"粒食之民"，南方人喜欢的米饭，北方人热衷的面食，都源于谷物。

谷物直接蒸煮，可以和菜肴一起烹炒、拼配；

磨粉加水，可以制成面条、米粉、凉皮……

在中国人手中，粒食有着无尽的可能性。

本课包含扬州炒饭、米粉、拉面、凉皮，涵盖稻米、小麦两种主流谷物，

以及炒、蒸、炖等主流烹饪技法。

主食

×

STAPLE FOOD

扬州炒饭：江南稻香一万年

20世纪初，在那段欧风美雨在中国大行其道的艰苦岁月里，《建国方略》中依然记载了这么一句自信满满的话："我中国近代文明进化，事事皆落人之后，惟饮食一道之进步，至今尚为文明各国所不及。"这种自信，也得到了海外的呼应。西方学者们对"世界三大料理"的组成虽然各执一词[1]，但中国菜的地位雷打不动，只剩下两个席位交由法国菜、印度菜、土耳其菜、西班牙菜、俄罗斯菜等群雄逐鹿。当然，美食品鉴是非常主观的行为，"几大料理"只是一个称谓，几种菜系更无法将世界美食文化的丰富尽数体现。不过，中华美食数量众多、品类繁复、技巧精深、菜系林立、体系庞杂，无论从烹饪还是品鉴的角度来看，都完全担当得起"美食自信"四个字。

在百花争艳的中华美食界中找一"味"代表性食物，是一件吃力不讨好的事。一定要勉强为之，那就要提到养活了十几亿中国人的"三大巨头"了。中国农作物自汉代后形成"北麦南稻"的格局，小麦和水稻便化身为"北面南米"，牢牢占据着中国人主食"双雄"的位置。玉米于明代传入中国，经历数百年发展终于在21世纪成为中国人的重要主食之一。面食、米饭、玉米虽然朴素，但正是它们支撑起了千家万户的餐桌，让中华文明薪火传递，直到今天。

那么，这"三大巨头"里，谁最"中国"呢？答案是米饭。小麦原产于两河流域，玉米原产于美洲，只有水稻是地道的"中国货"。在湖南澧县的玉蟾岩遗址中发现了公元前一万年的古栽培稻；至晚于公元前五千年，中国人已经开始了水稻的驯化史——夏商周文明，在华夏先民与米饭的关系史面前，都显得年轻了。

米饭淡而无味，需要下饭菜同食。有一种朴素的做法，却能让米饭摆脱下饭菜的桎梏，那便是炒饭——而炒饭中最朴素的，莫过于蛋炒饭。焦桐[2]在《暴食江湖》中有一篇《论炒饭》，其中写到："炒饭有著克难的意思，我的朋友方杞当年购置新屋，咬紧牙根，决定吃十年蛋炒饭，气魄动人……炒饭还带着寂寞的性格，完整而自足，不需要佐以其他菜肴，一般餐会也不将它列入菜单。"蛋炒饭中"救荒粮"的意味，不言而喻。

不过，朴素并非蛋炒饭的全部。对于中国人来说，蛋炒饭是难度曲线非常均衡的料理，可谓"易作而难工"。入门易，是指它做法简

---

1 如Elizabeth Devine、Harold Knutson、Gary Baldwin *Annual Obituary* 1983，445页；Doone Beal *A Pleasure of Cities* 1975，188页；Marti—Ibanez, Felix *The Mirror of Souls and Other Essays* 1972，295页。

2 焦桐（1956—至今），原名叶振富，当代作家。著有《台湾味道》。

单、食材简单，是很多人学会的第一道菜；精通难，是指下到黄瓜香葱老干妈，上到火腿什锦大虾仁，没有什么食材不能当蛋炒饭的配料——而当这些配料讲究到了一定程度，就进入了蛋炒饭的究极形态：扬州炒饭。

扬州炒饭，又名扬州蛋炒饭。一碗地道的扬州炒饭务必选料严谨、制作精细、加工讲究、颗粒分明、粒粒松散、软硬有度、色彩调和、光泽饱满、配料多样、鲜嫩滑爽、香糯可口……在中国，配得上这些形容词的主食菜肴或许不算太少，但扬州炒饭的特殊之处在于，仅"扬州炒饭"四个字，就足够书写一部中国美食史了——而且这部美食史还能分出上中下三册，分别是"饭""炒"和"扬州"。

米饭分册：籼米里的万年江南风

稻米，按米粒内所含淀粉的性质可以分为籼米、粳米和糯米三大类。糯米常用来做粽子、汤圆、年糕、糍粑之类，很少直接作为主食，因此可以说是籼米、粳米主宰了稻米界。籼米米粒长、米色白，北方人——尤其是东北人常常嫌弃其米质脆、黏性小，饱满柔韧、黏性十足的粳米才称得上他们的心头好。但是，籼米吸水性强，膨胀度大，出饭率高，是做蛋炒饭的绝佳选择。而且，籼米没有"米味"在炒饭中反而成了优点，这意味着它不会一花独放，抢了其他食材的风味。

以产地与饮食习惯来论，中国稻米大致呈"南籼北粳"格局，扬州地处长江中下游，这里是籼米的传统势力范围，因此扬州炒饭以籼米为主料，就显得很"江南风"了。

其实，将这里的"江南风"改为"中国风"也不为过。中国是水稻原产地之一，1988年，湖南澧县玉蟾岩遗址出土了现存最古老的栽培稻，其年代早于公元前一万年。水稻的种植过程至少持续了数千年，余姚河姆渡遗址中的稻作遗存已经显示出了人工驯化的迹象，此时已经到了公元前5000～4000年。早期粳稻大约于公元前4000年基本形成，籼稻分化亦于之后的一千年左右完成。

传统观念里中国的"母亲河"是黄河，水稻委婉地对这一观念提出了修正：长江文明的悠远丝毫不逊色于黄河文明，而稻米更堪称中国人最初的主食。从石器时代开始，"食稻羹鱼"一直是南方人的传统，至良渚文化时，稻作文化鼎盛，更出现了粳稻与籼稻的分野——中国人和稻米打交道的历史，可比开创"家天下"的夏代还要古老得太多了。

在信史之前，长江流域的农业一直与黄河流域旗鼓相当，黄帝与蚩尤的战争背后，体现着两股农业文化的并驾齐驱。即使在夏朝建立后，中国也大体上保持着"北粟南稻"的格局，当然，这种"南北对峙"的现象很快被"五谷"的统治所取代了。

俗语云："人食五谷杂粮。""五谷"有两个版本，郑玄[1]注《周礼》时认为"五谷"是"麻、黍、稷、麦、豆"，赵岐[2]注《孟子》认为"五谷"是"稻、黍、稷、麦、菽"，菽与豆同义，可见东汉时期，黍、稷、麦、豆四类谷物作为主食的地位毋庸置疑，而稻米却已经"沦落"到需要与主要作为织布原材料的麻争位的地步了。

三代以降，中国经济文化一直以黄河流域为中心，战国之后北方农业更迎来大发展，不适合北方水土的稻在这一历史背景下渐渐"失语"。黄河流域地形开阔、土壤疏松，天然适合精耕细作；相比之下，长江流域地形复杂、气候湿热、瘴气密布，早期农业在这一地区难以舒展手脚，直到战国之后，南方不少田地还停留在火耕水耨、刀耕火种的阶段。郑玄与赵岐均为东汉学者，对主要种植于南方的稻米有异议，自然不足为奇。

汉末在五胡乱华的铁蹄之下，中原人口大举南迁，南方农业技术藉此实现跨越式发展，水稻产量在这一背景下逐渐超过粟麦，居于主粮之首。六朝之后，南方经济进一步发展，而中原则常为战乱所困，民生凋敝、赤地千里的惨境此起彼伏。在中唐时期的韩愈眼中，安史之乱后的大唐王朝已是"赋出天下，江南居十九"的局面。与此同时，优质稻种的引进也未曾停歇。《宋史·食货志》载："大中祥符四年

1　郑玄（127—200年），字康成，东汉经学家。为《毛诗》《周易》等注疏，开创经学学派"郑学"。
2　赵岐（？—201年），字邠卿，东汉经学家。著有《孟子章句》《三辅决录》。

（1011年）……帝以江淮、两浙稍旱即水田不登，遣使就福建取占城稻三万斛，分给三路为种，择民田之高仰者莳之，盖旱稻也……稻比中国者穗长而无芒，粒差小，不择地而生。"这种占城稻是适应性强、生长期短的优质稻种，又称早禾或占禾，属于早籼稻——几百年后的扬州人以籼米为扬州炒饭的根基，其伏笔似乎早在这一段段水稻育种史里便隐隐埋下。

中国经济重心南移的车轮始终未停。南宋谓"苏常熟，天下足"；明代中期谓"苏湖熟，天下足"；清代前期又有"湖广熟，天下足"之说，虽然粮食主产地一直在变，但始终没有离开过南方。据明代宋应星[1]《天工开物》估计，明末时的粮食供应，稻米约占七成，其他谷物共占三成，而稻米又主要来自南方。虽说"人食五谷杂粮"，但中国人的"饭"，最终还是落在了一碗米中。而这，正是扬州炒饭踏上辉煌之路的遥远起点。

×
炒法分册：
油与铁锅的二重奏

关于扬州炒饭的起源，有两个传说流传最广。其中一个传说情节比较模糊：春秋时期，航行在邗沟上的船民们饮食往往饭多菜少，为了不至于将午间的剩饭浪费，到晚饭便打上一两个鸡蛋，加上葱花炒一炒，久而久之就变成了扬州炒饭的前身：蛋炒饭。另一个传说则细节满满：扬州炒饭源于隋代名臣杨素爱吃的碎金饭。碎金饭即蛋炒饭，因米饭沾上蛋液后炒至色泽如金而得名。隋炀帝杨广巡游大运河时，碎金饭随着水殿龙舟传入扬州，后经反复改良演变为扬州炒饭。碎金饭在历史上确有其物，谢讽[2]所撰《食经》中便有"越国公碎金饭"这道菜。谢讽在隋炀帝时期曾任尚食直长[3]一职，越国公则是杨素的封爵，不过《食经》原文已大多亡佚，残存的"越国公碎金饭"只有名称而无制法，因此无法确定这道碎金饭是否即为蛋炒饭，至于其随隋炀帝南传至扬州的故事，大约也是基于这几个历史人物进行的演绎了。

1　宋应星（1587—？），字长庚，明代人。著有《天工开物》。

2　谢讽（生卒年不详），隋代人。曾在隋炀帝时期担任"尚食直长"。

3　尚食局是掌供奉皇帝膳食的部门，隋代隶属于"三省"之一的门下省。直长为尚食局官员之一，正七品。

这两个传说是否真实已无从考证，但其可能性却可以大致推敲出来——这就要将话题转到扬州炒饭的"炒"这个字上了。中华料理在世界范围内独领风骚，一个很重要的原因是中国厨师将"炒"这一烹饪技法演绎到了极致。中国菜中的炒法蔚为大观，生炒、干炒、爆炒、熟炒、滑炒、清炒、抓炒、软炒、小炒……各种手法不一而足；而其他饮食体系下的炒，大多就真的只是在锅里翻滚几次而已。英文中的炒锅写作"wok"，本也是从粤语"镬"音译而成的单词——英国美食作家扶霞·邓洛普[1]在《鱼翅与花椒》中直接用"wok"在西方的普及度来体现中华料理的流行程度，中华炒锅在这里一方面代表了中华料理，另一方面也彰显着人类在"炒"这种技法上所能达到的专业程度和想象力。

在中国人眼中，炒似乎和蒸、煮、炖一样是"入门级"的烹饪技法，但若将眼光放回历史的条线，却会发现"炒"这个字写起来并不容易。炒成为烹饪技法至少需要两个前提：油和铁锅。这两个前提看似简单，其实哪一个背后都能牵扯出漫长的文明演进史。

第一个前提，是油。汉代之前，中国人的食用油皆为动物油。动物油脂的提炼技术虽然至晚在周代已经出现，但昂贵的造价令其无法在民间普及。汉代出现了植物油，东汉刘熙[2]《释名·释饮食》中记载了枣油与杏油，但并未提及是否用于烹饪。张骞从西域将芝麻带回中原后，芝麻油进入中国人的视野，它的成本虽然比动物油脂低，但是仍旧没有廉价到足以普及的程度，所谓"春雨贵如油"，正是油价昂贵的生动体现。

在北魏贾思勰[3]的《齐民要术》中，终于明确出现了将植物油用于烹饪的记载。《齐民要术》载，荏子油"可以煮饼。荏油色绿可爱，其气香美，煮饼亚胡麻油，而胜麻子脂膏……研为羹臛，美于麻子远矣"。也正是在《齐民要术》中，首次出现了炒鸡蛋："炒鸡子法：打破，著铜铛中，搅令黄白相杂。细擘葱白，下盐米、浑豉，麻油炒之。甚香美。"

---

1 扶霞·邓洛普（Fuchsia Dunlop），英国女作家，著有《鱼翅与花椒》。
2 刘熙（生卒年不详），字成国，东汉经学家、训诂学家。著有《释名》。
3 贾思勰（生卒年不详），北魏人。著有《齐民要术》。

从食物的一般演进规律来看，炒鸡蛋显然是蛋炒饭的基础。只是，发明出炒鸡蛋和蛋炒饭是一回事，令这种菜式走入寻常百姓家则是另一回事。南北朝时期植物油并未大量出现，唐宋以降，植物油逐渐普及，这才孕育出了《东京梦华录》《梦粱录》《武林旧事》等书籍中丰富的炒菜菜谱。直至明代，花生的传入更带来了花生油的遍地开花，炒菜、炒饭的崛起终于成为现实。

炒的另一个前提，是锅。在中华美食史中，锅的历史并不算长，其前身可以追溯到鬲身上。鬲，简而言之是一种双耳、三脚的圆形大罐，其出现时间大致与鼎相当，是用于煮水、做饭的炊具。先秦时期，取消了三只脚的釜诞生了。因为无脚且保留了圆底，釜可以直接置于灶台之上，吸热更快，因而提高了煮水、做饭的效率。不过，釜适合炖、煮，却不适合煎与炒，秦末项羽在巨鹿之战"破釜沉舟"，当时用釜的士兵自然是没有口福享受炒菜之香的。《齐民要术》中的炒鸡蛋用的是铜铛，铛是一种平底浅锅。相比于釜，铛可以视为古代厨师在受热均匀度、导热速度、保温时间之间进行妥协与折中的产物，其形态比起釜无疑又进了一步。但秦代以降，铜在很长一段时间内都是货币的主要铸造材料，铜铛造价既高，又容易生铜绿，终究无法肩负起普及炒菜的历史重任。

陶、铜制成的鬲、釜、铛均难堪大任，这就对能耐高温的铁锅提出了需求。中国炼铁技术发轫虽早，但产能一直有限，因此主要被用于制造兵器、铠甲等军用物资，直到北宋时期炼铁技术取得较大突破，才使铁锅的出现成为可能。至元明时期，薄铁锅的制造技术更加成熟，为炒菜的流行奠定了物质基础，而炒饭乃至扬州炒饭的历史，自然也要在这一基础上缓缓书写了。

通过对油、锅两段历史的回溯，可以首先排除蛋炒饭源于春秋时期邗沟船民这一传说的可能性。1972年，湖南长沙马王堆汉墓曾出土过一批竹简，其上记载了一道名为"卵熇"的食品，有专家认为这种食品由黏米饭和鸡蛋制成——纵然这一推断为真，卵熇也绝非蛋炒饭的前身，因为当时并没有炒菜技术。碎金饭传说为真的可能性也不大，因为隋代的铁产量还不足以支撑炒饭流行于寻常百姓家，至于"越国公碎金饭"这种贵族菜就另当别论了。

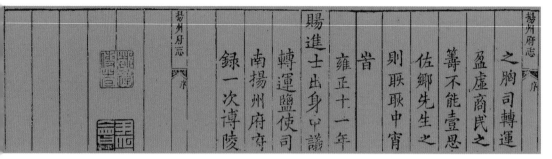

说完了"饭"与"炒"，扬州炒饭的话题自然还要收束于"扬州"。"扬州"二字天然与菜系相关：四大菜系里，淮扬菜中的"扬"字，指的正是扬州。再进一步论，说中国的菜系文化发轫于扬州也不为过。

站在21世纪回望，"四大菜系""八大菜系"的说法早已深入食客之心，甚至还有"十大菜系""十二大菜系"之说。中国的食客习惯了中国菜的源远流长，但其实"菜系"这一概念却并不古老。1973年版《辞海》、1983年版《词源》、1989年版《辞海》均未收录"菜系"词条，最早收录这一词条的工具书，是中国商业出版社1992年出版的《中国烹饪辞典》。

从中国菜系的发展轨迹来看，当以鲁菜最为古老。清代初期，川菜、鲁菜、淮扬菜、粤菜影响日盛，"四大菜系"格局形成。清末，浙菜、闽菜、湘菜、徽菜四大新菜系出现，最终构成了"八大菜系"。不过，这一历史脉络始终是建立在后人对"菜系"这一概念的提出和回溯的基础之上的，古已有之的概念应当是宋代即已出现的"南食"和"北食"，恰如陆游在《食酪》中所言："南烹北馔妄相高，常笑纷纷儿女曹。"此处的"南烹北馔"，即是"南食北食"的分野。

中国饮食南北分野后，鲁菜作为早期北食的集大成者，演化为中国最古老的菜系，而南食则"一气化三清"，演化为淮扬菜、川菜和粤菜。淮扬虽以淮安、扬州为名，但其渊源是古九州中的扬州，地域囊括了几乎整个长江中下游——说到这，厨师的祖师爷之一彭祖受封的彭即属古扬州所辖，因而扬州也被认为是最早的厨师诞生地，淮扬菜的悠久，从文化上倒也能找到合适的呼应。南食、稻米均发源于长江中下游，从这一角度来看，淮扬菜是南食当之无愧的"宗主"，将早期的"南食北食"理解为"南扬北鲁"也不为过。如果再将南北谷物史纳入整个中华饮食史进行比对，虽然鲁菜历史最悠久，但长江流域之于黄河流域、扬州之于中原，无论是食材还是烹饪技术上都不遑多让，甚至是有过之而无不及的。

经济基础决定的不仅仅是上层建筑，还有食客们的肠胃。鲁菜兴旺的背后是中原文化的昌盛，淮扬菜的发展自然离不开江南的"自古繁华"。扬州自古是鱼米之乡，四季都有代表性的鱼虾、蔬菜，水利工程发展甚早，蛋炒饭传说中出现的邗沟，正是中国历史文献中第一条有确切开凿年份的运河。京杭大运河开辟后，淮安与扬州一道在之后的几百年间成为运河枢纽，南来北往的客商、货物、文化在此浑融，也不由得这一带的厨师们不广见世面。

淮扬二字，在明清时期已成为财富的代名词。明成祖迁都北京、改海运为漕运后，朝廷负责漕运、盐务、榷场、驿站的诸多派出机构同时驻扎淮安，淮安之富庶，可谓"天下盐利淮为大""盐课足天下之半"；扬州在清代是康熙、乾隆皇帝数次南巡的驻地，明代万历年间《扬州府志》言扬州"饮食华侈……夸视江表"，清代康熙年间《扬州府志》亦说："涉江以北，宴会珍错之盛，扬州为最……一筵之费，每逾数金。"两地财富之盛，表露在古书的字里行间。

淮安、扬州两地既是江南经济文化中心，又是南北水陆交通枢纽，自然成了盐商巨贾们云集的富贵风流之地。盐商们在饮食方面亦俗亦雅，各竞奢豪，被吸引至此的文人美食家亦热衷于研究菜品、编制菜谱，如袁枚的《随园食单》、童岳荐[1]的《调鼎集》正是在这一环境中应运而生。财富与文化相融，富豪与文人交错，最终形成了独特的扬州饮食文化，"淮扬菜"的帮口[2]特征得以形成，金陵菜、无锡菜、苏州菜、维扬菜、上海本帮菜、杭帮菜、徽州菜等帮口菜纷纷崛起并相互渗透，最终演进为日后的淮扬菜系。

两座城市的兴盛使得"淮扬菜"有了辉煌的起点，其衰微同样给了"淮扬菜"发展的新机遇。清代中叶，运河经济日渐衰微，原本驻节[3]淮扬的漕运和盐务、河务等重要衙门或撤或并，导致原本服务于官府、富商的厨师们大量外流，进而刺激了淮扬菜的外传。清末杨度[4]便曾在《都门饮食琐记》记载过淮扬菜流行于京城的盛况："淮扬菜种类甚多，因所代表之地域亦广，北自清江浦，南至扬镇，而淮扬因河工盐务关系，饮食丰盛，肴馔清洁，京中此类极多。"

当淮扬菜系远离故土走向五湖四海时，会引发厨师们的"文化自觉"，这种"文化自觉"经历了百年发展又造就了几代人的文化传承，最终在《中国烹饪辞典》中凝聚成"菜系"这一词条。虽然作为北食"嫡传"的鲁菜形成时间更早，但1949年中华人民共和国开国大典首次盛宴、1999年中华人民共和国成立50周年大庆宴会、2014年的亚太经合组织（APEC）会议宴请接待等重大"国宴"都是以淮扬菜为主，淮扬菜在中国美食中的重要地位和影响，恐怕都未必是鲁菜所能争锋的。扬州炒饭看似是百家饭，但能承"扬州"二字之重，可以说是货真价实的"名门望族"和"大家闺秀"了。

---

1 童岳荐（生卒年不详），字北砚，清代盐商。著有《调鼎集》。《调鼎集》原名《北砚食单》《童氏食规》，原书"不著撰者姓名"，据后人考证为童岳荐著。
2 帮口，旧时各地方或行业中，以同乡、同行为纽带结起的帮派或小团体。
3 驻节，高级官员驻在外地执行公务。
4 杨度（1875—1931年），近代政治人物。著有《君宪救国论》《湖南少年歌》等。袁世凯"十三太保"之一。

食后感

将扬州炒饭拆成"扬州""炒""饭"三部美食史，固然有助于剖析清楚这道美味的来龙去脉，但这种考证并没有回答一个问题：扬州炒饭真的是发源于扬州吗？

中国有不少美食都有些"名不副实"，比如重庆鸡公煲并非源于重庆，天津葱抓饼并非源于天津，老北京鸡肉卷也并非源于北京……扬州炒饭是不是也存在这种或无意或故意的张冠李戴呢？这个问题并不好回答，但幸运的是，民国美食大家唐鲁孙[1]在其《说东道西·扬州炒饭伊府面》中，还真考证出来了扬州炒饭的源流：

> "伊秉绶（字墨卿）是福建汀州人，是乾隆年间进士，做过广东惠州、江苏扬州知府……伊汀州除了伊府面外，还发明了扬州炒饭。所谓扬州炒饭，也是伊汀州跟麦师傅两人研究出来的。炒饭所用的米必用洋籼，也就是西贡暹罗米，取其松散而少黏性，油不要多，饭要炒得透。除了鸡蛋、葱花之外，要加上小河虾，选组扣般大小者为度，过大则肉老而挡口了。另外，金华火腿切细末同炒，这是真正的扬州炒饭。后来广州、香港的酒家饭馆都卖扬州炒饭，虾仁大如现在的一元硬币，火腿末变成了叉烧丁，还愣说是扬州炒饭，伊墨老地下有知宁不笑杀。我对炒伊府面、扬州炒饭都有偏嗜，可是合乎标准的两样美食，已经多年不知其味了……"

如果唐鲁孙所言不差，扬州炒饭应当由福建人所创，后流行于广州、香港，倒真与扬州关系不大了。不过，美食总是这般相互影响的：某一地方菜系在外地开设菜馆，自然会吸收当地食材和烹饪技法，改良出本地化的新菜式。外地加工菜也可以反传到原地，而成为本土菜系的重要组成部分。纵然扬州炒饭并非源自扬州，但在传入扬州后吸收了扬州饮食文化的精髓，并最终融入淮扬菜系成为扬州人的扬州炒饭，这一历程只会让这道美食的文化底蕴更为厚重。扬州炒饭流传至今，其技法已经推陈出新融入了"蛋丝"，即将蛋液细细倒入小宽油中，同时用勺子不停地搅油，如此一来，不及成"坨"的蛋液在高温的作用下迅速凝固成丝，出锅之后便形成了形态极为别致的"肉松"状。"蛋丝"制法烦琐而有难度，自然成为检验厨人扬州炒饭是否"高端"的验金石。不过，扬州炒饭声名在外，也不是每家饭店餐馆都有这般追求，胡乱放些佐料进去乱炒一通便名之为"扬州炒饭"也是常有之事。还是焦桐的《论炒饭》，里面就写了这样的尴尬：

1　唐鲁孙（1908—1985年），字鲁孙，原名葆森，近代文学家。著有《中国吃》《什锦拼盘》。珍妃、瑾妃之堂侄孙。

　　"坏就坏在我突然想吃炒饭，于是加点了一份扬州炒饭。那盘炒饭连饭都没炒匀，东一坨油黄，西一坨未沾到酱油的白饭，毛豆、香菇丁、香肠、葱花扞格地搅在盘子里，面对这样的东西，忽觉刚才下肚的食物皆是欺瞒，四面八方汹涌起食客的嘈杂声，感情受骗般，顿生感伤，胸中升起一种何必当初的懊恼。"

　　焦桐的烦恼，大抵是万千扬州炒饭拥趸的烦恼了。将视角回到"蛋丝"——这显然不是伊秉绶时代的发明，其背后体现的，是菜肴在时代变迁中一步步进化的历程。再将目光放长远一些，在交通建设、保鲜技术、人员交流日益发展的时代，"一方水土养一方人"早已变成了"八方水土汇八方味"，地方食材随处可得，厨师菜随处可见，菜系概念淡化模糊是必然的趋势，扬州炒饭是否发源于扬州，倒似也不那么重要了。恰如扶霞·邓洛普在《鱼翅与花椒》中所言，扬州炒饭"几乎出现在西方所有唐人街餐馆的菜单上"，要让这种遍布世界的扬州炒饭每一碗都秉持同样的做法与配料，既不现实，也无必要，炒饭固然还是炒饭，但"扬州"二字也是可以不那么"扬州"的。

　　一份当代司空见惯的饮食，是由历史上无数厨师的灵光一闪、食材的阴差阳错、食客的不期而遇积累而成的。缺了一环，潮流改了一个风向，都会在漫长的岁月中激发出蝴蝶效应。扬州炒饭不是必然结果，而是偶然、是缘分，是古人用酝酿了五千年的爱荟萃成的意外，是一部由美食汇集而成的、最可口的史册与诗集。

米粉：桂林与柳州的嗦粉二重奏

面、粉这两个词，在汉语中颇有些纠缠不清的暧昧。面与粉都可以用来形容谷物极细的物理状态，如黑麦粉、玉米面。早期农耕社会人们食用的多为"米而不粉"的粒食，百姓又被称为"粒食之民"，相对而言，粉则是磨盘、碾棒、杵臼等工具发明后的产物。在现代汉语中，面粉合称又多指小麦粉，考虑到"面"字的繁体写法原本便是"麵"，有着天然的"小麦色皮肤"，这一指代也在情理之中。

然而，当面与粉各立门户时，却各自代表起了两大截然不同的小吃家族。如果有友人相邀去"恰面嗦粉"，那这里的"面"自然和粉末这种物理状态无关：面指的是做法各异的面条，而粉则是种类繁多的米粉。

泛泛而言，中国农作物格局，自隋唐时期便大致沿着秦岭淮河一线形成了"北麦南稻"的格局。面因麦生，因此幅员广阔的北方可谓"面面俱到"，烩面、冷面、拉面、刀削面、炸酱面、臊子面不一而足；粉以稻米为原料，以中原大地为起点一路向南，行至半路便到了米粉的地界。

米粉流行的地域虽然不小，但如果将其比作一个帝国，那"首都"八成要定在以山水甲天下的桂林。说起来，当代中国各地的商业街都少不了米粉的身影，"桂林米粉"的招牌与"兰州拉面""沙县小吃"一样早已在大众视野里出现。人们一定知道的，是它的美味；人们不一定知道的，则是它身边无数个朝代的王旗变幻、铁马金戈。

故事开幕，第一个跳出来的，便是"千古一帝"秦始皇。

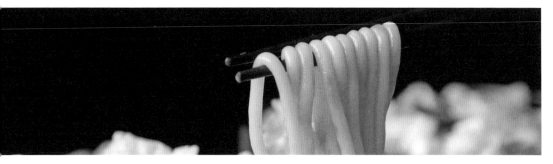

由秦至清：米粉何以缘桂林

"南取百越之地，以为桂林、象郡"。当鞭笞天下的秦始皇终于将百越的首领"委命下吏"、于公元前214年创设桂林郡并凿通灵渠的时候，他不会想到自己同时也催生出了后世桂林最有名的小吃——米粉。

中国的小吃常常免不了传说与考据，而米粉的历史脉络向前能够延伸至秦代。相传秦始皇征讨百越时因交通不便，派越人史禄在湘江与漓江之前开凿运河以解决运输问题，于是便诞生了世界上最早的船闸式运河：灵渠。相比于中原，百越一带山高水深坎坷崎岖，湘江与漓江又分属长江与珠江水系，各不相连，灵渠的开凿工作也因此变得格外漫长——这种漫长很快变成巨大的考验：如何解决饮食问题？

关于主食，中国一直有"五谷"之说，《史记·天官书》中所记载：

> "凡候岁美恶，谨候岁始。岁始或冬至日，产气始萌……旦至食，为麦；食至日昳，为稷；昳至餔，为黍；餔至下餔，为菽；下餔至日入，为麻。"

"五谷"的种类，学界一直未有通说。东汉郑玄在《周礼·天官·疾医》注中认为"五谷"为黍、稷、麦、豆、麻，在《周礼·夏官·职方氏》中又以黍、稷、麦、菽、稻为"五谷"，菽即豆，因此两种说法的区别在于前者有麻无稻，后者有稻无麻。这种差异的缘由，可能源于稻的产地主要在南方，而古代中国的经济文化中心一直在北方的黄河流域，所以在早期的"五谷"版本中并没有稻。事实上，早在母系氏族时期，中国便隐然出现了"北粟南稻"的格局，西汉以降，粟的地位渐渐为麦所取代，而中国南方则依然处在稻文明的熏染之下，一直延续到很远的未来。

言及于此，其实"五谷"这一说法也是中国农耕史在新陈代谢过程中的产物。在"五谷"之前，还有"百谷""九谷""七谷""六谷"之说，如《三字经》中便以稻、粱、菽、麦、黍、稷为"六谷"。"五谷"的定型，一方面是农作物优胜劣汰的结果，如张舜徽[1]在《说文解字约注》中便认为"太古始事耕稼，未知谷类孰为美

---

1 张舜徽（1911—1992年），当代历史学家、文献学家。著有《广校雠略》。

恶，故必广种遍播以验其高下"；另一方面也可能源于五行理论的影响，人们喜欢用"五"来指代生活，如五果、五畜、五菜之类。在此不妨开一个脑洞：如果古代中国流行的不是"金木水火土"五行而是"地水火风"四大元素，谷物最终被筛选为"四谷"，是否也未可知？

将话题回归到"北粟南稻"——无论如何，南北饮食文化的冲突终于在公元前214年的秦代南部边陲爆发出来。开凿运河的秦军将士来自北方，根本吃不惯南方的稻米，而从北方千里迢迢运送粮食到"夹以深林丛竹，水道上下击石，林中多蝮蛇猛兽"的百越显然也不现实。于是，随军的厨师便依照制作饸饹面的原理，将大米磨成粉加工成"米面"，供给将士食用。这种"米面"与日后改良的汤汁卤水相合并，最终演变成了桂林米粉，而"北麦（粟）南稻"的谷物格局，也渐渐衍生出"北面南粉"的小吃格局。

秦人发明米粉并没有相应的文献资料与考古成果支撑，但可以确定的是秦代的粮食加工技术已经颇高，杵臼、踏碓、风车、石转磨等农业设备均已被发明出来，当然"米粉"一词的诞生还远远没有那么悠久。东汉时期曾有"煮米为糁"的记载；北朝成书的《齐民要术》引用《隋书·食次》中的"'粲'，一名'乱积'"，便是早期的米粉。唐代段公路[1]《北户录》以"米饼"记之，此时的米粉长度尚不能与面条相媲美；宋代饮食文化发展迅速，出现了"米线""米缆""米糵""粉"等诸多食品，这其中的"缆"取缆绳之意，说明当时米粉的长度已经很可观，楼钥《陈表

1　段公路（生卒年不详），唐代人。著有《北户录》。《新唐书》称其为宰相文昌之孙、段成式之子，咸通年间于岭南供职。

道米缆》一诗中就有"江西谁将米作缆，卷送银丝光可鉴"之句；明清时期米粉又称"米糷"，据林志捷考证，直到明嘉靖年间，"米粉"这一名称才最终定型，此时距史禄开灵渠已经过去了一千七百多年。

作为中国最后一个传统王朝，清代孕育出了中国的四大菜系，同时也催生出了桂林米粉界的"三斋争雄"。清光绪年间，桂林米粉经过漫长的发展与整合最终孕育出了三大经典：轩荣斋炒烩（炒粉）、会仙斋十捞（卤粉）和易荣斋汤拌（汤粉）。虽然名为"炒粉"与"汤粉"，但其实无论哪一家桂林米粉其精华都在于卤，所谓的轩荣斋炒粉其实是卤粉加上新鲜的牛肉"炒片"，而易荣斋汤粉的招牌亦不在汤而在于秘制的牛腩。会仙斋卤粉以"卤"冠名，倒确有其过人之处，叫"碗底见白"：每一碗米粉，放卤水的分量正好拌匀米粉，恰到好处，一滴不剩。卤以粉为基，粉以卤称奇，有了这"三斋争雄"，桂林米粉也能在中国美食界立有一足之地了。

× 中华民国：半壁江山一碗粉

"我回到桂林，三餐都到处去找米粉吃，一吃三四碗，那是乡愁引起原始性的饥渴，填不饱的。"

这一段朴素的文字出自作家兼昆曲制作人白先勇[1]之手，他是国民党高级将领白崇禧之子。抛开职业与家世这两张名片，白先勇还是一个铁杆米粉粉丝。2016年推出的直播访谈节目《十三邀》中，有一期白先勇的专访，主持人许知远开玩笑说录制这期节目最重要的目的就是拍他们俩"一块吃米粉"，从中不难看出米粉在白先勇身上烙下的印记。

白先勇曾写过一本《花桥荣记》的小说，以"画饼充饥"的方式寄托他对桂林米粉的乡愁。作为桂林人，白先勇生于1937年"卢沟桥事变"后的第四天。童年正逢山河国难，构筑白先勇青葱岁月的除了桂林米粉还有国土沦陷。随着东部沿海逐渐沦为敌占区，西南大后方成为中华民国的中心，包括美食家和厨艺高超者在内的

1　白先勇（1937—至今），美籍华人作家。著有《孽子》《台北人》等。白崇禧之子。

大量外地军政、文化、工商界人士和难民涌入桂林，反倒为桂林米粉的发展提供了契机——或许这也是美食文化意义上的"国家不幸诗家幸"吧。

桂林传统米粉"一粉三味"，有炒片粉、卤味粉和牛菜粉三大宗，对应着清代的"三斋争雄"。这三味在桂林米粉文化中对应着天地人三才，五大素食配料黄豆、椿枒、葱花、芫荽、蒜米对应着五行，而八大荤食配料锅烧[1]、牛巴[2]、叉烧、卤肝、烧肠、卤舌、卤肚、黄喉对应着八卦——民间百姓喜欢给美食多一些传承与彩头，而桂林米粉的诸多讲究也印证了八桂大地传承了千年的中华文化。

桂林秦时设郡，其渊源来自北方人的第一次南进，抗日战争之前米粉又被称为"米面"，这个名称带有浓浓的北方色彩。抗战爆发后，大后方的半壁江山成为中华民国最后的疆土，桂林这一次要迎来整个中国的人口流入。桂林米粉也在此时进入了发展的黄金时期：一位名叫王叔铭的广东难民将粤菜融入创制出三鲜粉，另一位名叫罗炽昌的湖南难民又将湘菜融入创制出酸辣粉，最知名的要数马肉米粉——这却是桂林米粉与淮扬菜的融合。桂林原本便有马肉米粉，后江浙难民用镇江肴肉和金华火腿的制作方法来加工马肉，促成了马肉米粉在抗战时期的全盛。马肉米粉尤其受文人青睐，而对其着墨最多的，可能要数"中国武侠小说三大宗师"之一的梁羽生[3]。

那是一段发生在明宪宗年间的江湖故事《广陵剑》，其中有一大段对话将马肉米粉描绘得绘声绘色：

1　锅烧，桂林米粉的主要配菜之一，脆皮猪颈肉。

2　牛巴，玉林特色风味小吃，起源于南宋。以精选的新鲜牛肉（黄牛后腿肉最好，前腿肉次之）为主料，辅以多种成配料，经晾干、切片、水蒸、油炸、煮焖、沥干等多道工序制作加工而成。

3　梁羽生（1924—2009年），原名陈文统，当代武侠小说家。著有《萍踪侠影录》《白发魔女传》等。与金庸、古龙、温瑞安并称为"中国武侠小说四大宗师"。

"伙计看见客人来到，也不招呼，赶紧就切马肉。云瑚悄悄问道：'你怎么不吩咐他们要来几碗？'……陈石星道：'食量大的人可以吃到三十碗四十碗，食量小的人也要吃十多二十碗。多吃少吃几碗，那是不算什么一回事的。'……只见那盛米粉的碗只有茶杯大小，碗中的米粉也与他们习见的米粉不同……吃马肉米粉的规矩，客人不叫停止，伙计就得川流不息的送来……陈石星道：'这也是吃马肉米粉的规矩，最初几碗给你吃的普通的马肉，大概要吃了五碗之后，才吃到上肉，待吃到内脏之时，那才更好吃呢。'"

梁羽生的文字基本点出了马肉米粉的精髓。马下水是"俏料"，比马肉还贵，店家在看到你吃下几碗之后，才会渐渐加点下水进去。桂林米粉，除了"一粉三味"之外最火的便是这马肉米粉，前者是传统米粉的中流砥柱，而后者可谓新型米粉的时代先锋了。

改革开放：正待螺蛳中兴时

广西米粉号称有"四大"，其中南宁老友粉与梧州炒河粉其实是河粉一系，与桂林米粉齐名的另一种"真米粉"是柳州螺蛳粉。如果说米粉是八桂子民的文化图腾，那螺蛳粉则是图腾上最新添上的一笔。

和众多地方小吃一样，米粉在黄金时代之后迎来了漫长的低谷期。米粉依然被民众所喜爱着，但乱世之中的街头巷尾已经鲜有上档次的店面，米粉只能化成家家户户厨房中的晨炊星饭，与局中人一道见证着一个异样的时代。这个低谷一起持续到"文革"结束，商贸终于开始复苏，嗜食米粉与螺蛳的柳州人终于在20世纪80年代让这两种美食走到了一起，成就了米粉界的新宠——螺蛳粉。

与米粉难以追溯起源一样，螺蛳粉的诞生史很快便漫漶不清。解放南路、青云菜市、谷埠街三处柳州当时最重要的小吃市场在很短的时间内就林立起众多螺蛳粉店，但已经没有人知道这种美味的发明者是谁。所谓螺蛳粉，其实就是米粉配上螺蛳肉再拌上相应的卤汁，在最初并不存在特别的工艺与秘方。事实上，螺蛳粉自诞生伊始就带着浓浓的草根气——石螺一直是柳州的主要食材之一，行走的人渴了累了，只要几分钱，就能在螺蛳摊上买一碗螺蛳汤，这是平民能承担得起的为数不多的享受。在经济困顿的时代，螺蛳汤远比螺蛳畅销，用它来泡米粉实在是再自然不过的事情，所以螺蛳粉很可能是百家饭孕育的结果，而非某一位厨师灵机一动的产物。

桂林人吃火锅有一个习惯：吃完火锅之后，会顺便要几两米粉，用火锅汤烫熟作为主食。从这个角度来看，柳州夜市本就多螺蛳汤，食客们大快朵颐之后将米粉放入汤里煮，所谓习惯成自然，螺蛳粉的诞生也是迟早之事。20世纪90年代中期，饮食流派意义上的螺蛳粉逐渐形成并确立了"酸、辣、鲜、爽、烫"五大特点，螺蛳粉也成为柳州的名片，并进入繁荣期。不过与所有传统小吃相似，螺蛳粉店大多是小本经营，老板也多抱有小富即安的心态，随着经济与交通的发展，地方小吃的"次元壁"渐渐被打破，整个柳州螺蛳粉产业在代际更迭的过程中也颇有些跌跌撞撞。在柳州，螺蛳粉自然是当之无愧的霸主，然而放眼中国，螺蛳粉却被同源的桂林米粉远远抛在了身后。当然，"文无第一"的定律在美食界也成立，但螺蛳粉的酸辣爽口这一面，只怕是桂林米粉永远难以企及的。

螺蛳粉的历史自然无法与桂林米粉相媲美，严格来讲，前者本身也只是后者的一个变体。然而，随着改革开放一步一步发展出来的螺蛳粉却的的确确是新中国美食的一块"活化石"，其起伏跌宕比起桂林米粉的民国岁月绝不逊色。在老桂林人的回忆中，卖米粉的小贩常常挑着担子走街串巷，"哪个吃米粉，米粉哦——"的吆喝声伴着石板路上的脚步声，是童年与青春最美好的背景音；而在柳州人眼中，螺蛳粉又何尝不是一碗碗浓浓的岁月情怀？白先勇在散文《少小离家老大回》中三番五次想起桂林米粉，而对于柳州游子来说，一碗螺蛳粉才是最能宽慰其思乡之情的存在。

食后感

　　如同面一样，米粉在中国南方称得上遍地开花。除了广西的桂林米粉和柳州螺蛳粉，西到四川绵阳、东到福建莆田，以米粉闻名的城市实在不在少数。然而，从人文历史的角度来看，米粉却不能不与八桂大地联系在一起。从秦代的摸索到清代的成熟，从民国的"黄金时代"到新中国的波折中兴，米粉仿佛像一位历尽沧桑的老者，而在其眉宇之间，流淌着的是说不完的传闻轶事。

　　米粉的未来如何呢？没有人能猜得透。漓江岸上的粉店不下百家，答案或许就在它们的碗中吧……不同旅者的攻略往往记录了许多"人生不可不去"的地方，如果有机会，也为广西那些米粉摊留下一个位子吧。

拉面：中华的拉面兰州的锅

在中国，不是每一座城市都有麦当劳和肯德基，但兰州拉面的身影却一定不会缺席。与前面两个快消行业的巨无霸每开一家分店都要提前进行详细复杂的市场调研不同，兰州拉面的扩张似乎没有"极限"，随便撒一把种子便能遍地开花。

在大城市，别去寻那些灯火通明的大型购物中心，而是胡乱找一条寻常街巷，也不需要分辨东南西北，沿着一个方向走上几百米，往往就能看到一家兰州拉面馆。店面不会太大，装修一定简约，里里外外收拾得很干净。招牌以绿底白字为主，有时也能看到黄底红字，字体都朴素。店员们大多不擅长吆喝，但这不重要，因为食客只要推门而入，便能立刻感受到暖暖的烟火味道，这比什么营销手段都来得实在。

兰州拉面馆的菜谱通常会印成大幅海报贴在墙上，品类不少但各家店的差别不大，最基础的肯定是白切牛肉拉面、红烧牛肉拉面，当然还会提供拌面、凉面、炒面片，以及孜然羊肉、葱爆牛肉之类的小菜，但通常也就到此为止了。兰州拉面馆很少做跨菜系的尝试，有些店家求全，什么火锅、米粉、黄焖鸡应有尽有，让食客有"一站式购物"的快捷。兰州拉面馆则求精，因为能来店里的顾客，基本都对兰州拉面有着特别的钟情，没有嫌弃拉面店里菜品不够丰富的，倒是时不时会冒出几个嫌弃拉面不够正宗的。提到正宗，"兰州拉面"这个名字本身就不太"正宗"，兰州人管这碗面叫"兰州牛肉面"，只是出了兰州，大家约定俗成，也没人会计较这个了。

南来北往的食客喜欢兰州拉面，这也让兰州人——乃至以兰州为中心的不少西北人天生多了一门手艺。拉面滋养了千万个食客的胃，也支撑了千万个赖以谋生的家庭。

那么，兰州拉面为何具有如此强大的生命力，能够走遍大江南北却无往而不利？花样繁多的各式拉面，又为何只在兰州的锅中如此闻名？食客们或许不知道，这一碗带有清真色彩的面，曾承载着历史上中原王朝最精致的边疆。

农牧分界线上的『陆都』兰州

×

从地理角度来看，兰州的方位有两重身份。

第一重身份，是"陆都"。兰州深居内陆，1975年中国官方设定大地原点[1]时，兰州与陕西泾阳曾同为候选地，可惜最终由于地形狭窄被淘汰——虽然与大地原点失之交臂，但兰州的确位于中国大陆版图的中心区域。大航海时代以后，人类文明由陆权向海权逐渐过渡，"陆都"的身份似乎已经不那么光鲜，但历史上的兰州，却有着"坐中四联八方呼应"的独特区位优势。面向中原、背靠西域的地理位置让兰州先后成为丝绸之路上的重镇与第二亚欧大陆桥的重要枢纽。从这个角度来看，"陆都"一词显得实至名归。

第二重身份，是中国农牧分界线。中国的农牧分界线从大兴安岭草蛇灰线般蜿蜒至青藏高原东缘，兰州正好位于这条曲折线条的中部。从某种意义上来讲，这条线分割了农业生产与畜牧业生产，于是也便同时分割了中国历史上的中原王朝与西北游牧民族。当两侧的王朝相互敌对时，这里是残酷的边塞；当两侧的王朝和睦时，这里又是繁华的交易中心。在唐代，这里得以孕育出"忽如一夜春风来，千树万树梨花开"的瑰丽诗句；到了明代，这里作为九边重镇之一，又是一派"合阵几窥青海月，鸣鞭争下黑山风"的剑气森森。在兵戈铁马与太平盛世的交替中，汉人的小麦在此束足，胡人的牛羊不再南进——这条农牧分界线划过兰州，最终延伸了兰州人的碗里。

洞悉了兰州的这两重身份，便不难理解兰州拉面的诞生实际是地理与文明交织的结果。得天独厚的"陆都"使兰州成为中原与西域乃至于中亚交往的中心，进一步奠定了兴旺的商业；而农牧分界线则使得不同的食材原料、饮食文化在此交汇，从而为更具包容性的饮食打下了基础。美食的发展从来是以经济的繁荣为基础的，拉面选择了兰州，偶然之中有必然。

中国南北分界线以800毫米等降水量线为基础，兰州位于北方的最西处，降水量无法与东部等量齐观，菜蔬瓜果等耗水的农作物显得奢侈，想满足口腹之欲便只能在面上下功夫，陕西、甘肃一带面食品类极多，也正是这个道理。然而即便是面食，得来也实属不易——兰州地区伏旱极为严重，普通小麦难以生存，当

1　大地原点是国家地理坐标、经纬度的起算点，又称"大地基准点"。

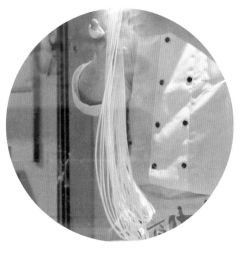

地农民一方面发明出压沙[1]的方法锁水保湿，一方面积极寻找培养更优的品种，直到具备极强的抗旱、耐瘠薄、耐盐碱性能的"和尚头"[2]出现，兰州人的粮仓才丰盈起来。甘肃有民谚"和尚的面、甘谷的线"，后者指的是甘谷的线辣椒，前者指的便是"和尚头"小麦磨成的面。正是这种面，日后撑起了兰州拉面的半边天。

兰州拉面的另外半边天"花落"牛肉，则源于兰州特殊的民族构成。明代洪武年间，兰州便已经形成了回族聚居区，距离素有"小麦加"之称的临夏也才约一百公里路程。作为兰州地区的主体民族之一，回族全民信奉伊斯兰教，有着禁食猪肉的传统；而马匹在古代属于稀缺资源，自唐代中原王朝便在边境地区建立了茶马互市制度，明朝甚至专设茶马司以监控茶马贸易，百姓自然既不敢也不舍得以马肉为食，所以牛肉占领碗中江山，便也不奇怪了。说起来，"兰州拉面"这四字招牌是出了兰州才流行的称呼，在本地，是只有"兰州牛肉面"而无"兰州拉面"的。

可以说，兰州拉面诞生于坐落在农牧分界线上的"陆都"，可谓"万事俱备，只欠东风"——那最后一阵东风在哪呢？

1　压沙，用植物秸秆等把沙固定成一个个方格使之不再流动，然后在方格里播撒草种或种上灌木，再进行人工浇灌。
2　和尚头，西北旱砂地中生长的一种特有小麦品种，抗旱、耐瘠薄、耐盐碱，用它磨成的面粉面筋含量高，是做拉条子、面片的上佳食材。因麦穗无芒，得名"和尚头"。

准确地说，兰州拉面诞生的"东风"吹了两阵才到位。第一阵东风，源于一个叫陈维精的汉人，而这个汉人又是一个地地道道的河南人——追根溯源，拉面与日后盛行于河南的烩面倒也称得上老乡。

陈维精是清代嘉庆年间国子监太学生。隋代之后改最高学府太学为国子监，太学生便是国子监就读的学生。相较于科举取士，太学生地位相对较低，入仕大多只能做县丞、教谕等低秩官吏。前途不明朗，太学生之学风也呈现出"青春作赋，皓首穷经"的乏味懒怠，但陈维精却有自己的追求：美食。经史子集之外，一部部《日用本草》《遵生八笺》《随园食单》，成了陈维精的心头好。

陈维精醉心于膳补食疗之道，这大约与其祖上以开饭馆为生有关。陈维精有"怀庆食圣"之称，精通酱、卤、烹、炸等多种烹饪技法，其代表作便是牛肉萝卜姜汤面。这道汤用二十三味中医调味料精烹细制，最初是一道药膳，后有一个名为马六七的东乡族甘肃人向其学艺，陈维精隐去了二十三味药材的配方，只以牛肉面传之。马六七将牛肉面带入兰州，这便是兰州拉面最早的源头。

这二十三味药没有传给马六七，倒是在陈家代代相传，最后由陈维精第六代孙陈九如公布。古代的美食家大多是才子，陈维精的名气虽远不及袁枚诸君，但他也是不折不扣的文人，秘方自然写得颇为雅致，乃是一首名为《维精送子位林孙和声西行手记》的杂体诗：

"众鸟高飞尽，'桂子'独去远。'豆蔻'年华和，身强余'百倍'。春风草'木香'，'当归'怀庆府。新绿欲涌，'丁香'初开，花'香叶'茂，'荜拨'涟漪，百里林'草果'然繁盛'芳香'。路远难行，高'山柰'何？汝等避'草寇'而返苏寨。'车前'着吉服马褂'红袍'，夜宿'八角'楼，晨饮'胡荽'汤。马'良姜'行千里，遍'地黄'花时至，司碧玉书联水席相敬，'月山姜'汤'茴香'豆，烹'肉蔻'碗'贵老'忙，横'披垒'灶。"

陈维精之子陈位林依父制，将卤牛肉的配方也嵌入了一首五言诗附于其后：

"'豆蔻'枝头翘，翠竹苏寨绕。'八角''大红袍'，盎然'丁香'笑。'春砂'映阶绿，'芳香'溪流跳。'桂香'八月里，骑驴叹'国老'。"

虽然马六七并没得到这两个秘方，但牛肉面之技已足以让其在兰州立足，个中秘诀便在一个"汤"字。陈维精的牛肉面以汤为百鲜之源，讲究"清汤""浑汤"的调制，清浊分明，取其清鲜，留其浊香。

陈维精在膳食领域下的功夫可见一斑，而其孙陈谐声也继承了祖父的才华，修炼成了一个功底深厚的"吃货"。陈谐声将中药的"四性""五味"理论运用到食物之中，提出每种食物也具有"四性""五味"；参与编纂《荒景食济》，系统介绍各种可食用的植物及肉类烹饪方法，其中甚至介绍了鼠类的烹饪技巧；甘陕一带灾荒时，与其兄陈和声还将手抄的《救荒本草》带入灾区让灾民按图向自然索取食材，用自己的方式救助了无数人。

如此"德艺双馨"的美食家对自家发明的牛肉面自然有着更高要求。在他的精心调制下，一碗精烹细调的牛肉面可谓"一清二白三红四绿五黄"，一清是指汤清，二白是指萝卜白，三红是指辣油红，四绿是指香菜绿，五黄是指面条黄，从面到汤到配菜到调料，五色荟萃，足够让食客"目盲口爽"了。而这十个字，日后也成了正宗兰州拉面的行业标准。

毛细 / 细 / 三细 / 二细 / 韭叶 / 宽 / 大宽 / 三棱子

×

红泥小火炉里的中华第一面

兰州拉面诞生的第二阵东风源于一个叫马保子的回族人，从这个角度来说，兰州拉面的确将民族与文化的融合演绎到了极致。

时间锁定在1915年。在东方，这一年北洋政府领袖袁世凯接受了《二十一条》，日本志在亡华，中国东部省份为此掀起了声势浩大的"抑制日货"活动；在西方，世界大战已悄然打响，只是很少有人能猜到，那场史无前例的战争会被后人冠以"第一次"的前缀。相比于动荡的世界，中国西北显得颇为宁静——就在这一年，马保子挑着一副简陋的担子踏入兰州城，卖起了他秘制的热锅子面。

所谓热锅子面，实际源于陈维精发明后由马六七传入兰州的拉面，只是陈氏拉面属于私房菜，而马保子在将其进行平民化改造后推向了街头巷尾：先准备好汤、菜、面三样，担子一头是红泥小火炉，一头是锅碗瓢盆和食材，有顾客光顾时用汤锅内的热汤将食材反复浇烫热透。店家煮得快，顾客吃得也快，马保子用的又是小碗，基本用于解渴解馋，只能当成小吃做不了主食。然而这"吃不饱"的小吃经过马保子的沿街叫卖，立刻风靡了兰州。

三年之后，生意颇有起色的马保子租赁了店面，再也不用走街串巷了——不过，"小吃"的定位依然没有变。南京夫子庙小吃街有一块匾额上书有四个字"小吃好吃"，后人以回文法将之念成"吃好吃小"，热锅子面恰得其中三昧。马保子的碗有多大？清末民俗学者唐鲁孙曾写过一本名为《什锦拼盘》、内容包罗万象的饮食掌故，其中一篇《清醇肥荦忆兰州》曾描述到"灶台旁边有一张长条案，上面放着一团一团有鸭蛋大小揉好的面剂子"，鸭蛋大小的面剂子自然不需要多大的碗，其容量大致可与桂林马肉米粉相比。

"一清二白三红四绿五黄"的规矩并非马保子所定，但马保子的确在无形中设定了经营拉面的商业规矩，比如顾客进门先送汤，每天以汤售面，汤售罄了面也就不卖了。越是往西走，对面的依赖程度越高，要求也越精细，在西北混营生的马保子自然不敢怠慢，他的热锅子面能拉出好几种，这些都没有逃过唐鲁孙的眼睛，《清醇肥荦忆兰州》的描写可谓详细：

"他家的抻面共分六种，中常的叫'把儿条'，当地人最欢迎，最细的叫'一窝丝'，又叫'多搭一扣'，是老头儿小孩儿的专用品，薄而扁的叫'韭菜扁儿'，比把儿条再粗一点儿的叫'帘子棍儿'，还有'大宽''中宽'，那就近乎面片儿了。"

马保子后来将热锅子面传给了其子马杰三，后者也是一位敬业的"美食家"，苦心研制清汤的制作工艺，以草果、花椒、桂枝等佐料入牛骨汤，这一方向倒与陈维精的理念不谋而合。经过马杰三的潜心钻研，"汤清"成为热锅子面的招牌，以至于渐渐有了"清汤牛肉面"的称号。

关于这个称号，倒也有个传说。民国时期，国民党元老、民国四大书法家之一的于右任曾至兰州，大爱热锅子面，但又觉得"热锅子面"四字殊为不雅，于是建议店家改名为"清汤牛肉面"。改名之事真伪未知，但于右任的确是热锅子面的忠实拥趸，清汤牛肉面也因为他的揄扬而走入上流社会。

《清醴肥荠忆兰州》中的马保子牛肉面，不同宽度分别对应着不同的名称，这些名称也渐渐成为兰州拉面界专有的"行话"。兰州拉面由细至粗大体可以分为"毛细""细的""三细""二细""韭叶""二宽""大宽"几类，此外还有棱角分明的"荞麦棱子"，以横截面是三角形还是四边形为界线，又分为"三棱子""四棱子"。值得一提的是，焦桐《暴食江湖》还有一篇《论牛肉面》，其中提到了"硬面、烂面""宽汤、紧汤""重青、免青"——这虽然也是"行话"，却专属于苏式面，塞北与江南之别，也体现在了这一碗碗面里。

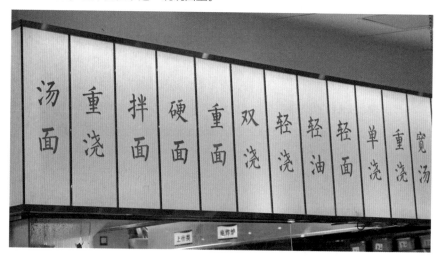

无论如何，清汤牛肉面在马杰三手中发扬光大，终于摆脱了"小吃"的身份，开始经营大碗拉面了。随着拉面的兴起，大碗拉面成为兰州人主食的标配，因此又获得了"牛大碗"的外号，兰州拉面也就此定型。后世的食客在兰州拉面店面对一大碗热气腾腾的牛肉面时总觉得这才搭西北人的豪迈，谁能想到兰州拉面在最初却是根本吃不饱的精致小吃呢？

食后感

　　源于兰州特殊的地理位置，前后经过陈维精、陈谐声、马六七、马保子、马杰三等人的精心研制，终于缔造出了兰州拉面。随着经济一体化的进程，兰州拉面逐渐走向全国，"兰州"二字就成了经营者最鲜明的地域品牌标准。从马六七、马保子等人的姓氏就能看出，兰州拉面的经营者多回族，所以"清真牛肉面""清真拉面"的招牌也不在少数——说到这，"兰州拉面"四个字虽然名满天下，但兰州人自己却往往不叫"兰州拉面"，而习惯以"兰州牛肉面"为名，也难怪兰州本地人出去一见"兰州拉面"的招牌就嫌弃人家不正宗了。

　　不过，不少店铺甚至将"兰州牛肉面"这一"正宗"叫法越过，直接以"中华牛肉面"为名——这倒也不算吹牛。中国烹饪协会曾将兰州拉面与北京烤鸭、天津狗不理包子评为中式三大快餐试点推广品种，兰州拉面由此被冠以"中华第一面"之名，如此说来"中华牛肉面"之谓也算是实至名归。当然，正不正宗倒也不能完全看招牌，兰州拉面的灵魂还在那"一清二白三红四绿五黄"的烹饪技艺本身。只是说来有些可惜：如此兼具美味与文化的兰州拉面虽然背负着快餐试点品种的使命，但最终没有缔造出麦当劳、肯德基式的快消大品牌。但从另一方面想，这或许又是一种庆幸：那一道道袅袅炊烟，或许只有在寻常市井的灶台里升起，才更有韵味吧……

凉皮：全民家书里的两部美食史

2019年底，一场由"新型冠状病毒肺炎"引发的疫情在湖北率先爆发了。当时人们还不可能知道，这场疫情将会在之后的几年对整个世界产生多么不可估量的影响，但中国人同仇敌忾、众志成城的精神一如既往，很快，来自五湖四海的医疗支援队和广大志愿者们就汇聚在湖北抗疫前线了。

2020年春节期间，就在抗疫前线，宁夏石嘴山市和甘肃白银市支援湖北的医护人员分别收到了一份相同的家乡小吃：凉皮。收到"乡味"的石嘴山人和白银人吃得不亦乐乎，这却让旁观者看得莫名其妙：石嘴山和白银这两座城市相距400余公里，人文传统、风土民情、民族结构都不尽相同，为什么凉皮会成为两座城市共同的"家书"？

其实，凉皮"兼任"不同城市的"家书"已经不是一天两天了。何止石嘴山和白银，在西北，但凡叫得上名字的城市，几乎都有凉皮这道家乡特色小吃：西安、汉中、兰州、石河子、克拉玛依莫不如此。这些城市均位于西北，不是交通要塞就是工业城市，但如果各位看官因此认为凉皮只是"一带一路"的专属美味，那"格局"可就又有些小了。

将视线投至整个中国，以凉皮为家乡特色小吃的地方简直数不胜数：河南濮阳、山东东营、江西贵溪……这些城市不仅"量大管饱"，而且分布之广泛几乎到了没有规则和逻辑可言的程度。毫不夸张地说，如果要在中国选一种"全民家乡小吃"，那凉皮一定是最有力的角逐者之一。在一间寝室的室友里、在一个办公室的同事里、在一个徒步团的"驴友"里随便问一句："你家那边有凉皮吗？"得到的肯定答复之多，往往会出乎提问者的预料。

凉皮与饺子、包子、年糕相比，绝对称不上中华饮食界中的"明星"，却能够开花散叶。凉皮与任何传统节日和文化名人都没有"绑定"在一起，走得是"单打独斗"的路线，却能够润物无声。这确实令人倍感困惑：凉皮到底有什么魔力，能够横行九州、南北通吃呢？

圣奥古斯丁有一句名言："时间是什么？没人问我，我很清楚；一旦问起，我便茫然。"凉皮，也是这样奇妙的事物。从命名上来看，凉皮虽然和凉面、凉粉结构相同，但含义却含糊得多。

"凉面"与"凉粉"均为偏正结构，"面"与"粉"作为中心语都指向特定的食材，修饰语"凉"则可以自由替换。面可以是冷面、汤面、热干面，粉也可以是冰粉、炒粉、酸辣粉，而凉皮则不同——单独一个"皮"字会让食客不知所云，可以煮一碗面、嗦一碗粉，但没法下一碗皮，而结构相似的（东北）拉皮、（南康）汤皮等小吃则与凉皮有着完全不同的"血统"。"皮"与饺子、馄饨、包子相连就成了后者的附属物，唯有与"凉"字相连，凉皮才能成为一个整体。

之所以需要对凉皮的名称咬文嚼字，是因为凉皮的内涵同样暧昧不明。从词义界定角度来看，蒸的、擀的、烙的凉皮都应属于凉皮，然而从约定俗成的角度来看，似乎只有"蒸出来"的凉皮才是真正"原教旨主义"的凉皮。但即使将范围收缩得如此之窄，也依然不能将凉皮与面皮之间画上等号，因为"蒸出来"的凉皮也分类两大类：一种是用大米熬浆制成的皮，属于米皮；另一种是用面粉去筋制成的皮，属于面皮——在凉皮的地界，大米和小麦一个都不能少。

米皮的制作工序大致分为三步：磨米成浆、过滤澄清、上笼蒸制。出锅之后的米皮劲道软糯，趁热折叠好切成细条，蘸上秘制的辣椒油，再来些蒜汁水醋，一口清凉，两口舒爽，三口便是人间至味。

米皮在陕西以外的省市流传不广，但在陕西凉皮界的"四大名旦"中米皮却占了半壁江山：分别是秦镇米皮和汉中热面皮——没错，汉中热面皮名为"面皮"实际却主要以米浆为原料，严格来讲应当称为汉中热米皮。而用面粉做成的"皮"，汉中人称之为"面面皮"，"面面"大体为粉末之意。

关中一带素有"乾州的锅盔岐山的面，秦镇的皮子绕长安"的民谚，从中不难品出秦镇米皮在陕西地位有多尊崇。制作精良的秦镇米皮吃起来"筋、薄、细、软"，无论是单吃还是配上芹菜丁、豆芽、黄瓜丝等小菜，都是一般的妙不可言。

而汉中热面皮则是汉中人每天肠胃的闹铃：一口热面皮，一口菜豆腐，豆腐蘸着米皮汤入口的那一瞬间，才是一天真正的开始。

除了秦镇、汉中两大重镇，甘肃陇南的文县、武都也盛产米皮。不过作为家乡小吃，文县的面皮同样不遑多让；而武都的米皮则常常与面皮、洋芋搅团、油面茶等小吃统称为凉粉，一句"凉粉吃了没"，武都人听了，自会会心一笑。

凉皮的另一大分支，就是横扫六合的面皮。面皮的制作工序与米皮几乎一致：释面成浆、过滤澄清、上笼蒸制。在制作面浆之前，如果加一道洗面的工序，就能制出气孔密集的面筋；如果直接用面粉加水调和成面浆，便没有面筋。贾平凹[1]在《陕西小吃小识录》曾提到过面皮的做法为"一斤面粉用二斤水，分三次倒入，先和成稠糊，再陆续加水和稀……蒸笼上铺白纱布，面浆倒其上，摊二分厚，薄厚均匀，大火暴蒸"，这里的面皮未经洗面，自然是没有面筋的凉皮。

除去米皮与面皮，西北地区还广泛分布着一种名为"酿皮"的美食。这里的"酿"通"穰（ráng）"，酿皮与凉皮事实上是同一种食物——秦镇米皮又名"穰皮儿"，"酿"恰与"穰"同音。虽然酿皮界中比较出名的兰州酿皮、天水酿皮、武威酿皮、巴盟酿皮均是面皮，但考虑到各地对米皮、面皮、凉皮甚至凉粉的叫法多有混同，"酿皮"之名很可能是穰皮的讹变。

1　贾平凹（1952—至今），本名贾平娃，当代作家。著有《废都》《秦腔》等。

可以看出，"凉皮"是一种极具包容性的称呼。它可以是米皮，可以是面皮，可以带面筋也可不带面筋，更不用提各地完全可以在"皮"的基础上辅以不同的佐料与小菜。这种"殊途同归"式的内涵，让凉皮有了成为"全民家乡小吃"的可能，但另一个问题也随之而来：究竟哪种凉皮最正宗呢？这个问题，连凉皮的"最大输出省"陕西自己心里也是一笔糊涂账。

一千碗凉皮就有一千种灵魂

"四大名旦"除了秦镇米皮和汉中热面皮，还有岐山擀面皮和麻酱酿皮：岐山擀面皮2011年被认定为"中华名小吃"，而麻酱酿皮则用芝麻酱挑起了浓浓的回民特色。"四大名旦"之外，陕西凉皮界同样群星璀璨：安康蒸面、汉阴蕨粉皮、扶风烙面皮、彬县淤面、陕北肝子酿皮、泾阳凉皮……闻名陕西内外的"三秦套餐"是凉皮、肉夹馍再加冰峰汽水，但这里的凉皮只能称得上"种类物"而非"特定物"，不同陕西人心中自然有不同的凉皮风韵。陕西凉皮"十里不同酱，百里不同皮"，只不过有些"王孙高名满天下"，早已随着各地的小吃连锁店成为陕西的名片；而另一些则"藏在深闺人未识"，只在千里之外的游子心中，悠悠谱写出一曲乡音。

陕西凉皮花样最多、影响最大、流通最广、文化根基最深。凉皮若是"帝国"，陕西就是当之无愧的"首都"。但如果说陕西凉皮能一匡天下、九合诸侯，那恐怕各地要"一支穿云箭，千军万马来相见"，与陕西凉皮一较高下了。

自汉中向西或咸阳向北，便到了甘肃的陇南与庆阳，这同样是两个酿皮重镇。甘肃是酿皮大省，而陇南与庆阳宁县则是这条"酿皮之路"的东部起点。由此驱车向西，一路可以尝尽天水酿皮、定西酿皮、兰州酿皮、临夏酿皮、武威酿皮、金昌酿皮，及至吃到一碗敦煌酿皮时，已经到了甘肃的最西端。

出了甘肃，新疆浩浩荡荡的凉皮大军又已列阵在前。哈密凉皮、乌鲁木齐凉皮、昌吉凉皮、石河子凉皮、克拉玛依凉皮、伊犁凉皮、喀什凉皮……"凉皮之路"随着铁轨的延伸渗入沙漠戈壁，成为新疆人肠胃里最美味的"绿洲"。

相比于甘肃与陕西两省，新疆凉皮呈现出更强的包容性与更丰富的口感。哈密凉皮的配菜极为奢华，从紫甘蓝到酸萝卜再到野蘑菇，大有万川归海的气魄；昌吉黄面凉皮以蓬草灰水和面，故称为"黄面凉皮"，口感厚重扎实；石河子凉皮汤料讲究，用桂皮、花椒、草果、香叶等十余种香料熬制而成，汤料甚至比面皮更诱人；克拉玛依凉皮则能用番茄酱搅拌，在胡萝卜与绿豆芽的衬托下大有"凉皮沙拉"的即视感；喀什凉皮还会辅以腐皮及特殊的鹰嘴豆，软糯中更添滋补……可以说只有凉皮拥趸们想不到的吃法，没有新疆凉皮加不了的料。

沿着"凉皮之路"走到伊犁与喀什，已经半只脚迈近了中国国界，但这并不是"凉皮帝国"疆域的全貌。回头向东，内蒙古的巴盟酿皮、宁夏的大武口凉皮都配拥有姓名，"大武口凉皮"五个字还是国家地理标志集体商标；再向南转折，青海酿皮同样蔚为大观——凉皮若是家乡小吃，那广袤的西北大地就无一处不是故乡了。

凉皮是西北集体的家乡小吃，这依然不是凉皮帝国疆域的全部。从中原到江南还存在着一块块凉皮"飞地"，在这些大大小小的城市里，凉皮同样与儿时记忆画上了等号。河南濮阳的裹凉皮、山东东营的包凉皮、安徽萧县可卷可拌的面皮、江西贵溪和德兴加入黄芥末汁拌的凉皮……吃着这些"特立独行"的凉皮长大的人们，离开了家乡见到了别处的凉皮还多多少少会有些惊讶：这也叫凉皮？这声质疑，要是让一个陕西人听到，真不知会做何感想。

没办法，这就是凉皮。如果说一千人眼中有一千个"哈姆雷特"，那一千碗凉皮就有一千种灵魂。

凉皮在地大物博的中国的确近乎"全民家乡小吃"，它为什么有如此大的魅力呢？再进一步，究竟哪里的凉皮最"正宗"？史书未曾明确凉皮的起源，但民间却给了凉皮多个版本的传说。

比如秦镇米皮，相传是秦始皇嬴政时期秦镇遭旱灾无新米上贡，乡绅们遂将陈年大米浸泡后磨制成米浆，竟创造出了米皮。又如汉中热面皮，相传是汉高祖刘邦时期由汉中一带的农民所发明，刘邦"微服私访"时对这一由"面"成"皮"的美味赞不绝口，赞曰"此乃面皮也"，因此汉中热米皮至今还以"面皮"为名。再如萧县面皮，又将起源锁定到了东汉末年的赤壁之战：曹操南征时粮食被雨浸湿，厨子便灵机一动将这些麦子磨成粉蒸制，最终发明了凉皮。

如果这些传说为真，那凉皮便已度过了两千年左右的岁月，在美食界也算得上长寿了。不过传说毕竟只是传说，通过对史料的按图索骥，还是能找出凉皮起源的大致时间。

无论是米皮还是面皮，都需先将原料磨成粉，这就要用到石磨。石磨发明于战国时期，经历秦汉随着脚踏碓、水碓、风车、砻磨和连转磨等粮食加工器具而普及，这也标志着中国饮食由"粒食"向"粉食"的过渡。两汉时期，食饼之风渐渐铺开——这里的"饼"指的是所有面食的统称，如汤面最早就被称为"汤饼"。秦汉以降，汤饼与蒸饼已是餐桌上的常客，乃至于在部分时间出现了禁食的习俗，如东汉崔寔[1]在《四民月令》便提到"立秋无食煮饼及水溲饼"。魏明帝曹叡为了试探"肤白貌美"的何晏是否傅粉，用的方法便是在正夏月让何晏吃热汤饼。从生产工具的角度来看，凉皮在汉代的确已经有了出现的可能，不过宋代以前的汤饼实际上是一种"片儿汤"，面片不是用刀切，而是用手撕，可以说此时还有"面"无"条"，凉面尚未问世，遑论工艺更为复杂、以刀切为主要工序的凉皮。

汤饼虽然美味，但不适合在夏季食用，解暑开胃的刚需最终催生出了凉面。唐代出现了一品名为"槐叶冷淘"的小吃，采青槐嫩叶捣汁和入面粉，做成细面条，煮熟后放入冰水中浸泡，捞起以熟油浇拌，再放入井中或冰窖中冷藏，待食用时加佐料调味——从制作工序来看，"槐叶冷淘"与凉面极为相似，唯一的疑问就是，"槐

1　崔寔（生卒年不详），字子真、元始，东汉人。著有《政论》《四民月令》。

叶冷淘"到底是"面片",还是"面条"?

五代何光远[1]所著的《鉴诫录》中载,前蜀时冯涓与王锴行酒令,王锴令曰:"乐乐乐,冷陶似馎饦。"馎饦即面片汤,冷淘既然与馎饦相似,显然不是用刀切。不过唐代的确已经出现了刀切的面条,唐末冯贽[2]所著的《云仙杂记》中载"并代人喜嗜面,节以吴刀,淘以洛酒,漆斗贮之",这与唐代案板、刀、杖之类厨具的使用潮流相吻合。

厨具的丰富会促使面食推陈出新,分化细致。至宋代时,人们已习惯将面条用刀切成细长汤面,在以宋代吴自牧[3]《梦粱录》为代表的宋人笔记中,面条的种类已蔚为大观。更为重要的是,北宋沈括[4]的《梦溪笔谈》中已经现出了面筋:"凡铁之有钢者,如面中有筋,濯尽柔面,则面筋乃见"。《梦溪笔谈》是以面筋比喻锻钢,可见面筋的制法已然普及,所以一个比较合理的推断是,凉皮的成型很可能出现于唐宋时期,也即刀切技法与面筋制法成熟之后。

从美食发展史与烹饪工艺的角度来看,凉皮无疑源于凉面。《云仙杂记》言"并,代人喜嗜面",将面条的流行范围大至锁定在山西、河北一带,但凉面——包括凉皮——无疑天然有着大众美食的"天份",恰如汤饼与蒸饼在汉代当属"全民主食"一样。

1 何光远(约936年前后在世),字辉夫,五代十国时期后蜀人。著有《鉴诫录》《广政杂录》等。
2 冯贽(约唐代天佑年间前后在世),唐代人。著有《云仙杂记》。《云仙杂记》在南宋陈振孙《直斋书录解题》中亦称云仙散录。一说《云仙杂记》系后人伪作,史上并无冯贽其人。
3 吴自牧(生卒年不详),宋末元初人。著有《梦粱录》。
4 沈括(1031—1095年),字存中,北宋人。著有《梦溪笔谈》。

通过对凉皮历史的推断与分析，可以大致判断凉皮天然是"全民主食"。但凉皮若果真如此流行，为何千余年后以凉皮为"家乡小吃"的城市依然多位于北方尤其是西北？凉皮这一"春风"为何迟迟难绿"江南岸"呢？要回答这个问题，就要将视线投入中国的自然地理中了。

中国幅员辽阔，一道"秦岭—淮河"线大致分割了南方与北方，降水、气候、湿度等因素造就了南稻北麦、南米北面的格局。除此之外，南方物产远较北方尤其是西北丰富，这种先天的差异势必会影响南方与北方美食的发展进路。

江南人可以在同一碗面上"穷奢极欲"地放置各种浇头，但西北人就没有这么得天独厚的条件了。作为凉皮最重要的"出口省"，陕西与甘肃自古以来多旱少雨，昼夜温差大，这一自然条件限制了蔬菜的种植，面食在饱腹之余不得不承担更多满足食欲的使命，与此相对，人们也自然会在面食上投入更多的想象力。

明人蒋一葵[1]在《长安客话》中记载了当时的面食之盛："水瀹而食者皆为汤饼。今蝴蝶面、水滑面、托掌面、切面、挂面、馎饦、合络、拨鱼、冷淘、温淘、秃秃麻失之类是也。"这里的"长安"指的虽然是北京，但北方对面食的钟爱却是一理通万理的。北方物产虽少，但只要不是灾年，小麦基本俯拾即是，一个地方发明出一种新的面食，其他地方立刻便能够群起而效仿。凉皮的原料不过米与面，哪怕是在塞外，只要能保证最基本的收成，就能用凉皮"打牙祭"，这种强大的适应力才是凉皮"人见人爱，花见花开"的资本。而在江南，毕竟饮食品类丰富，凉皮想要在"水稻圈"打下一片江山自然就不容易。

取材方便的另一面就是因地制宜，这也是凉皮"十里不同酱，百里不同皮"的原因。产米的可以做米皮，产面的自然就做面皮；民风尚酸就多加些醋，嗜辣就多加些辣子；喜欢厚重的可以用蓬草灰水和面，喜欢软糯的也可以做得轻薄如纸。了解了这一点，就知道凉皮的灵魂原本就是个多选题了。

凉皮的灵魂是面筋吗？是醋汤吗？是油泼辣子吗？是花生黄瓜豆芽香菜红椒萝卜丝紫甘蓝吗？是水醋大蒜花生酱芝麻酱黄芥末蚝油味精吗？都是，也都不是。可能会有人抖个机灵：凉皮品种再多，总要有个盛它的碗吗？听到这句话，拿着裹凉

1　蒋一葵（生卒年不详），字仲舒，明代人。著有《尧山堂外纪》《尧山堂偶隽》《长安客话》。

皮的濮阳人笑了，拎着包凉皮的东营人笑了，捧着卷面皮的萧县人也笑了……

不过，关于凉皮的故事，还没有完。从美食"通史"的角度来看，的确能够解释凉皮在陕西、甘肃等西北地区的流行：这些地区正处于中原与塞外的交汇处，饮食文化与物产分布决定了这一地区是凉皮扎根最深的地方。但是，新疆凉皮和散落在中原的各种凉皮之所以能够成为很多人的"家乡小吃"，却源于另外半部美食"断代史"。

翻开中国地图，会发现除了陕西、甘肃之外，其他以凉皮闻名的地方大多有一个共同点：它们都是新中国成立后发展出来的新兴移民城市或地区。克拉玛依因克拉玛依油田而兴，东营因胜利油田而兴，石嘴山因煤矿而兴，贵溪和德兴因铜矿而兴。此外，石河子曾经是新疆生产建设兵团总部所在地，伊犁六十六团凉皮、乌鲁木齐米东区羊毛工凉皮、濮阳一机厂凉皮从名称中就能听出浓浓的计划经济时代感。

20世纪60年代起，中国曾开展过一场轰轰烈烈的"三线建设"运动。特殊的时代背景下，来自五湖四海的工人、干部、知识分子、解放军官兵涌入"大三线"地区，在很多荒芜了几千年的土地上白手起家建起了新的乐园，这些人在带来了知识技术的同时，自然也带来了各地的饮食习惯。物产的相对贫乏让凉皮成为最佳选择之一，而不同的饮食风俗则让不同地区的人试图在凉皮身上重现故乡的味道……一个地方移民的人数越多、家乡分布越广泛，凉皮也就越富有想象力。

时过境迁，那些引进、改良凉皮的移民们可能不会想到，这些伴有乡愁的凉皮最终会演化成新的故乡，为他们的后辈、后后辈们构筑起新的羁绊。岁月无情，很多移民城市在新一轮潮流中逐渐褪色、没落甚至消失，于是在这些后辈心中，凉皮又成了岁月的绝响，只是无法为外人道了。

食后感

　　面筋、辣子、蒜汁，哪个更"原教旨"？野蘑菇、番茄酱、黄芥末汁，哪个是"异教徒"？在凉皮"全民主食"的光环面前，这些都不值一争。凉皮的真正魅力在于其适应力，它制作简单、取材方便，人们因此在食物匮乏时也能拥有更好的食欲享受。进一步说，凉皮的适应力其实正是中华民族的适应力，凉皮界的百花齐放背后，也正是中华民族文化中的百家争鸣。

　　凉皮用一千年的时间蜕变成陕西、甘肃的家乡小吃，又在时代的洪流下散播于祖国各地，如果不细细品味，很难想象一份轻巧凉皮里会有如此厚重的历史。一种美食的命运，固然源于其自身的味道，但它背后，又何尝不折射着宏大的历史行程。

　　这种行程会随着凉皮的脚步走向未来么？钱锺书[1]曾引《西斋偶得》言：

　　"由古溯今，惟饮食、音乐二者，越数百年则全不可知。《周礼》《齐民要术》唐人食谱，全不知何味；《东京梦华录》所记汴京、杭城食料，大半不识其名。"

　　凉皮身上承载了如此多的集体回忆，只希望这种苍凉，不要再次降临在它身上……

1　钱锺书（1910—1998年），字哲良、默存，原名仰先，后改为锺书，当代学者、作家。著有《围城》《管锥编》。与饶宗颐并称为"南饶北钱"。

饼的出现，是中国粒食烹饪之路上的一大进步。
但很快，古人就不满足于饼质朴却单调的味道了。
将食材混入面皮中丰富口感是最初的选择。
随着烹饪技术的进步，将馅料包裹在面皮里烹制，又成了不可抗拒的诱惑。
在美食野心的驱使下，经历千百年尝试，无数馅食被发明出来。

本课包含生煎、馄饨、汤包、鲅鱼饺子、涵盖南北地域，以及农耕、海洋文化的不同食俗。

馅
食

×

STUFFING

中华文明源远流长，因此后人在面对传统食物时，往往会想当然地认为，这些美味与中华文明中的物质或非物质文化遗产一样，拥有着动辄上千年的传承。这一误解情有可原，因为美食的起源确实无稽可查，谁又能记住第一个发现小麦能吃、茶叶能喝、花椒可以当佐料的人呢？

但有一点可以确定，那就是美食的发展需要建立在相应食品加工技术的基础上，所谓"工欲善其事，必先利其器"。因此，考察一种美食——也即"事"的历史，不妨先考察其背后所需的技术或工具——也即"器"的发展史。

比如，面的出现，就一定在人类主食从"粒食"转向"粉食"之后才成为可能。这是因为，"粉食"必须以磨盘、碾棒、杵臼等加工工具的出现为基础，而这些工具是制作面所不可或缺的。先将谷物磨成粉，再用水浸泡蒸熟，就形成了人类食谱上最基础的面食。清代成蓉镜[1]据《释名·释饮食》考证到"溲麦屑蒸之曰饼，溲米屑蒸之曰饵"，可见磨成粉的谷物与水组合成了最初的面团——饼和饵，而这二者的不同之处，无非在于所用的谷物原料。将这种面团通过切、拉、挤等工艺制成条状，那就变成了面条；而通过擀面杖将面延展，加入馅料，就成了林林总总的带馅食物——不妨将其统称为馅食。

馅食以包子、饺子为两大宗。包子圆而饺子弯，两者如同日月一般，照耀着中国面点的万千花样。如《释名·释饮食》所述，最早的面食应当以蒸为主，那将这两轮"日月"放入油锅会变成什么呢？想当然耳，答案应该是煎包和煎饺。然而，对于这两种经过高温洗礼的面点，上海人自有特别的叫法，那就是生煎与锅贴。当然这也只是泛泛而论，上海人的叫法不仅仅是给面点命名这么简单，生煎与锅贴的名字里，藏着古代中国馅食发展的遗迹。

1　成蓉镜（1816—1883年），字芙卿，清代经学家。著有《周易释文例》。

生煎、馒头与生煎馒头

包子是馅食，但其源头却是不带馅的馒头。上海人习惯称包子为馒头，生煎其实就是生煎馒头的缩写，这一习惯大有来头。

馒头出现的年代要较包子悠久得多，最著名的传说发生在三国时期的蜀汉：相传诸葛亮七擒七纵孟获时途经泸水，此河瘴气熏天、触者皆病，只能通过祭奠河神以祛魅消灾。诸葛亮不忍依习俗以人头为祭品，故改用面团包肉代替，由此发明了"蛮头"这一面食，久而久之便演变成了馒头。

之后，江南人在蒸制馒头时常加入肉、菜、豆蓉等馅料丰富其味道——做法虽然经过了改良，但叫法却约定俗成并没有变，直到今天，江浙一带的不少地区还保留着包子馒头不分的语言习惯。

随着时间的推移，馒头、包子在中国四处开花，在不同厨师的手中自然衍生出不同品类，生煎便是这一家族中的翘楚。作为一种平民小吃，生煎的起源已难以考证，公认的说法是源于民国时期老上海茶楼里的点心。当时的上海滩林立着近两百家茶楼，有专供达官贵人、社会名媛聚会交谊的高档茶楼，也有遍布市井里弄、以"老虎灶"为代表的平民茶楼。这"老虎灶"大多有烘炉和盘炉，除了供应热水、茶水外还提供些许物美价廉的小吃，最常见的便是生煎和蟹壳黄。一壶廉价茶水，一小碟生煎，多少八卦轶事奇闻异见随着吴侬软语式的逗趣传播开来。

说生煎出于茶楼倒也有迹可循，这便要提到一个名为"萝春阁"的茶楼了。萝春阁的来头不小，它的创始人是上海滩实业大亨黄楚九——这个黄楚九因创业横跨诸多领域而得了"百家经理"的绰号。黄楚九是中国西药业和娱乐业的先驱，民国时期号称远东第一俱乐部的上海"大世界"正是他一手创办的，相比之下萝春阁在他的事业中似乎是不起眼的一笔，然而正是这不起眼的一笔，让生煎在上海人的心里扎下了根。

萝春阁最初并不卖点心。在20世纪20年代，高档茶楼一般不经营茶点，食客想吃可以差堂倌到外面去买，于是这种茶楼附近往往有不少"寄生性"的小摊，如同大型商场附近往往有肯德基、麦当劳一样——萝春阁附近便有一个做生煎的小摊，生意非常红火。黄楚九品尝过几次深感其味道鲜美，最后将小摊的厨师请到了萝春阁专门做生煎。这实在是一个"有味道"的双赢：萝春阁由此多了一个与众不同的招牌，而生煎有了萝春阁这个名扬上海滩的平台，名声一时大噪，很快便成了上海茶楼里必不可少的茶点，并最终演变成上海本帮小吃的一块金字招牌。老上海有段关于本帮小吃的唱词："生煎馒头牛肉汤，油豆腐线粉蟹壳黄……"坐头把交椅的，正是生煎。

由此可见，生煎最早只是名不见经传的街头美食，后由萝春阁无意发现并大力推广而形成别具一格的本帮小吃，黄楚九在这中间可谓功不可没。同时，生煎走向茶楼的过程，也正是茶点走向上海茶楼的过程，生煎在这里又成了上海美食史的见证者。当然，好吃的东西自己长着脚，没了黄楚九，还会有荣宗敬、潘志文或刘鸿生；就算没有这些实业家慧眼识珠，也还有市井百姓的口耳相传——只是生煎的流行，很可能就要延后个二三十年了。

虽然有着黄楚九这一商界精英的青睐和萝春阁的"加持"，但生煎绝非文人墨客品茗的雅趣。无论是在街头还是在茶楼，大多数情况下它都是作为一种普罗大众的亲民小吃而存在的。陈旧的老虎灶，简陋的长条桌凳，狭窄的过道里弥漫着油煎出的浓烈香气。生煎是小吃版的浓油赤酱，迷恋这般重口味的食客追求的显然不是怀石料理般的禅意，在肉香油香葱香的混合中，升华的尽是浓浓的人间烟火。

除了萝春阁，老上海还有一家开在四川路上的大壶春，也是以生煎闻名。在很多上海"老克勒"[1]眼中，真正有腔调的生煎就只有这两家，其地位足以媲美可乐界中的"可口"与"百事"。

大壶春的创始人名叫唐妙权，是黄楚九的侄子，这样看来萝春阁和大壶春倒是"师出同门"。话虽如此，两家生煎的口味却各有千秋，以至于分出了生煎的两大派系。萝春阁生煎的馅通常会拌入肉皮冻，高温煎熟后便化成了一咬满口香的汤汁，这是为"汤心帮"；大壶春生煎则肉馅厚实、汤汁偏少，这是为"肉心帮"。事实上除了萝春阁与大壶春的汤心肉心之争，生煎还有扬帮与本帮之分，前者开口朝下，遇油后被煎为一体，以利于留汤，后者则开口朝上；用料也各不相同，有用死面的，有用半发面的，还有用发面的——大壶春用的便是发面的，这在上海不算主流，也难怪有人要错认其为水煎包了。

1　老克勒源于英语"old white-collar"，直译为"老白领"，原指旧上海在洋行工作、高薪体面、有见识有教养的职业人士，后引申为老一代的上海绅士。

生煎往事 尘世烟火里的

水煎包是鲁菜名点，其流传地域广达于整个华北，作为"包子家族"中的重要成员与流行于江南的生煎遥相呼应。水煎包的制作流程的确与大壶春生煎有着相似之处：将包子放入平底锅内少许时间，先淋水面糊，再浇香油，翻一遍出锅即成。这里不太一样的是淋水面糊这一道工序，最花功夫的也是这一道工序：淋的时间须恰到好处，或早或晚都会影响水煎包的口感。

巧合的是，水煎包的起源传说也与三国时期的蜀汉相关，只不过主角不是诸葛亮，而是蜀汉的另一位重要谋臣——法正。这段故事发生在定军山之战，当时刘备大军驻扎于汉中，因山上供水不足，军师法正下令改蒸馒头为生煎馒头。定军山之战胜利后，这一小创造也加入了蜀军的日常菜单，最终流传到中原大地。

其实水煎包的传说与馒头的传说存在矛盾——定军山之战发生于建安二十四年（219年），比诸葛亮伐南中早了整整六年，如果馒头是诸葛亮发明的，那法正怎么可能在此基础上创新出生煎馒头呢？而且，汉末油价昂贵，刘备大军水尤嫌不足，更何况是油？传说毕竟是传说，茶余饭后谈资而已，到底是不能细究了。

发面在生煎里算不上主流，那主流是什么呢？答案是半发面。生煎的面皮多用轻度发酵的面团，这叫"抢酵"。包好之后整齐地码在平底锅内油煎，淋几次凉水再撒上葱花和芝麻，很快就能闻到它诱人的香味。半发面的生煎大多是开口朝下的"汤心帮"，这种生煎汤汁鲜美、底部酥脆，再来一小碟香醋相佐，那滋味"老灵额"！

沾染上浓浓尘世烟火的生煎自然不仅仅是滋味"老灵额"，作为干粮来讲也是极为扛饿的，也由此更为贩夫走卒、引车卖浆所钟爱。当然，能跻身萝春阁的生煎"下得了厨房上得了厅堂"，既能流行于烟火街巷，也能登得上文学殿堂，这里便要提到上海文坛一骑绝尘的女作家：张爱玲。

没错，笔法华丽而古典的张爱玲正是生煎的忠实拥趸。张爱玲的第一任丈夫胡兰成也是一位知名作家，在其自传《今生今世》中，便提到过张爱玲与生煎的一小段往事："她处理事情有她的条理，亦且不受欺侮。一次路遇瘪三抢她的手提包，争夺了好一回没有被夺去，又一次瘪三抢她手里的小馒头，一半落地，一半她仍拿了回来。"

书是胡兰成的作品，书名却是张爱玲起的，说是今生今世，却分明透着岁月忽已晚的伤怀。如果了解书背后的故事，这段普通的文字读起来便让人感到丝丝酸楚。

除去这些文人轶事，生煎还有一个透露出浓浓历史印记的细节。一两生煎有几个？拿这个问题去问上海人，上海人会一边笑话你"港"（傻）一边回答是四个。但要是再追问下去为什么是四个，人家恐怕就笑不出来了。四个生煎加在一起足有半斤，一向以精细闻名的本帮菜为什么独独在生煎面前"阔气"了起来呢？

这是一个特殊时代背景下的"历史遗留问题"。在新中国成立初期的计划经济时代，购买食物不仅要钱，还需要粮票、菜票——钱代表的是购买力，而粮票、菜票则代表了购买资格。在计划经济的运转下，粮食实行统购统销政策，粮票、菜票自然也要按户籍人口定量供应，其价值比钱还"值钱"。

一两粮票买的面粉，大约能做出四个生煎，所以这里的一两指的不是生煎的重量，而是生煎皮所用面粉的重量。也因此，生煎个头越大皮越薄，个头越小皮越厚，用最少的面包裹上最大的馅，这里面最能看出厨师的功力。

计划经济早已成为过去，但一两四个生煎的传统却保留了下来，连同生煎馒头这一称呼一样。这也怪不得上海人，北京人能管大栅栏叫"dàshila'r"，上海人为什么不能保留生煎馒头的称呼呢？要知道小小一枚生煎里包含的可不仅仅是各式各样的馅料，更是绮丽驳杂的海派文化。

锅贴与生煎最意外的『撞脸』×

容易与生煎混淆的还有一种馅食，那就是锅贴。提到锅贴与生煎"撞脸"，上海人恐怕会感到莫名其妙。的确，在上海人的小吃认知里，锅贴与生煎的区别相当于饺子与包子的区别。其实何止是上海人？抛开地域差异，很多人都会这般解释：锅贴是油煎的饺子，生煎是油煎的包子，除了要沾热油，饺子和包子之间的区别就是锅贴与生煎的区别。但若如此论，生煎与水煎包恐怕称得上"近亲"——而水煎包，在河北、山东一带同样被称为"锅贴"，从中似乎也能看出生煎和锅贴这两味小吃在中国人心中的地位颇有些混同。

其实，锅贴比起煎饺，在工序上是多了一些讲究。锅贴是包好的生饺直接入油锅，锅是平锅，不能用水煮，煎制期间需要不断转动锅子并揭开锅盖淋水——饺子底部靠油煎熟，但饺子的顶部却是靠水汽蒸熟的。

而一般意义上的煎饺，则是先煮熟了再进行煎制。因为已经是"生粉煮成了熟饺"，自然也无须淋水，放到油锅里，几个面各翻一次遇油而脆，技术含量比起锅贴是小多了。由此看来，煎饺其实可以分两大类，一是"生煎"的，叫锅贴；二是"熟煎"的，叫煎饺——只是这样的分法，不知生煎和水煎包听了之后心里会做何感想……

分类至此，关于锅贴的"血统"问题似乎可以告一段落了。但中国美食就是如此让人眼花缭乱，如果将视野放宽，会发现"锅贴"两个字的含义却渐渐徘徊到了饺子之外。辽宁大连有一名点，叫王麻子锅贴，与上海的擂沙圆[1]一样是以发明者命名。这个王麻子锅贴是中间紧合、两头略见馅的长条形，当然制作方法与上海的锅贴相似，也是油煎加淋水。这种形状的锅贴当然是锅贴，但要称之为饺子，便略有一丝勉强。不过先别急，更勉强的还在后面——那便是天津锅贴。

如果说王麻子锅贴仅仅是两头见馅，那天津锅贴就干脆两头不封口。制作方法也是油煎、淋水，做出来也是一样的底面酥香焦黄、里馅儿鲜嫩……但就这形状，不像锅贴，倒有些像火烧了。

虽然有天津锅贴这一"变种"，但将锅贴归类为饺子整体上依然说得过去。从

1　擂沙圆，上海传统小吃，在煮熟的各式汤圆上滚一层擂制的干豆沙粉而成。相传做法为清末一雷氏老太所发明，故名"雷沙圆"。

三国时期的古称"月牙馄饨"可以看出，饺子最早是以煮食为主的，锅贴所需的复杂烹饪技巧应当是厨师们在漫长的岁月中逐渐琢磨出来的。

关于这个过程，也有一传说。民国末年，一名为王树茂的山东汉子定居大连，将胶东传统锅贴结合当地习俗改良成新的面食，深得当地人的喜爱。王树茂由此扎下了根，而这一面食也成了当地的名小吃，传于后世。诸位看官可能猜到了，这个王树茂就是王麻子，而这个新面食，就是王麻子锅贴。这一段故事不能说明锅贴源于山东，但却说明了山东锅贴的历史的确较为久远——与上海锅贴相似，青岛锅贴也是百年名点，而青岛，正位于胶东，也便是王麻子锅贴的发源地。

上海锅贴起源于何时并没有明确记载，但上海一些老字号锅贴的传承至少近百年，如此算来其历史未必比胶东锅贴短。当然对于美食来说，时间的长度不重要，味道的厚度才重要，上海锅贴滋润了百年上海，早已成为本帮小吃的一张名片，加之上海人独有的细腻，早已生成一套精致的锅贴评价标准，这便是其他锅贴所不及的了。

类似锅贴这种做法很容易琢磨出来的平民小吃，很可能有多个发源地，而能不能流传出去、流传范围有多广呢？这不仅要看美食本身的味道，还要看美食"家乡"的经济发展情况。繁华都市里的美食很容易随着南来北往的行客扩散到五湖四海，或许这也正是上海锅贴独树一帜的原因吧。

食后感

南来北往的食客听到"生煎"和"锅贴"这两个名字时，多半会想到上海。不过平心而论，上海生煎的文化底蕴要更深一些，上海锅贴有些沾上海生煎的光：这道街边美食常常与上海生煎一锅而出，这锅中的两轮"日月"，从视觉角度实在令人印象深刻。当然，对于未尝过本帮风情的食客而言，真要单单挑出一枚生煎或锅贴来辨认，食客们大抵会将其归类到北方小吃。中国地域过于广阔，不同省份地区的小吃往往殊途同归，最后用以标注身份的便只剩下一个名号，但若真论起色香味来，便只有涉猎广泛的老饕才能品味得出来了。

或许问题还是出在了命名方式上。恰如刀削面那样：如果把那个"面"字去掉，只说来一碗"刀削"，从理论上说店家无论端一碗"刀削饼"还是一盘"刀削粉"似乎都没有问题；那么，生煎和锅贴为什么不能同时包括"生煎饺"和"锅贴包"，甚至是"锅贴馒头"呢？这当然只是戏言。但是对于中国人来说，美味却从来都不是儿戏，所谓"民以食为天"，而生煎与锅贴，正是这片天空中闪耀的两道星光。

馄饨：古老血统与百变风情

清水和面，皮里包着菜、肉、糖各色馅料，热锅开水带着弥漫的蒸汽，久等的食客们没用筷子，一个个不大的调羹里满载着晨炊的温度……当季节轮转至冬天，无论是寒意料峭的江南，还是雪虐风饕的北方，似乎都没有什么比馄饨更能开启一天的温暖了。

然而，馄饨作为冬季早餐的代表，却有些"实至名未归"的尴尬：作为小吃的馄饨的确遍及大江南北，但"馄饨"这两个字却远没那么流行，各地自有各地的叫法：广东人叫它云吞，湖北人叫它包面，江西人叫它清汤，四川人叫它抄手，福建人叫它扁肉……南来北往的食客操着不同的方言，相似的面皮馅料裹夹着不同的口音，言语里施展着不同的生活与远方。

馄饨为什么会成为食客口中的"百变天后"呢？第一层原因，源于馄饨傲视岁月的古老血统。馄饨的出现，是农业技术发展和饮食需求交织下顺理成章的事：当人类发明出研磨，碾谷为粉制成面皮后，下一步就会思考用面皮包些馅料。而在烹饪技巧尚未发展成熟时，最简单的包法是什么呢？当然就是"浑浑沌沌"地一把将馅料直接包裹进去——其成品就是馄饨。直到今天，馄饨皮的主流依然用死面，这说明在未发展出酵面发酵法的时代，人们就已经具备制作馄饨的条件了。因为血统古老，馄饨在漫长的历史发展中又不免与其他面食的名称交叉混同。汉代扬雄[1]《方言》曰："饼谓之飥……或谓之馎馄。"饼居然曾经和馄饨是同一种面食，这恐怕是饼和馄饨各自的拥趸们无法想象的。

第二层原因，源于馄饨在空间上的足迹广布。一方水土养一方人，一方人用一方的文化为馄饨命名。于是馄饨在传播与改良中，除了做法、用料等方面各自本土化，名称也变幻出了云吞、包面、清汤、抄手、扁肉、包袱、曲曲儿……甚至连馄饨前加个诸如"大""小""绉纱"之类的前缀，都能体现出浓浓的地方风情。

1　扬雄（公元前53—18年），字子云，西汉辞赋家。著有《太玄》《法言》《方言》。与司马相如、班固、张衡并称为"汉赋四大家"。姓名一说为"杨雄"。

× 『溲面使合并』：缘何名馄饨

馄饨的血统很古老，但到底有多古老呢？西汉扬雄《方言》中出现了"饦"和"馄馄"，饦即馎饦，是一种水煮面食；而馄馄中已有"馄"字，有学者认为馄饨即馄馄的音转。音转是训诂学术语，意指字音随意义分化、方音差异而产生变化，最终在书写上改用另形的现象——虽然馄饨源于馄馄是否为音转尚不能完全确定，但关于音转的故事还将发生在馄饨与云吞之间。

"馄饨"一词最早正式出现于三国时期曹魏张揖[1]的《广雅》："馄饨，饼也。"此后历代史书皆有迹可循。饼与馄饨的混同并不奇怪：东汉刘熙在《释名·释饮食》解释说："饼，并也。溲面使合并也。"这里的"溲"即用水和面，可见饼其实是所有用和面方式做成的面食的统称。这一类面食如果经过蒸煮直接食用，依然叫"饼"；如果连汤一道食用，便称之为"汤饼"。由此可见，不仅馄饨源于饼，就连面条这种"宗师级"的面食，也要叫饼一声"祖宗"。《释名·释饮食》谓："蒸饼、汤饼、蝎饼、髓饼、金饼、索饼之属皆随形而名之也。"在此不妨将饼视为一大门派的开山祖师，一旦后辈中有了能够区别于传统烹饪技法的"新手段"，就可以另立门户了——对于馄饨来说，这个"新手段"有二：一是与汤同食，二是加入馅料。

元代王祯[2]《农书》中载："凡磨……破麦作麸，然后收之筛罗，乃得成面，世间饼饵，自此始矣。"这一句理清了饼的诞生是以磨的发明为基础的。磨的古称为"礶"或"硙"，东汉许慎[3]《说文解字》中载"礶，石硙也"，证明两者实为一体。《说文解字》中称"古者公输班作硙"，公输班即鲁班，为春秋时期人。从考古层面来看，目前最早的硙的出土实物均属汉代，因此磨的诞生时间应当在春秋及汉代之间。磨造就的直接产物之一便是饼，因此可以将饼的起源时间锁定于同一时期。

《广雅》中"馄饨，饼也"这一表述，明确指出了馄饨是饼的一种。如此说来，是否能将馄饨的起源时间也确定于三国时期或之前呢？以今人的视角来论，馄饨与饼早已是天差地别的两种面食，如果要将三国时期的馄饨与后世的馄饨视为同一种

1　张揖（生卒年不详），字稚让，东汉三国时期训诂学家。著有《广雅》。

2　王祯（1271—1368年），字伯善，元代人。著有《农书》。创造木活字印刷。

3　许慎（生卒年不详），字叔重，东汉经学家。著有《说文解字》《五经异义》。

面食而非仅仅是同名而已，至少要有理由相信，三国时期的馄饨已经有了馅料。历史的真相是否如此呢？

这倒是有个旁证。三国时期已经诞生出了"月牙馄饨"，这种"月牙馄饨"即为饺子的前身。如果需要将包法特殊、具备馅料的饺子用专门的名词"月牙馄饨"与普通饺子加以区分，那不妨进一步假设三国时期的馄饨已经具备了馅食与汤食的混合特征。而在烹饪技巧上，人们不再满足于胡子眉毛一把抓的潦草包法，于是精益求精发展出了月牙形的包法。如果这个推论成立，那"饺子⊆馄饨⊆汤饼⊆饼"的关系也就确立了。

1959年，新疆吐鲁番阿斯塔那唐代墓葬中同时出土了馄饨和饺子。相较于馄饨，饺子呈现为较明显的月牙状，可以作为馄饨分化的佐证，当然此时距三国时期已数百年。关于馄饨，唐代还有一个有趣的记载——据唐代段成式[1]《酉阳杂俎》所言："今衣冠家名食，有萧家馄饨，漉去汤肥，可以瀹茗。"这里的"萧家馄饨"用汤极精，以至于过滤后还能煮茶。当然，唐人饮茶是以煮而非冲泡为主，煮茶过程中还要按需加入葱、姜、枣、薄荷、橘皮、茱萸等林林总总的调料，因此用馄饨汤煮茶也就不足为奇了。

至宋代，馄饨与饺子的区分更为明确，而且在"北食""南食"的分野下形成了北方饺子南方馄饨的格局，当然，当时的饺子还被称为"角子""角儿"，可以想象是以形得名。宋代麦稻复种制日渐成熟，小麦、水稻产量大增，这显然也为馄饨的普及奠定了农业基础，以至于形成了"冬馄饨，年馎饦"的习俗。更值得注意的是，宋人对馄饨文化层面上的解读也较前人丰富。北宋王谠[2]的《唐语林》中载："馄饨以其象混沌之形，不可直书浑沌，从可食矣。"其意为馄饨最初写为"混沌"，后来因避讳而改为食字旁成为"馄饨"。程大昌[3]《演繁露》中则认为："世言馄饨是塞外浑氏、屯氏为之。按《方言》饼谓之饦，或谓之馄，或谓之馄，则其来久矣，非出胡人也。"这里提到了当时有馄饨为塞外浑氏、屯氏发明的民间传说，可见至宋时馄饨的起源已不明朗。程大昌通过考据发现早在汉代就有了"馄"这一称呼，因而"馄饨传于塞外"一说应当是穿凿附会。两书虽然内容不同，但都将馄饨视为混沌、浑沌的改写，大约馄饨之名的由来的确是源于其包法"浑沌"，最终被"雅化"成了"馄饨"。

无论如何，馄饨在唐宋时期已经蔚然成型，由此亦可倒推出三国时期已经有了形制完善的馄饨，由此看来，馄饨起源于汉与三国时期之间，大体应没错。

1　段成式（803—863年），字柯古，唐代文学家。著有《酉阳杂俎》。
2　王谠（生卒年不详），字正甫，北宋人。著有《唐语林》。
3　程大昌（1123—1195年），字泰之，南宋人。著有《演繁露》《考古编》《雍录》。

馄饨在起源时与饼在名称上"纠缠不清"，唐宋之后，馄饨作为面食的一个品种已非常明确。但是，或许是历史注定要让馄饨成为"有名"的角色，随着岁月的流逝，馄饨在开枝散叶中一边吸收着各地独特的烹饪技术，一边则在本地化的过程中获得了新的名称，其中最为知名的，莫过于广东的云吞。

宋代的馄饨烹饪技法已有较大发展。南宋林洪[1]《山家清供》中曾记载林谷梅家的"笋蕨馄饨"："采笋、蕨嫩者，各用汤焯。以酱、香料、油和匀，作馄饨供。"可见馄饨在宋代不仅早为百姓喜闻乐见，更发展出了独具特色的私家菜品。在这一饮食文化影响下，岭南一带出现馄饨的身影就不足为奇了。宋代高怿[2]《群居解颐》载："岭南地暖……又其俗，入冬好食馄饨。"以药物为馅料制成馄饨驱寒早在唐代便见于医书中，如唐代王焘[3]《外台秘要》中治"冷痢"的药方便有"赤石脂捣作末，和面作馄饨""姜艾馄饨子方""作面馄饨如酸枣大"等记载。宋代"冬馄饨，年馎饦"的习俗，未必与这种药馄饨有直接联系，但存在文化联系的可能性并不低。两宋疆域不广，岭南与北方联系远较前朝紧密，《群居解颐》中所言岭南人"入冬好食馄饨"，应当是在中原及江南饮食南传入后形成的习俗。

然而正如难以准确考证"馄饨"之名的由来一样，"云吞"二字何时出现也不得而知。因云吞与馄饨的粤语发音相近，普遍的观点是云吞即馄饨的音转。坊间有说云吞之得名源于其形状如云，一口可吞，这种说法大抵和《演繁露》中的"塞外浑氏、屯氏为之"一样，不可当真。

云吞即岭南本地化的馄饨，这一本地化过程自然也集合了广东人烹饪时的细致劲。云吞之于北方的馄饨，有着明显的"弹牙"感，这源于云吞皮的特殊制法。云吞皮是用面粉、蛋液加少许碱水制成的，称为"全蛋面"。成面的方法也非常讲究：需人工用竹杠弹压，在压制过程中渐渐将蛋液与面粉融为一体。最后成形的云吞皮既薄如蝉翼又韧性十足，这就是"弹牙"感的由来。

云吞皮讲究，馅与汤当然也不能将就。馅要三成肥肉七成瘦肉，辅以虾仁、蛋

不止于称呼：
馄饨的百变秀

1　林洪（生卒年不详），字龙发，南宋人。著有《山家清供》《山家清事》。绍兴年间进士。

2　高怿（生卒年不详），北宋人。著有《群居解颐》。

3　王焘（670—755年），唐代人。著有《外台秘要》。

黄加以调制并剁成"石榴仁"状，以保证馅料细嫩爽口；汤要猪骨、江瑶柱、大地鱼、虾子、冰糖加水缓慢熬制而成，以保证汤底清鲜浓郁。皮、馅、汤如此考究，广东云吞成为南方馄饨的代表，也便在情理之中了。

提到了云吞，就不能不提云吞面。虽然只是云吞与面的简单组合，但在广东香港地区，云吞面可谓名声大噪。一碗云吞面分量不大，云吞在底，上面用调羹顶着面条以防止过度浸泡影响口感，最后还要在汤面上漂几根韭黄，这碗"细蓉"才算有了灵魂。

慢着——不是说云吞面么？怎么又变成了细蓉？细蓉其实是粤语区尤其是香港对云吞面的地道叫法。坊间又有言，是云吞汤荡漾时如同芙蓉花，配上细面故称"细蓉"。这种传说当然不能当真，另一种相对靠谱的说法是，早时广州挑卖云吞面的小贩将云吞面以分量大小区分为"细用""中用""大用"，粤语中念"用"为"蓉"，"细蓉"便是"细用"的音转。随着时间的流逝，细蓉愈发成为香港人的专属叫法，个中又隐隐滋养起了淡淡的地域风情。

作为南方馄饨界中的翘楚，云吞随着粤菜的外传早已不是深锁于地方的小家碧玉，不过这并不影响其他地区的馄饨争奇斗艳，川渝地区的抄手便是中国西南地区最"火辣"的馄饨。"抄手"这两个字作为面食名称的确有些奇怪，坊间有言说因抄手皮薄易熟，双手在胸前一抄，须臾便已煮熟上桌而得名，这一说法是真是假无从考证。不过抄手之于馄饨，最鲜明的特点就是一定要辣——煮熟后的抄手要放上芝麻红油，辣子与高汤完美结合，鲜味与香辣融为一体，那一片红潮过后"巴适"的焦灼感，才是馄饨之所以成为抄手的关键。

四川和重庆的辣虽然美妙，却不是谁都有能力享受的。从川渝沿长江顺流而下，步入湖北的地界，馄饨的名称又改成了"包面"——这名称比抄手要直白得多。再向东进入江西，馄饨又变成了"清汤"，这名称是不是有些买椟还珠？其实"清汤"之谓离不开江西人源远流长的喝汤传统，江西"老表"对馄饨的汤头要求很高，最好是用老母鸡熬的高汤打底，才能调出馄饨的鲜香味，从这个角度来看，清汤还真是有点反客为主的架势了。出了江西，转向东南，就进入了福建地界。福建以沙县一地的小吃横扫天下，馄饨到了这里，自然也要翻新出花样，于是扁肉出现了。

福建扁肉皮薄馅多，皮中与云吞一样要加入碱，以增加其"弹牙"感；馅料则是以精选生猪的前后腿瘦肉为主，以保证其脆嫩有味，嚼劲十足。不过，福建扁肉最大的创新还在其燕皮。燕皮名为"皮"，却是皮中带馅：取猪后臀肉，剔去肉筋骨膜，切成细条，木槌打成泥，渐次加入番薯粉和清水反复搅拌槌匀，形成肉坯后碾压成纸张般薄片方才制成。用这种燕皮包制而成的扁肉滑嫩清脆，醇香沁人，其味绝不输于云吞抄手包面清汤之流。至于燕皮的名称，同样有来自坊间的传说：这种馄饨皮由明代福建厨人发明，在命名时因见其形扁如飞燕，便以"扁肉燕"命名。福州一带，还流行一种名为太平燕的小吃：用扁肉燕加剥壳熟鸭蛋等辅料煮汤——鸭蛋即鸭卵，谐音"压乱"，取太平之意，与扁肉燕结合，就成了太平燕。

绉纱馄饨：里弄间的『小』风情

五湖四海的食客将馄饨名弄得"五花八门"，相比之下对馄饨的阐释最简单直白的无疑是上海人。没有花哨的称呼，除了大馄饨便是小馄饨，而且二者还都能在上海早餐地图里立足甚至水乳交融。当然，若联想起老上海精致的里弄与文化，那还是小馄饨更能代表"上海精神"。

上海小馄饨实际上便是淮扬菜中的绉纱馄饨。淮扬菜又被称为"文人菜"，"绉纱"二字也颇具文人色彩："绉"指的是一种带皱纹的丝织品，"纱"亦是形制轻薄的丝织物。唐初颜师古[1]注《汉书》中有"轻者为纱，绉者为縠"之句，"绉纱馄饨"之名便隐含其中。

从绉纱馄饨到小馄饨，少了儒雅却多了烟火气，同时也与大馄饨形成了对应。不过，不得不说"绉纱"二字一点都不算夸张——小馄饨皮薄如透，与馅料相结合的部分皱出了细密的纹理，舒展开的面皮又在汤中缭绕如同水袖，不需品尝便能轻易征服食客的眼球。如此具有美学价值的早点制作起来也不难：一只手用筷子点一点馅料直接擦到薄薄的皮上，另一只手轻轻一攥便好。不需要考虑形制，小馄饨本是无形胜有形，只要馅与皮能黏到一起就好，如此再加上些蛋皮丝、葱花、紫菜和

---

1 颜师古（581—645年），名籀，字师古，唐代经学家、训诂学家。著有《汉书注》《急就章注》。颜之推之孙。

虾皮那便算完美。喜欢吃小馄饨的食客要的绝计不是端庄严谨，而是入口时的那一份润滑随意。

　　20世纪20年代到40年代的上海，常有小摊贩在深夜用木柴烧火并打着竹板叫卖着小馄饨，这样的小馄饨被叫作柴爿馄饨。一辆破旧的黄鱼车——有时干脆便是一根扁担，从黑旧的弄堂里悠悠走出，隐没在夜色中的烟火气里……这便是一家人的营生。

　　做小馄饨的多是劳苦大众，吃小馄饨的也多是劳苦大众，厨师与食客间流转的言语常带有外来口音——以苏北和绍兴居多——一碗馄饨连汤带水，既解渴果腹也带着温度。半个世纪过后，曾经的外地人也在上海安了家，如同豆汁联结着皇城根的百姓一样，小馄饨也便成了上海草根阶层的群体回忆。

　　上海关于小馄饨还有一个传说，相较于略带辛酸的柴爿馄饨，这个关于小馄饨的传说相对浪漫一些：一对年轻夫妻，太太病重卧床不起，每每楼下传来柴爿馄饨小贩的吆喝声，先生便用丝袜系着一个竹篮，装上钱从窗口吊下。小贩收了钱，再把小馄饨放在竹篮里，由先生吊回去。故事不惊艳，惊艳的是那一条丝袜，含而不露地烘托出了上海克勒们浓浓的布尔乔亚情结。从某种角度来看，竹篮上的丝袜似乎也只有配晶莹剔透的小馄饨才应景，倘若先生吊上来的是碗个个饱满结实的大馄饨，却不知那重病的太太要如何下口了。

老上海有一段专写小馄饨的《竹枝词》：

　　"大梆馄饨卜卜敲，马头担子肩上挑，一文一只价不贵，肉馅新鲜滋味高。馄饨皮子最要薄，赢得绉纱馄饨名蹊跷。若使绉纱真的好裹馄饨，缎子宁绸好做团子糕。"

　　这里大梆馄饨来自流动的馄饨摊，是柴爿馄饨的别称。所谓大梆实际上是梆子腔里的打击乐器，被小贩做吆喝之用。上海小馄饨源于苏州，晚清时的苏州流动馄饨摊俗称"骆驼担子"，陆文夫[1]《老苏州：水巷寻梦》一文里有过耐人寻味地描述："这种担子很特别，叫作'骆驼担'，是因为两头高耸，状如骆驼而得名的。此种骆驼担实在是一间设备完善，可以挑着走的小厨房……"可见骆驼担前头锅灶后头抽屉，以其扁担凸起形似驼峰得名。清人沈复《浮生六记·闲情记趣》中有记载："妾见市中有卖馄饨者，其担锅、灶无不备，盍雇之而往？妾先烹调端整，到彼处再一一下锅，茶酒两便……街头有鲍姓者，卖馄饨为业，以百钱雇其担，约明日午后，鲍欣然允议。"

　　这里的"鲍姓者"，若是打起梆子吆喝起来，少不了有这么一句："馄饨侬想吃伐？"不过从《浮生六记》中的记载来看，"一一下锅"这样富有画面感的举止明显要与大馄饨相契合。小馄饨固然诱人，但腹内空空的时候食客可没工夫去品味背后的故事，这时一碗货真价实的菜肉大馄饨便来得痛快了。薄皮大馅不说，嫩黄的蛋皮，生青的葱花一样不少，自有一番滋味。不少馄饨摊都是大小馄饨混着卖，流传已久的大小馄饨，就这样欢快地在同一个锅里做了伴侣。

　　除了久负盛名的小馄饨，大馄饨也同样颇得上海人的青睐。当然，相比之下，大馄饨的制作方法就显得一板一眼：梯形的面皮与饺子皮一般厚度，馅料要堆在正中心，四条边的交叠要如同折纸一般循规蹈矩。下手的力道也要狠一些，不然厚厚的面皮不易黏在一起。也因为皮厚，大馄饨的轮廓更为分明，元宝形的最多，如果厨师愿意也能做成圆形、三角形、圆筒形或半圆形——很多南方人眼中大馄饨也因此与北方的饺子相似，无非是有汤无汤的区别。大馄饨的分量也足，甚至上海常见的荠菜肉大馄饨其"个头"绝不输于饺子，足以当主食之用了。

　　无论如何，因为承载了上海旧日的记忆，上海馄饨屡屡在文艺作品中露面，张爱玲的小说、王家卫的电影、汪曾祺[2]和林清玄的散文……大抵在上海逗留过一段岁月的名家，都会与馄饨有些交集，上海的馄饨也因此承载了其他"同宗"馄饨所不具备的文艺范。如今连同柴爿馄饨在内的那些走街串巷的烟火气都渐渐消失了，唯有惊艳了时光的文学作品，还残留着动人的古早味。

1　陆文夫（1928—2005年），当代作家。著有《献身》《美食家》。
2　汪曾祺（1920—1997年），当代作家。著有《大淖记事》《受戒》《黄油烙饼》。

食后感

食物的种类是随着历史的演进逐渐丰富起来的，正如古生物学家认为人类有一个共同的"祖母"露西一样，后人眼中百花争艳的馄饨、饺子、包子、馒头、馅饼、面条……最初其实都是人类用石磨通过"溲面使合并"的方式，或有意或无意发明出来的食物。之后每进行改良或发现一种新做法，便要用新的名称去描述，这才有了如今面食的花团锦簇。

当然，这个过程过于漫长，参与的厨人与食客过于众多，以至于后世在追溯其源流时常常感到无所适从——今人不知馄饨、云吞缘何而得名，对于晚近才出现的细蓉不也语焉不详么？然而这又岂能影响食客们对馄饨的热爱呢？馄饨的味道品在嘴里，馄饨的发展史流于世上，馄饨的意蕴就让它弥漫于心间吧。

汤包：蒸笼里的汤汁面皮与轶事

在上海，有一样能量大到足以把人从美梦中唤醒的美食，那便是汤包。从崇明岛到陆家嘴，从苏州河畔到黄浦江边，随处可见一家家商号与招牌均颇为相似的汤包馆，而几乎每一家汤包馆都能排起长长的队伍。别问人们为什么会为这一味小吃攒足了耐心——想想被清晨的冷风吹得泛起寒意的脸，先是受到汤包散发出的热气撩拨，再是受到从小巧的蒸笼里缓缓透出的白嫩颜色与香腻气味的引诱，作为食客还能有什么选择呢？当然只有迫不及待地给汤包开个小窗先把汤汁吸干，再等吹吹凉蘸上醋和姜丝细细品味啦！如果这时候旁边再摆上一碗蛋皮汤……用上海人的话说，那味道"俄赒特好却哦"！

在过分发达的商业宣传话术体系里，"××是××的灵魂"这样的句子已经泛滥成灾。但若硬要用这句话来打比方，汤包一定是上海美食灵魂中不可或缺的组成部分。上海人的早餐食谱有"四大金刚"一说，分别指大饼、油条、粢饭、豆浆；汤包并不在此列。不过，这是因为"四大金刚"物美价更廉，普通人日子过得再紧巴，一副大饼油条总之还是负担得起的，而身价高一些的汤包就不一样了。汤包是"荤腥"，适合时不时打打"牙祭"，吃得少了不足以果腹，吃得多了又不免有些油，最好再配一碗鸡鸭血汤用来解腻。注意，在上海非得是鸡鸭血汤才够地道，更出名的鸭血汤那是南京人的招牌，两者虽然算是"师出名门"，但不可同日而语——至于这其中的故事且按下不表，先将汤包的历史梳理完毕再说。

从菜系的角度来看，作为上海小吃的汤包应当划归到上海本帮菜，而上海本帮菜又是淮扬菜系的分支。上海的发展其实相对晚近，古代江南的核心地区主要指南京、扬州、苏州、杭州一带，因此大多数上海小吃的前身也都源于这几座城市。但是，汤包算是个特例：这道极具上海特色的美食，并不源于淮扬菜系——虽然汤包每每在厨师们的吴侬软语中被烹制出来，但它的"族谱"，要从严格意义上的中原开始算起；它的"母亲河"，不是长江，而是黄河。

言及汤包，要从包子说起；而言及包子，则要追溯到馒头。北方人通常以有馅无馅作为区分包子与馒头的标准，而在南方——尤其是吴语区，无论有馅无馅都被统称为馒头。事实上，对于馒头与包子，古人分得也不是很清，宋代王栐[1]《燕翼诒谋录》中使用了"包子"这一词："仁宗诞日，赐群臣包子。"而在"包子"一词后又附注曰"即馒头，别名今俗，屑面发酵或有馅或无馅蒸食者谓之馒头"，可见馒头与包子的"分家"至少是北宋之后的事件了。

在民间传说中，馒头为诸葛亮所发明。这个传说源远流长，宋代高承[2]编纂的《事物纪原》中便有如下记载：

"稗官小说云：诸葛武侯之征孟获，人曰：'蛮地多邪术，须祷於神，假阴兵一以助之。然蛮俗必杀人，以其首祭之，神则向之，为出兵也。'武侯不从，因杂用羊豕之肉，而包之以麫，象人头，以祠。神亦向焉，而为出兵。后人由此为馒头。"

既然馒头是"蛮头"的替代品，那有肉馅也便不奇怪了。江南人在制作中常加入肉、菜、豆蓉等馅料并将这一类食物统称为馒头，大致也是三国时期流传下来的命名传统，直到包子区别于馒头成为一种独立的面食之后，吴人已经习惯成自然，也懒得去分辨了。

然而，汤包作为包子界的"明星"，却还是有着自己的故事，而且这个传说依然与诸葛亮有关。相传夷陵之战后，刘备崩于白帝城，当时已回东吴的孙尚香听闻夫君已逝，亦于北固山凌云亭望西遥祭投江自尽。诸葛亮听闻，便派使臣前去吊唁，所带之物便是南征孟获时发明的馒头。使臣至吴后听闻孙尚香生前爱吃蟹，于是将猪羊肉改成蟹肉——东吴君臣没有见过这种食物，问使者为何物，使者随口说是蟹黄烫包，而这就成了后世蟹黄汤包的雏形。

这一传说毫无疑问是后人根据诸葛亮发明馒头的故事而进行的穿凿附会。诸葛亮七擒孟获的战事发生在刘备驾崩之后，且前后持续了数月，刘备之妻孙夫人若因

1　王栐（生卒年不详），字叔永，南宋人。著有《燕翼诒谋录》。

2　高承（宋神宗元丰前后在世），北宋人。著有《事物纪原》。

悲痛自尽，自然等不到诸葛亮在南征过程中发明的馒头。而且，"孙尚香"这个名字都源于民间戏剧《甘露寺》而非正史，因此孙尚香与蟹黄烫包的轶事颇有些"女娲炼石已荒唐，又向荒唐演大荒"的色彩——当然，美食传说本不是为了便于后人考据而流传于世的，这些传说更像是专门为了食客在饕餮时能有些为盘中餐增色的谈资而出现的，于是汤包的发明很"自然"地又孕育出了另一个流传更广的故事版本，这一版本的主角是明代的开国大将：常遇春。

至正十六年（1356年），朱元璋率兵攻打金华城，九天九夜而不克。第十天的深夜，常遇春趁城内民夫出城挑水，以一人之力顶起闸门，于是起义军得以鱼贯而入。时间一长，常遇春渐渐体力不支，恰好营内送来点心，常遇春便"汤""包子"乱喊。同在军中的另一位将军胡大海见状心生一计，让士兵先将菜汤灌进包子，再把包子喂到常遇春嘴里。金华城破之后，这个故事流传下来，人们便借着这个传说做出了汤包。

电视剧《宰相刘罗锅》的片尾曲《故事里的事》中有一句歌词："故事里的事，说是就是不是也是；故事里的事，说不是就不是是也不是。"孙尚香、常遇春的故事都只是故事而已，然而这些故事被后人描绘得如此生动，也说明了人们对汤包这种美食的无比喜爱。从地域上看，汤包的两个传说都与江南相关，汤包也确实是八大菜系中淮扬菜的名点，人们将汤包与东吴或是江南联系起来也便不足为奇了——然而追根溯源，细腻精致的汤包，却有着实打实的"北方血统"。

汤包，又叫灌汤包，最早可追溯到北宋时期，当时被称为灌浆馒头或灌汤包子。北宋的商业极其发达，对酒楼也有个"星级标准"，汴梁城里最好的七十二家酒楼被称为"七十二正店"，其中之一"王楼"发明的"山洞梅花包"，便是汤包的雏形。靖康之变后，从淮河到大散关以北的领土尽付于金人，而"山洞梅花包"之流也便随着中原衣冠的南迁而流入江南。直到清道光年间，苏锡常一带出现了现代形式的小笼汤包，这种小笼汤包又因为长三角经济地位的崛起而反过来向北方乃至全国进行输出，如此便奠定了当代汤包的饮食文化格局。

江南的汤包在传承前人的基础上各自发展而又免不了相互影响，以淮扬菜为依托形成了汤包"十里不同包"的美食特色。淮扬菜中的名点"文楼汤包"由淮安古镇文楼而得名，这个文楼建于清代道光八年（1828年），是当时文人雅士聚会之所；而其汤包则是由店主陈海仙根据文人品味改制而成。陈海仙的水调面汤包，皮面极薄，馅心以肉皮、鸡丁、竹笋、香料、绍兴酒等十二种配料混合而成，味道鲜美可口，令人流连忘返。

同属于淮扬菜系的"南翔小笼"则在稍晚的时候于上海诞生。清同治十年，南翔镇日华轩点心店主黄明贤对大肉馒头改用"重馅薄皮，以大改小"的工艺，用不发酵的精面粉为皮，以剁烂的猪腿精肉加上肉皮冻为馅，便制成了驰名中外的南翔小笼。光绪二十六年，第二代传人吴翔升将南翔小笼馒头店开到了上海城隍庙，这便是至今依然日日排起长龙的城隍庙南翔馒头店的前身。

如果说文楼汤包与南翔小笼有着浓浓的草根味道，那么——果不其然——乾隆皇帝又适时出现了。淮安以南，上海以西，南京的"龙袍蟹黄汤包"亦是苏南名点，至今南京市每年九月还举行着盛况空前的"龙袍蟹黄汤包节"。相传乾隆下江南时品尝过龙袍蟹黄汤包后连称"好吃、好吃"，而龙袍蟹黄汤包也确实荟萃着江南汤包的优点：皮薄如纸、吹弹即破；用料讲究、配方独特。长期以来，龙袍蟹黄汤包的传人依然恪守着不外传的祖训，故而时至今日在每年菊黄蟹肥时节依然能吸引大江南北的食客前来一饱口福。

淮扬一带的汤包虽然各有其趣，但无论哪一处汤包，都"条条大路通螃蟹"。以蟹闻名的龙袍蟹黄汤包自不必说了，不让须眉的还有"泰兴曲霞蟹黄汤包""镇

江宴春蟹黄汤包"靖江蟹黄汤包"等一系列名点——当然，关于其后的传说，也无非是孙尚香、乾隆皇帝和常遇春等人轮番上演。相比之下，常州的"加蟹小笼包"别有一番讲究："随号"是不加蟹油的；"对镶"是一笼包子有六只是加蟹油的，另外六只是不加蟹油的；"加蟹"就是全部加蟹油的。一笼包子又称一客，常州人叫一句行话"二客对镶"，店小二自然明白其中的意蕴。老食客堂吃一般只会点"对镶"，在他们看来，一只随号、一只加蟹轮着吃，才能充分体会到蟹的鲜美；若是单吃加蟹的味觉会迟钝，便浪费了蟹的鲜味，久而久之，也便有了"对镶"一说。

小笼包、汤包、小龙包，傻傻分不清楚

在淮扬"汤包"里游走良久，那小笼包与汤包到底是什么关系呢？

不明就里的食客常用"小笼汤包"一词，其实小笼包与汤包是两个概念；更进一步说，这是两种不同层面制作方式的划分。顾名思义，小笼包就是放在小蒸笼里蒸的包子，因为蒸笼小所以包子便小。如果馅里有汤汁，便可以叫小笼汤包；若不加汤，那便是小号的肉包了。

然而因为以汤为馅，汤包的皮需要用不发酵的"死面"，其蒸出的面皮为半透明状，薄而筋道，这样就成了自然的食物容器；没有汤的小笼包则以不走形、不掉底、不漏油为上，用的是发酵的"发面"，蒸出来白白胖胖、松软香腻。

淮扬一带的小笼包基本都是灌汤的死面包子，所以江南人口中的小笼包和汤包可以画上一个约等于号。然而在中华料理走向世界的过程中，小笼包又有了一个"小龙包"的别称，这唱的又是哪一出呢？

其实这是一个国际文化的乌龙。小笼包传入西班牙后，西班牙中国餐馆的菜单上对小笼包的解释是"中心加肉的中国面包"，在一些顺带出售类似小笼包的西班牙餐馆里，本土化的小笼包则被称为"西班牙产中式夹肉面包"。结果后来以讹传讹，"中国小笼"竟然变成了"中国小龙"，而西班牙菜单上的解释更令人叫绝："加中国龙肉的小面包！"

或许是因为在西班牙人眼中，龙是中国的象征，中国人是龙的传人，只要与龙相关便是与中国相关，于是西班牙餐馆干脆将"小龙包"翻译成"中国的龙面包"。后来"龙面包"这一名称渐渐走红，名头甚至盖过了小笼包，2000年之后，纪念李小龙的风潮吹向西班牙，"小龙包"的解释又改版成了"李小龙最喜欢吃的中国肉面包"——于是，小笼包的西班牙名称就变成了"Bruce lee"。如今，"李小龙包子"与"左宗棠鸡""李鸿章杂碎"们一道，都是"混血"的中国名菜，这也成了中国文化输出过程中独树一帜的中华符号。

因为蒸汤包多用小笼，食客们面对汤包与小笼包傻傻分不清楚也并不奇怪。回到汤包祖宗"山洞梅花包"的发源地——开封，开封小笼包便是正宗的汤包。民国时期，名厨黄继善将原来用半发面皮和瘦肉掺猪皮冻糕加江米、料酒、子母油、甜面酱、小磨香油等制成的馅，改为用死面制皮，用白糖、味精为馅提鲜，再通过"三硬三软"和面，最终改良成现代意义上的开封小笼包。开封小笼包皮薄馅多，灌汤流油，味道鲜美，清香利口，而其颇高的"颜值"也被人夸奖道"放下像菊花，提起像灯笼""提起一缕丝，放下一薄团，皮像菊花心，馅似玫瑰瓣"。

随着时代的发展，八大菜系渐渐融合，汤包也渐渐孕育出诸多的枝蔓。武汉的四季美汤包、陕西回民的贾三灌汤包、青岛的牛肉灌汤包等都是颇有口碑的后起之秀，而它们的发展也将继续拓展汤包的美食地图，让越来越多的食客得以饕餮一番。

食后感

中国的小吃自是少不了名人轶事的点缀，然而像汤包一样被如此多的故事所点缀，倒也不常见。汤包是被千年前诸葛武侯的灵光所点"亮"，其味道至今"尚香"，在千年的中华饮食发展中"常遇春"天，又在"Bruce lee"的带领下走向世界。汤包的"包"，不仅"包"住了食客的肠胃，更"包"住了中国美食文化画卷中一个个耐人寻味的碎片。

梳理完了汤包的来龙去脉，便可以来讲述汤包的"最佳拍档"——鸡鸭血汤的故事了。在老上海的传说中，鸡鸭血汤由民国时期一位名为许福泉的小贩所创。既然是街头小吃，自然要走平民路线：一个俗称"铁牛"的深腹铸铁锅烧汤，中间用铝皮隔开，一边烫着血旺，另一边用鸡头、鸡爪吊汤。所谓吊汤，指用大骨、火腿等富含营养的食材文火慢炖的烹饪技法。通过这种方式吊出来的汤营养丰富且鲜香浓郁，不难想象多少南来北往的食客会在许福泉的小摊前"闻风而驻"。每每有客人光顾，摊主便拨少许鸡心鸡肝鸡肫鸡肠以及主料鸡鸭血，最后佐以葱花香油胡椒粉，个中滋味足心融化一整条老上海里弄。

为什么说鸡鸭血汤和鸭血汤不可同日而语呢？因为通过考证，基本能够确定老上海最早的鸡鸭血汤诞生于民国十四年（1925年）前后，也就是说，鸡鸭血汤确实诞生于上海，属于新开辟的小吃种类。那为什么又说两者"师出名门"呢？因为在鸡鸭血汤问世之前南京的鸭血汤早已流传了千年以上，上海本帮菜发展史必须放在整个淮扬菜系发展史的构架下考察才合乎逻辑。最合理的解释是，鸡鸭血汤确实是从南京传入，但南京附近有不少良种鸭产地，而上海则盛产良种鸡，比如南汇、奉贤、川沙一带的"九斤黄"，就是肉质鲜美的鸡中名品。一方水土养一方人，上海人将鸭血汤改为鸡鸭血汤，符合自然之道。

上海以"海"命名，其文化也有海纳百川的一面，汤包也好，汤包的"拍档"鸡鸭血汤也好，都是上海美食传统海纳百川的例证。

鲅鱼饺子：农耕与海洋的相遇

在中国，饺子是当之无愧的面食冠冕。以味道而论，俗语早做出了"好吃不过饺子"的定论；以文化而论，一边吃饺子一边听新年钟声，早已是千家万户习以为常的跨年仪式。在海外，饺子是名符其实的中国小吃代表。日本的中华料理、欧美的中式快餐，饺子都不可或缺；在海外的中国留学生偶尔聚会，最常做的家乡美食往往也是饺子。不去讲中国菜跻身于"世界三大料理"这一身份，出了国门，一碗热气腾腾、"中华美食"光环满满的饺子，足以让下厨的人成为朋友圈里的红人——如果没成功，那一定是缺了蘸料。

饺子自然是"美食"，但在谈论饺子的"美"之前，首先要说一说饺子作为"食"的使命。自古以来，中国菜承载着养活众多人口的使命，其华丽精细的背后，往往更注重实用性。能够在漫长的历史演进中经历千锤百炼流传下来的食物，大多具备便于制作、就地取材、丰俭由人的特性，用拟人的话说是"上得厅堂，下得厨房"——饺子，正是其中的佼佼者。

有皮有馅，即能成饺。皮不过面粉和水，一把刀、一块菜板、一根擀面杖，就能将面皮延展开。馅更是百无禁忌，万物皆可入馅。将就一点，可以是猪肉、大葱、鸡蛋，甚至野菜根。讲究起来，也可以是生猛海鲜、珍禽异兽。一方水土养一方人，物产的差异与文化的差异相互交织，自然缔造了品味的差异与饺子的差异，这也造就了各种饺子雄霸一方的"割据"局面。因此，饺子算不上地方特色，饺子的前缀才算地方特色。

北京的三鲜饺子、宁夏的粉汤饺子、山西的莜面饺子、沈阳的老边饺子、承德的麒麟蒸饺、合肥的三河米饺、福建的芋饺、广东的虾饺、潮汕的鱼饺、南宁的米粉饺……人江南北，百花齐放的饺子既是中国地大物博的脚注，也构成了不同地方食客的乡愁。

找到一个能代表所有饺子的品类是不可能的，但找一个能概括饺子所具备的地域广度与历史深度的品类并非办不到——鲅鱼饺子，正是饺子家族中的杰出代表。不过，在开启鲅鱼饺子的话题之前，还有太多关于饺子的故事需要讲述。

饺子的起源是和馄饨交织在一起的，或者说，饺子原本就是一种特殊的馄饨。因此，饺子的起源史实质上就是其"独立史"。

唐代段公路《北户录》中引用了颜之推的一句话："今之馄饨，形如偃月，天下通食也"。如果将这种偃月馄饨视为饺子的前身，那这种介乎馄饨和饺子之间的面食，最晚在颜之推所在的南北朝或隋代时就已经问世。而"馄饨"一词最早正式出现于三国时期曹魏训诂张揖的《广雅》："馄饨，饼也。"此时，馄饨之名虽已出现，但尚未从饼这一大类中独立出来。不过，在重庆忠县涂井汉墓群中出土过一批陶器庖厨俑，其中已经出现了类似偃月馄饨、馅料饱满、接口捏花边样的面食，因此不妨将饺子的起源时间上溯到汉末、三国时期。当然，偃月馄饨何时才发展成为"天下通食"就不得而知了——这个过程可能很快，也可能持续了三个世纪。

颜之推关于偃月馄饨的论述并未见于其传世的两部著作《颜氏家训》和《还冤志》。颜之推一生著述甚丰，亡佚亦多，《北户录》中的引文大约是出于佚书。从形态上来看，偃月馄饨已与饺子颇为近似，但《北户录》中并未出现"饺子"二字，由此也可以看出唐代的饺子没有从馄饨中独立出来——恰如三百余年前的馄饨没有从饼中独立出来一样。

在新疆吐鲁番阿斯塔那唐代墓葬中亦出现了馄饨和饺子和身影。与此同时，墓葬中还出土了一批制作面食的女厨俑，其造型动作包含簸谷物、磨面、擀面皮等，已经能够基本展现唐代饺子的制作过程。不过，饺子作为一种食物被创造是一回事，饺子作为一个概念被接受则是另一回事，至少从史料来看，无论是汉墓还是唐墓中的饺子都只是作为偃月馄饨为时人所知的。一个有力的佐证是北宋陶谷[1]《清异录》，书中记载唐代韦巨源进献朝廷的馄饨"花形，馅儿各异，凡二十四种"，可见馄饨本身便包涵了花、偃月等各种形态，从文化角度来看，饺子还没有真正被"定义"出来。

饺子的词源是宋代的角子。角子，又称"角儿"，其在南宋笔记、杂史中多有记载，如陆游《老学庵笔记》中的"第二爆肉双下角子"、孟元老[2]《东京梦华录》

1 陶谷（902—970年），字秀实，北宋人。著有《清异录》。
2 孟元老（生卒年不详），北宋人。著有《东京梦华录》。

中的"滴酥水晶脍煎角子"、周密[1]《武林旧事》中的"诸色角儿"等。虽然难以确认上述点心的烹制方式，但"角子""角儿"名称的出现，本身就标志了一种新面食的诞生。

"角子"之名既出，从"角"到"饺"的演进就顺畅很多了——将食物名称冠以食字旁，符合汉字六义，而"饺"字也恰恰出现于角子流行的宋代。司马光[2]《类篇》载："饺，居效切。"即是"居"字的声母"j"与"效"的韵母"iao"相结合之意。到明代张自烈[3]《正字通》时，对饺子已多了"或曰今俗饺饵……水饺饵即段成式《食品》'汤中牢丸'。或谓之粉角，北人读'角'如'矫'，因呼'饺饵'，讹为'饺儿'"的详细记载。

饺子从馄饨中分化而来这一结论并不难推导，难的是追究其原因。三国至唐代数百年的时间里偃月馄饨均未能独立，何以在宋代就演进为角子了呢？一个合理的推测，是宋代蒸食、煎食等获得较大发展，因此有了单独为这些不通过水煮方式烹饪的馄饨命名的必要性。既然是用蒸、煎等方式，自然需要有相对固定的外形，在这一过程中偃月馄饨脱颖而出，成为角子的主要形态。

这种独立必然是漫长而模糊的。一方面，饺子在取得"名称自由"之后日渐具备了新的特点，另一方面，民间对馄饨和饺子依然多有混淆，直到清代，冬至、新年吃饺子或吃馄饨的习俗依然在不同地区并行不悖。不过，饺子的偃月形状与元宝颇为相近，有招财进宝的寓意；其名称又谐音"更岁交子"，又讨了口彩，因此在节日里显然更受欢迎——"年味儿"的代表食物最终由饺子占据，并非运气使然。

---

1 周密（1232—1298年或1308年），字公谨，号草窗，宋末元初人。著有《武林旧事》。擅长诗词，与吴文英（号梦窗）齐名，时人称为"二窗"。

2 司马光（1019—1086年），字君实，北宋名臣。主持编纂《资治通鉴》。

3 张自烈（1597—1673年），字尔公，明代人。著有《正字通》。《康熙字典》即在《正字通》、梅膺祚《字汇》基础上编纂而成。

不过，形状与名称具备吉利色彩只能让饺子在节日庆典中拔得头筹，饺子在日常生活中被接受、认可和喜爱，归根结底在于其做法简单、适应性强，只要有面皮，什么馅放进去都可以——这种因地制宜、丰俭由人的百家饭，最具有生命力。饺子从馄饨中分化出来可能源于其在烹饪技法上脱离了水煮，但当饺子文化成熟后依然可蒸可煮可煎可炸，纵然馅料寒酸，也可以通过蘸料补充味道，这就比其他面食来得简单而痛快了。饺子，可以说是中国农耕文明的标志性美食，在以稻、麦为主食的中国人眼里，只要家里还有面，餐桌上就一定会有饺子的席位。

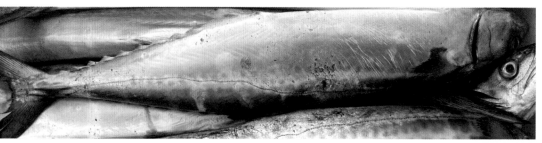

（本图由"老吴家牛鲅"提供）

面皮里的海洋味道

饺子具有农耕文明的鲜明属性，这一点毋庸置疑，毕竟中国背靠着地球上最大的大陆——亚欧大陆。不过，同样从这一逻辑出发，中国也面向着地球上最大的大洋——太平洋。那么，饺子里是否也可能蕴含着海洋文明的气息呢？答案是肯定的。在此，不妨将视线转移到中国最古老的菜系：鲁菜。

鲁菜之谓，源于其起源地山东省的简称：鲁。山东省在春秋时期主要为齐国、鲁国的势力范围，因此又被称为齐鲁大地。齐鲁大地是中原文化的主要发源地之一，鲁菜同样也是中国菜系里的名门望族。鲁菜对火的掌控达到了登峰造极的程度，熘、爆、炒、烩、焖、烧、燎、煨、炖……但凡和"火"沾边的烹饪技法，鲁菜几乎都有，而且还能向下继续细分成各种"微操作"，比如熘，有焦熘、软熘、糟熘、糖熘、水熘各类；再如爆，包含油爆、酱爆、芫爆、葱爆、汤爆诸种。力道多变的火，鲁菜厨师的锅里最终转化为多样的菜，如一品豆腐、油爆双脆、九转大肠、糖醋鲤鱼、木须肉等名品不胜枚举，由黄焖鸡块演化而成的黄焖鸡米饭更是堪与沙县小吃、兰州拉面争锋的国民小吃。

这种根基深厚的大菜系中自然少不了饺子。在许多城市，"山东水饺"都是街边道旁常见的招牌。南来北往的食客无意经过，走进店里一瞧，猪肉大葱、玉米肉、香菇肉、芹菜肉、酸菜肉、韭菜肉、香菜肉……诸多馅料一字排开，这种大而全正是山东饺子的"排面"。

笔锋至此，似乎看不出鲁菜、山东饺子和海洋的联系。别着急，山东饺子虽然包罗万象，但诸如猪肉大葱之类，别处的饺子也一样能包。事实上，山东还真有一种饺子不为其他菜系所见，那就是鲅鱼饺子。

鲁菜里最"蝎子粑粑独一份"的山东水饺居然以鲅鱼这种海味为馅，这合理吗？非常合理。所谓靠山吃山、靠水吃水，山东半岛有着漫长的海岸线，毗邻广阔的黄渤海渔场，靠海吃海当然就成了山东人的自然选择。

如淮扬菜旗下有众多的帮口菜一样，鲁菜亦分为胶东菜、济南菜和孔府菜三派，其中胶东菜正是因鱼而兴。胶东指胶莱谷地及其以东地区，这一带良港众多，海岸曲折，是中国少有的海洋文化发祥地之一。古代的胶东粮少油少但不缺鱼，因此形成了以鱼为粮、无鱼不成席的饮食特征。所谓"臭鱼烂虾，下饭冤家"，用这句民谚形容胶东人的饭桌那真是再合适不过了。

那为什么鲅鱼会在众多"臭鱼烂虾"里脱颖而出呢？还是那句话：靠海吃海。鲅鱼又名蓝点马鲛，广泛分布于北太平洋西部，从舟山到黄渤海都是它的领地。处于新石器时代的胶州三里河遗址中已有大量鲅鱼骨被发现，直到清代康熙年间，《登州府志》《福山县志》的渔产记载上，鲅鱼依然名列前茅，可见鲅鱼自古以来便在登莱沿海的物产中占据着重要地位。

一方水土养一方人，一方鲅鱼自然养出了一方的鲅鱼文化，这其中最瞩目的便是青岛鲅鱼礼。在青岛，每年春汛开始，年轻的小伙子便会精心挑选分量足、个头大的鲅鱼送给未来的老丈人；结婚后，女婿则会和媳妇一起回娘家送鲅鱼。在"鲅鱼之乡"沙子口，人们更会细心关注鲅鱼的上市时间，以求在第一时间买上一份鲅鱼送回家以尽孝道。收到鲅鱼的老人也不敢怠慢，会在第一时间烹饪出一桌鲅鱼宴，配以茼蒿、豆腐等，讨一个"同好""都福"的口彩。鲅鱼宴要让老人先动筷"开鲜"，讲究点的，还会端起鲅鱼向四个方向点点，表示四方神灵共享，如此这份鲅鱼礼才算到位。

关于鲅鱼礼，亦有一个略带伤感的传说。在青岛开埠前，一位老人收养了一名叫小伍的孩子，并将自己的女儿许配给他。一年春天老人突然病倒，弥留之时想吃鲜鱼。当时海风猛烈，但小伍还是不顾危险出海打鱼了。老人听女儿说小伍已经

（本图由"老吴家牛鲅"提供）

出海，只感叹了一声"罢了"便撒手人寰。小伍捕上来了鲜鱼，但终究没有赶上看老人最后一眼，两人只好将鱼做熟后供在老人灵前。这鱼没有名字，两人便按老人临终前念叨的"罢了"取名为"鲅鱼"，而鲅鱼也就成了青岛女婿孝敬老丈人的传统礼物。青岛有"谷雨到，鲅鱼跳，丈人笑"的民谣，背后指的正是这个乡土传说。

其实何止是青岛，整个胶东都笼罩在被鲅鱼支配的"恐惧"之下。鲅鱼肉厚刺少，烧、蒸、炸、烤、煎，鲁菜的诸多烹饪技法在它身上都能找到用武之地，鲅鱼丸子、鲅鱼饺子、炖鲅鱼、熏鲅鱼，无一不是胶东人的心头好和鲁菜的小骄傲；除去鱼肉，鲅鱼的头、尾、皮、骨均能入菜，甜晒鲅鱼籽更是人间至味：春鲅鱼籽加生抽甜晒后切片油煎，一片片切得薄如蝉翼，以至于夹起后向阳而视，能透出一缕红光……

鲅鱼是山东人眼中大海味道的总和，而当山东人将这种海味包进饺子皮时，鲅鱼饺子便诞生了。

× 鲅鱼与饺子的相遇

饺子和鲅鱼都是山东人的骄傲，鲅鱼肉厚刺少，尤其适合做馅料，正所谓"山有鹧鸪獐，海里马鲛鲳"。因此，鲅鱼饺子的出现可谓顺理成章。

鲅鱼饺子的烹饪不算复杂。取新鲜的鲅鱼，去除头和内脏后清洗干净，摁住鱼身，持刀顺鱼骨将其片为上下两片后斜刀将皮肉分离，双刀剁碎鱼肉就成了馅。剁馅时加些姜汁和花椒水去腥，是否加猪肉、精盐、味精、五香粉甚至啤酒等佐料提鲜则看厨师个人的主张。传统的做法要加些肥多瘦少的猪肉，随着健康饮食观念的普及，纯鲅鱼馅日渐流行，但这种馅料对制作手法提出了更为严苛的要求。馅料剁好后要缓缓加入清水并向同一方向搅动直到成糊，完美的鲅鱼馅用筷子挑起一团置入冷水中便能漂起来。馅料制好后，依个人喜好加入些蔬菜，山东人最认可的莫过于春天的第一茬儿韭菜，如果季节恰好，槐树花也是极好的选择。春鲅与春韭相和，包入面皮的不只是口粮，更是绝美的春季风物。

从烹饪流程来看，鲅鱼饺子与其他饺子也没有太大的不同，可一旦出锅，鲅鱼

饺子的特色就可谓"肉眼可见"了。鲅鱼饺子个头极大，大到一个饺子就能铺满半个盘面，尤其是蓬莱、长岛等地的鲅鱼饺子，一个能重二两，相当于别处十几个饺子。这样的"庞然大饺"吃起来自然不能简单用筷子夹起，而是要将饺子整个拨到嘴边，轻轻咬出一个缺口，先别着急吃，这时只消吸上一口，便能理解为什么山东人会将鲅鱼之鲜香柔美奉为至味了。

如此巨大的饺子，偏偏又裹着一层薄薄的面皮，虽然说馅大皮薄是所有饺子共同的追求，但薄到鲅鱼饺子这般吹弹可破的却也少见。拨鲅鱼饺子时一定要小心谨慎，因为一不小心筷子就容易将面皮戳破，吸不到面皮里满满的鲜汤，这饺子的滋味也就少了一大半。

鲅鱼饺子的馅大到极致，皮也薄到极致，这背后自然体现了山东人对烹饪之道的极致追求。但仅仅如此吗？倒也不是。鲁菜源远流长，鲅鱼入菜的传统可谓历史悠久，但鲅鱼和饺子的相遇尚属于晚近之事。精准地说，鲅鱼饺子的起源在辽阔的海上。

旧时山东渔家出海，船上带的白面珍贵，绝不舍得做饼，只能用来包饺子。馅自然是就地取材，网上来鲅鱼就能开工。海上条件简陋，一切从简，外加鲅鱼味道鲜美，做馅也不用什么调味料，将鲅鱼肉分好后放在大盆里用木棍一直搅便是。船上淡水紧缺，一般是直接加海水搅拌，待搅好后撒上几点葱花、滴几滴酱油，包入尽可能薄的面皮，下大锅同煮，一船人便等着在海风呼啸中大快朵颐了。

鲅鱼饺子馅大皮薄的形态，正折射出了渔家出海时面少料少水少而唯有鱼多的现实。皮薄便能省面，馅大则是为了应付渔家们的现实需求。在海上讨生活艰辛而危险，鲅鱼饺子越大，吃起来越省时省力，面对瞬息万变的茫茫大海也就多了一份从容。

这种纯粹的海味无疑深深刻在了山东人的基因里，回到岸上，渔家们也并没有忘记制作鲅鱼饺子的"初心"，馅还是尽可能地大，皮还是尽可能地薄，再加上厨师与食客们共同的琢磨和推敲，不出几代人就形成了鲅鱼饺子特有的文化，也凝结成了一方水土的乡愁。中国有很多美食似旧实新，这其实是中国饮食文化依然富有蓬勃生命力的体现。鲅鱼饺子是胶东菜乃至鲁菜重要的组成部分，但也是山东人饮食创新的产物。

说来也是"有缘"，鲅鱼本是海中凶悍的猎手，它深蓝的体色和渐变的斑纹可以轻易地与海水融为一体，在猎物难以察觉时迅猛出击；同时它又是顶尖的食材，冰冷的海水造就了鲅鱼丰盈绵密的口感，常年的捕猎活动赋予了鲅鱼筋道弹牙的肉质——鲅鱼就这样同时成了小鱼小虾的噩梦和食客的美梦。

南京人常常自夸"没有一只鸭子能活着走出南京"，这句话放在山东，那就是"没有一条鲅鱼能够活着游出山东"。南京的鸭子成就了盐水鸭，而山东的鲅鱼在丰满了鲁菜的同时，更为中国的饺子添上了不寻常的一笔。

中国背靠着地球上最大的大陆，面向着地球上最大的大洋，漫长的海岸线给予了中国人丰富的渔业资源，鲅鱼正是这一得天独厚环境下大自然最珍贵的馈赠之一。从饮食文化的角度来看，鲅鱼饺子专属于鲁菜和山东；但从海洋生物学的角度来看，鲅鱼其实广泛分布于北至渤海、南至舟山的广阔海域，只是鲅鱼在南方，多被称为马鲛鱼而已。也就是说，有机会与鲅鱼接触的，至少还有淮扬菜和粤菜。但是，只闻鲁菜中有鲅鱼饺子，未闻南方菜系中有马鲛鱼饺子，从中不难看出饮食的发展也不可避免地带有偶然性。然而，也多亏了这种偶然性，才让中国饮食文化呈现出百家争鸣的繁荣景象。

鲅鱼饺子不是中国最具代表性的饺子，甚至无法被视为中国最出名的饺子——在饺子遍地开花的中国，鲅鱼饺子的历史太过短暂，流行地域也太过狭小了。但恰恰是这种远称不上流行的饺子，实实在在地勾连了饺子的时间与空间。鲅鱼饺子隶属于中国历史最悠久的鲁菜，其诞生时间却并不久远；鲅鱼饺子生长在以农耕文明为根的中国，却包含了浓浓的海洋文明色彩。鲅鱼饺子沧桑中透着活力，传统中保有未来。而这一切，不也是中华美食的本色么？

苏轼在其名篇《定风波·南海归赠王定国侍人寓娘》中曾写道："万里归来颜愈少。微笑。笑时犹带岭梅香。"此处若将"岭梅"改为"鲅鱼"，鲅鱼饺子的拥趸们读了，大约也会会心一笑吧。对于食客而言，美食是否古老、底蕴是否深厚都在其次，味道入口，温暖入心，食在当下，才是真正的活在当下。

菜肴

×

CUISINE

中华料理的精髓，尽在菜肴。
炒、烧、炸、烩、烤等技法在菜肴中融汇；
色、香、味、意、形等风格在菜肴中呼应。
中国人耳熟能详的"八大菜系"以菜肴为名，也因菜肴分野。
菜肴的取材，最能体现出中国人与自然界的伴生关系；
菜肴的发展，最能体现出中国菜变迁交融的成长路径。

本课包含大盘鸡、烤鸭、红烧肉、昆虫宴，涵盖或主流或小众的食材，
以及或影响广泛，或独树一帜的地方菜。

中国人吃鸡的历史源远流长，烹制鸡的方式也五花八门，而且在这个战场上，各大菜系均不遑多让，各种鸡中名品可谓信手拈来：鲁菜有"布袋鸡"，川菜有"口水鸡"，淮扬菜有"绍兴醉鸡"，粤菜有"手撕鸡"，闽菜有"白雪鸡"，湘菜有"东安子鸡"，浙菜有"叫化童鸡"，徽菜有"徽州蒸鸡"……"雄鸡一声天下白"这句诗，放到中国美食界一样掷地有声。

鸡馔如此开花散叶，与鸡在中国饮食文化中的悠久历史和重要地位有关。郭沫若[1]在《中国古代社会研究》一书中指出："鸡在六畜中应是最先为人畜用之物，故祭器通用的彝字竟为鸡所专用。"殷墟中不少贵族及平民墓里都残存着鸡骨，不难推断出早在三代时期养鸡就已然成为农业经济社会常见的副业。西周时，朝廷专设"鸡人"一职，掌管祭祀、报晓、食用所需之鸡，《礼记·内则》中甚至还记载了一道名为"濡鸡"的菜式："濡鸡，醢酱实蓼。"其意为制作濡鸡时需要加入醢酱，且以蓼菜填充鸡腹。虽然《礼记》中没有濡鸡的详细做法，但从中可以看出中国鸡馔的"资历"之老，远非其他荤食所能及。

随着饮食技术的进步，不同种类的鸡馔承载着不同地域的饮食文化与人文传统，最终在八大菜肴遍地开花。然而在这些"鸡界"中元老面前，却有那么一只鸡，用不到三十年的时间成了烹饪界的明星，与这些老前辈们平起平坐，谱写出了一曲鸡的豪迈之歌。这只鸡，便是新疆菜中的当红明星：大盘鸡。

一切还要从辣子鸡与土豆在新疆的相遇开始——当然，在这段邂逅之前，还有很多故事值得一一道来。

1　郭沫若（1892—1978年），字鼎堂，原名郭开贞，现代作家、历史学家。著有《女神》《甲申三百年祭》。

炒、爆、熘、炸、烹、煎、烧、焖、炖、蒸、汆、煮、烩、炝……中国地大物博，不同的烹饪手法结合不同的水土与食材，在漫长的演进中成就了种类多样的地域性食谱。唐宋时期，南食与北食已各成体系，至明末清初更是发展出了四大菜系。后世流传的所谓"八大菜系"之说，其实直到清末才刚刚形成，在中华饮食史上算得上一个非常年轻的概念。而在八大菜系之外，更有本帮菜、东北菜、客家菜、清真菜等群雄逐鹿，争夺着所谓"第九菜系"甚至"第十菜系"之名。

平心而论，"菜系"之谓在交通尚不算便利、地域之间融合尚不充分的时代里自有其文化层面的符号意义，而当食材的种植突破了温度带的控制、交通运输的快速化使厨师有了更多的选择、经济的发展更让每一个商业综合体成了中华菜系越来越融为一体的脚注时，曾经"坐正帮别"的森严壁垒，早已在市场经济的运行下淡褪了仪式感，或许也总有一天会退出历史舞台。

想邀二三好友吃大盘鸡，去哪合适呢？自然是清真餐馆。大一些的有颇具规模的连锁饭店，若嫌太远，居民区附近的清真拉面馆也断断少不了这道菜。若要问大盘鸡的拥趸这算什么菜系，想必很多内地食客都能干脆地回答：这自然是地道的新疆菜。然而问题出来了：新疆以清真菜系为主，牛羊肉是绝对的主力，什么时候将鸡开辟为原料了呢？

其实大盘鸡正是当代菜系融合的典范。内地食客只知大盘鸡自西而来，却不知这大盘鸡的前生正是川菜"辣子鸡"。作为新疆菜的代表菜目之一，大盘鸡的历史并不久远，直到20世纪末才被远离故乡、从事餐饮行业的厨师们烧制出来。

改革开放后，随着塔克拉玛干地区石油资源的开发，来往于内地与新疆的司机也多了起来。有人的地方必然有餐馆，有餐馆的地方必然有生意。从乌鲁木齐再向伊犁出发，312国道一路横穿沙砾戈壁，半日车程的光景使途中必经的小城沙湾汇聚了不少南北风味的小餐馆。长途跋涉的司机们辛苦而大多节俭，经济实惠是饮食的基本要求——在南方，亦菜亦饭的盖浇饭深受欢迎，那在面食盛行的北方该如何满足这南来北往的食客呢？

这个问题引发了一位四川厨师的思考。司机们经年累月风餐露宿，胃口不好是通病，辣子鸡颇得他们青睐；把辣子鸡炒个七成熟再加上西北菜里的常客土豆，等到汤汁浓郁时加入陕西裤带面，连汤带肉带面地吃下去好吃又抵饱，这就成了大盘鸡的雏形。这一创新果然深得司机们的喜爱，而随着这些食客的开疆拓土，大盘鸡终于在被羊肉统治了上千年的新疆菜里立足，一时间沙湾县城涌起了无数"鸡店"，以至于"炒鸡"的吆喝声与刹车声、喇叭声一道此起彼伏，响彻戈壁。

进藏的游客大多知道号称"中国最美国道"的318国道一头连着西藏樟木镇友谊桥，另一头连着上海人民广场，却未必知道莽莽黄沙之中的312国道的另一端也直指上海。国道上的司机们既是美食的催生者，又是美食的传播者，跟着他们的口耳相承与闻香寻味，大盘鸡先是风靡了乌鲁木齐，而后沿着312国道一路东进，没过多久便红透了大江南北。只是在大盘鸡走向全国的征途中，它的厨师早已换上了新疆人的白帽与坎肩，食客们又如何想得到这西域风情甚浓的菜式，居然脱胎于川菜中的辣子鸡呢？

不过，辣子鸡向大盘鸡的蜕变，冥冥中也有其必然性。在传统四大菜系中，川菜自古以来便以"百姓菜"闻名，很多菜式主打一个"下饭"，辣子鸡更是个中翘楚。在它味鲜汁浓、麻辣爽口的魅力面前，多少碗饭都不够吃，这种风格最适合崇尚实用主义的长途司机。同样在异乡打拼的那位四川厨师自然也是深懂其中深意：司机白天赶路累了，可以来一份大盘鸡，既果腹又解馋；夜晚则不妨和偶遇的同行点上一大份烤羊肉串再来几瓶"夺命大乌苏"，觥筹交错后再美美睡上一觉。从此之后，披星戴月、餐风宿雨的日子似乎也就没那么辛苦了……

说来有趣，"新疆"二字本是乾隆皇帝平定准噶尔叛乱后起的地名，取"故土新归"之意。而被大盘鸡"平定"的新疆，对于辣子鸡来说，何尝不是另一个角度的"新疆"呢？

大盘鸡是往来新疆的长途司机们用轮胎拉出来的，这个源头已经基本得到公认；然而"年轻"的大盘鸡尚未满而立之年，其起源之争就已经悄然打响。沙湾自是不用含糊，林林总总的"鸡店"早已打下了滔天的声势；而就在不远处的柴窝堡却拿出了关于大盘鸡起源的另一个版本，而且这个版本还颇为写实：

312国道不仅通向伊犁，还联结着一个美丽的旅游景点——柴窝堡湖。在新疆人的传说中，王母娘娘寿辰上有两颗明珠落下凡间形成湖泊，一个是这柴窝堡湖，另一个就是闻名遐迩的天池。能与天池齐名的地方风景自是美不胜收，加上交通便利了，游客也便多了起来，大量的游客同时也吸引了陈氏夫妇来此开餐馆做生意。陈师傅是湖南人，辣子鸡是其拿手菜，这道菜不仅满足了他自己的肠胃，也吸引了南来北往的游客，后来为了接新疆菜的地气，陈师傅直接用个十几寸的搪瓷盘装这道菜，辣子鸡自然而然便得到了一个"大盘鸡"的名字。如今，柴窝堡还建有辣子鸡一条街，街上的"鸡店"一点都不比沙湾少，它们的存在也支撑了大盘鸡起源的另一个主要版本。

以大盘鸡为豪的沙湾人当然要奋力维护自己的"正统"，毕竟沙湾出了大盘鸡的第一个注册商标。在沙湾人眼中，大盘鸡的创始人是李士林，此人原是国营煤矿的一名矿工，因为一手烧痞子鸡的手艺，在牛羊肉的突围之下开了一个叫"满朋阁"的餐馆，不想生意异常火爆，大盘鸡的名声就此传开。

"满朋阁"开设于1988年，而第一个大盘鸡的注册商标"杏花村大盘鸡"却是于1992年由一个河南人抢先注册的。与李士林一道失了先机的柴窝堡商人们于是注册了辣子鸡的品牌，然而餐馆上的招牌却依然写满了大盘鸡，当地人也依然坚信柴窝堡才是大盘鸡真正的发源地。

直到2015年新疆沙湾第五届大盘美食文化旅游节时，中国烹饪协会正式授予沙湾县"中国大盘鸡美食之乡"称号，这场竞争也终于告一段落。其实，细细较起真来，柴窝堡人的大盘鸡妙在"大盘"，却少了土豆；而沙湾大盘鸡，那可是土豆与大盘鸡正儿八经的"恋爱"，土豆与鸡，少了一样都没了那沙漠大排档的本色。在东南地区，有人冲着大盘鸡的名头去清真面馆里点上一盘正准备大快朵颐，却发现菜里面没有土豆而高呼上当——其实，人家做的或许不是沙湾大盘鸡而是

柴窝堡辣子鸡，不过都用了一个大盘鸡的名头罢了。

"大盘鸡之乡"的桂冠被沙湾摘得，土豆与大盘鸡的"恋情"得到了官方的承认，宽宽的裤带面便是劲道爽口的"红线"，将它们彼此的组合随着新疆菜的传播而通江达海送入远方食客的肠胃。在汉族人的饮食文化中，食材的做法往往能在菜肴名称中体现，比如"烤鸡""盐焗鸡""德州扒鸡"等；而大盘鸡天然一个"大盘"，让鸡这种细羽家禽也沾染了一丝豪迈之气，也实在无愧于其新疆菜的出身了。

以食材论，可以总结出这样一个公式：大盘鸡=辣子鸡+土豆块+皮带面，这表面上是一个玩笑，但其后却埋着深深的饮食文化意义。"年轻"的大盘鸡可以称得上菜肴的"活化石"，它用人们看得到的历史，生动诠释了一道菜肴是如何走上历史舞台，又是如何背负起版本众多的传闻轶事的。

几乎每一种著名小吃都有一个极富传奇色彩的传说。比如臭豆腐，那是王致和金榜落第后无意中用发霉的豆腐做成的；比如涮羊肉，那是元世祖忽必烈因为着急上马出征仓促而食的；再比如过桥米线，甚至还能牵扯出湖心小岛上秀才与娘子间温馨的爱情故事。后人自不会将这些故事当真——毕竟年代久远，又有谁能说得出美食的起源呢？然而无论是沙湾大盘鸡还是柴窝堡大盘鸡，其诞生时间都不过二十余年，一代人尚未树成，其起源便已众说纷纭，令人莫衷一是，这就有些耐人寻味了。

大部分菜肴的来源其实是不可考的，唯有当一种做法经过岁月的洗礼得到了社会的广泛认可，才会涌出有闲情逸致对其追根溯源的食客——然而在这个时候，历史细碎的真相早已湮灭在了时光中，人们所能搜寻到的，只剩下一个又一个"假语村言"式的故事。这其中经过传递与有意无意的修改，最后就变成了如王致和、忽必烈般亦真亦幻的传说，以博人们在茶余饭后一乐，谁也不会当真。大盘鸡究竟源于沙湾还是柴窝堡，没有人能说得清楚，而正是这种"说不清"，才让人得以通过大盘鸡的形成一窥整个菜系的发展历程。

与单独的菜肴一样，菜系的形成与发展是一个细水长流、波澜不惊的过程，然而其演变除了食材、气候、口味、宗教等原因，更是以经济的繁荣为基础的。中国最古老的四大菜系，其诞生地莫不是繁华之地：鲁菜诞生于儒家兴起之地，与孔府的渊源使它成为历史最悠久的菜系；川菜所在的益州、淮扬菜所在的扬州自唐朝起便并称"扬一益二"；而粤菜的兴旺则借助了东西方交流与碰撞的独特地利。新疆菜中，未有如大盘鸡一般能如此鲜明地指向新疆资源开发以来经济发展所带来的时代变化。因为有了熙熙攘攘的行客，五湖四海的人得以汇集，四面八方的食材与品味得以交融，而为了迎合食客，菜式自身会不自觉地进行改变，从而顺理成章地在优胜劣汰中衍生出新的菜品。

　　这些菜品在创立之初只是厨师们一个突然间的点子，这种点子纵然一时获得成功，也不可能立刻形成套路与标准。大盘鸡看似只是一道菜，其实厨师间做法不甚一致，甚至连食材的要件也各执一词：有地方说用的是陕西裤带面，有些人则坚持是哈萨克族人爱吃的"那仁"，甚至还有拉面馆用的是细面，恐怕唯一不变的，便是那炖得松软萌黄的土豆了。想来也是，面毕竟是主食，而只有爱上土豆的辣子鸡，才是真正的大盘鸡。面条便如那弱水三千，只有土豆方是最重要的一瓢，也正是这一瓢，才让沙湾人面对柴窝堡人时显得更有底气。

源于独特的民族文化背景，新疆菜在中国各菜系中可谓独树一帜，在肉食的制作方面更有着独特的习惯和讲究。从物产分布角度来看，这也是因为新疆人地处西北，食谱中相对缺少蔬菜的点缀，因此会将更多的心思放在肉食上——且不用提风靡九州的烤羊肉串了，新疆菜中的招牌几乎全员皆肉，光是羊肉，就能罗列出烤全羊、烤羊排、羊肉汤饭、手抓羊肉、胡辣羊蹄、烤羊肉包子……大盘鸡"客场作战"，不仅站稳了脚跟，更成为新疆菜的招牌之一，不由得令人惊叹其魅力之大。

　　当然，相较于味道，大盘鸡最值得重视的还是其发展历程。能让后人清晰看到演变阶段的菜肴着实不多，而大盘鸡不仅名满天下、生命力旺盛，背后牵动的还是看似"八竿子打不着"的川菜与新疆菜，这就更为罕见了。在可以预见的未来，随着厨师们烹饪理念和美食主张的迭代，大盘鸡也将继续迎来创新，加入更多前人想象不到的食材，最后甚至可能会变得"面目全非"。到那时，新一代的食客再按图索骥，发现自己钟爱的日常"口粮"，居然是经过无数次改良和本地化的大盘鸡，不免又要惊讶一番了。

　　一道菜肴创设伊始时，其做法总是五花八门，不可能整齐划一。经年累月的烹饪与品鉴，会将最得食客心的方式定型为不成文的规矩或是成文的"秘方"，这些规矩和"秘方"在一代又一代的厨师手中传承下去，就成了中华美食文化最厚实的根基。对于拥有几千年辉煌历史的中华美食来说，大盘鸡还只是个年幼的孩子，然而这个具有川菜、新疆菜、西北菜、秦菜等诸多血统的继承者，却有力地展现了中华美食厚积薄发的强大生命力：老的传奇尚未消弭，新的经典已经诞生，而未来尚未被发明的美食，迟早有一天也会以最合适的姿态落入食客们的碗里。

　　这便是一只走过江南塞北、踏过大漠黄沙的辣子鸡，与土豆相恋三十年的故事。

烤鸭：桂花香里的古都特品

中国各菜系里，名头最大、招牌最响的鸭子是哪一只？面对这一容易引战的话题，不少食客——尤其是海外食客的回答，十有八九会是北京烤鸭。的确，被誉为"天下美味"的北京烤鸭，可以说是只手撑起了中国鸭味的半边天：它是北京小吃的代表，同时又是中国国宴上的常客，天生带着"北京"与"中国"的双重光环。唐代诗人杜甫曾经说李龟年是"岐王宅里寻常见，崔九堂前几度闻"，北京烤鸭其实也有这番风光。

北京烤鸭可谓鸭馔中的冠冕，北京又是中国首都，按理说中国若有鸭都，当非北京莫属。然而事情有趣便有趣在这里了：这一桂冠并未被北京摘得——最终以鸭都闻名的，是一座与北京"相爱相杀"了不知多少朝代的南方古都：南京。

不少食客至此大约要大惊小怪了。什么？南京是鸭都？这个"十朝倒有九朝短"的古城难道要用鸭血粉丝汤跟北京烤鸭比拼吗？有此疑问并不奇怪。南京虽然食鸭之风盛行，但出于各种原因，的确没有哪一种鸭馔的风头能盖过北京烤鸭。不过面对北京烤鸭的挑战，南京人也有自己的分析：全聚德、便宜坊及大董等北京烤鸭的老字号名店均位于京畿重地，所谓"近水楼台先得月"；而且北京烤鸭的吃法是将鸭肉、面皮、蘸酱等分开处理呈上，由食客自行搭配，更符合西方用餐习惯，因此被搬上国宴也实属正常。海外友人喜欢北京烤鸭，那是因为没机会吃到南京的鸭子，"少见多怪"了。

不过真要细说起历史来，南京作为鸭都绝非浪得虚名，甚至连北京烤鸭的源头都得从南京说起。南京人自古以来爱吃鸭、会吃鸭，逢年过节也好、寻常日子也罢，餐桌上都少不了各式的鸭馔。这其中有轻便如鸭血粉丝汤的小吃，也有庄重如盐水鸭、烤鸭、板鸭、酱鸭的大菜，更有可进可退的缤纷"鸭件"：鸭头、鸭舌、鸭翅、鸭掌，还有一味名号雅致的"美人肝"——这倒也不是鸭肝，而是由鸭胰配上鸡脯后用鸭油爆炒而成的精致小菜。在南京，每一只鸭子都被精心算计，鸭子身上的每一个部分都被认真规划，南京人最爱开的玩笑之一，大约就是"没有一只鸭能活着走出南京"了……

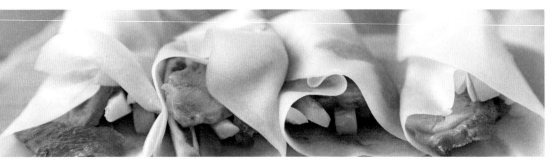

×

烤鸭的北漂史

从南京到北京，

南京古称金陵，自古流传着"金陵无处不食鸭，金陵鸭无处不可食"的民谚。而对于这种"全民食鸭"的传统，则牵扯着一条关于明朝开国皇帝朱元璋的传说。

明代洪武年间，朱元璋根据南京周边山脉、水系的走向大修城墙。修至南城门时，不知何故城门屡次塌陷，正焦急之时，得一方士指点，可向江南巨贾沈万三借一聚宝盆埋于地基之下以安风水。朱元璋借的时候谎称，三天后鸡鸣时分就会将聚宝盆完璧归赵，但宝物既已埋下又如何能挖出来再还？于是朱元璋下令屠尽全城之鸡并禁止百姓再养，从此之后，南京人便只能以鸭代鸡了。

虽然是传说，但故事情节却隐藏了南京鸭馔与明代之间千丝万缕的联系。朱元璋是南京烤鸭的拥趸，传说这位草根皇帝甚至要日食烤鸭一只，所谓"上有所好下必甚焉"，南京宫廷中的御厨们自然也开始绞尽脑汁地研制鸭馔的烹饪技巧——叉烧与焖炉的技法就是在这样的背景下被发明出来的。日食烤鸭的传说固然不必当真，但烤鸭技法的成熟却是事实。靖难之役后，朱棣迁都于北京，御膳房随之北迁，烤鸭技法这才跟着御厨们的脚步传入北京。嘉靖年间，北京第一家民间烤鸭店便宜坊开张，所卖者为金陵片皮鸭，市幌上还特别标注着"金陵烤鸭"四个字，从中不难看出，直到明代中后期，在"京片儿"眼中，烤鸭还是地地道道的南京货。

此时的南京烤鸭依烹饪技巧大致可分为叉烧与焖炉两大派。叉烧烤鸭比较简单：以铁叉叉上腌渍好的鸭子架在炭火上烤熟即可。叉烧烤鸭鸭皮香脆，肉质软嫩，但须逐只手工操作，难以量产，故其发展也颇受局限。另一派是焖炉烤鸭，乃是凭炉墙热力烘烤鸭子，炉内温度先高后低，鸭子整个烤制过程中均不见明火。这样烤制出的鸭子外皮酥脆，内层丰满且没有杂质，加之便于量产，最终得以走出南京一路北漂——便宜坊赖以成名的烤鸭，便是这种焖炉烤鸭。

烤鸭界南京手艺一枝独秀的局面终于在同治三年（1864年）被打破。这一年，京城鸭馔"一哥"全聚德烤鸭店挂牌开张，并发展出了挂炉技法：不用火苗直接燎烤而将火苗发出的热力由炉门上壁射到炉顶，利用炉顶热量的反射将鸭身烤熟。在这技法改良的基础上，全聚德又引入了华北地区食用甜面酱与大葱的饮食习惯，再配上薄饼——薄饼包裹着酥脆的鸭皮就着葱蘸着酱吃，这般味道比起原始的南京烤

鸭倒有过之而无不及了。由此,烤鸭技术三足鼎立,而北京烤鸭也终于可以自立门户与南京烤鸭一较高下了。

然而全聚德的出现也未能撼动南京鸭都的地位,"金陵鸭肴甲天下"的底气可不是只有烤鸭——真正占据南京鸭馔半壁江山的,不是烤鸭,而是盐水鸭。

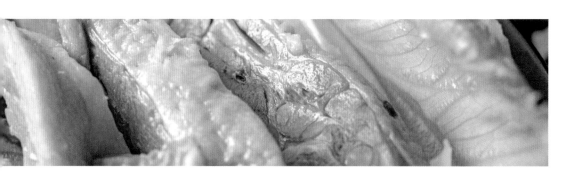

南京盐水鸭,鸭至秋风怀桂花

中国各菜系不乏以禽为原料的美食,而"盐水"这一制法则将鸡、鸭、鹅这三种最常见的禽类一网打尽。盐水鸡是粤菜名点,尤以冰皮盐水鸡为精品,盛行于港台之间;盐水鹅则属淮扬菜系,广泛流传于长江中下游地区,在菜系的"血缘"上与盐水鸭称得上"近亲"。而盐水鸭则于南京独树一帜,比起烧鸭、板鸭之类更能担当起南京鸭馔的"代言人"。

盐水鸭简称盐鸭,又有桂花鸭的美称。这里的桂花是个意象词,并非烹制过程中加入桂花,因其在中秋前后、桂花盛开的季节制作色味最佳,故得此芳名。民国美食家张通之[1]所著的《白门食谱》中有解释:"金陵八月时期,盐水鸭最著名,人人以为肉内有桂花香也。"从这个角度来看,盐水鸭是一味菜肴,而桂花鸭则是一味难得的风物——作为六朝古都,南京向来不乏风物:春看牛首烟花,夏赏钟阜晴云,秋游栖霞胜境,冬览石城素裹,然而这风花雪月之余却独独少了舌尖上的滋味。有了桂花鸭,南京人的肠胃才不觉得寂寞,万般景致到此也便有了回味的余地。

盐水鸭的烹制工艺包括宰杀、腌制、烘干、煮熟等环节,腌渍期短宜现做现吃。上桌之前,先讲火候;上桌之后,再论刀工——烹制北京烤鸭的厨师也讲究刀工,一只烤鸭不多不少要片成一百零八张薄片,刀刀森严;而盐水鸭的技法则更为古朴自然,菱花状葵花状错落有致,其间自有一股南国的雅致。这样的花瓣形状再加上皮白油润、肉嫩微红的鸭肉,一筷下去,多少鲜、香、嫩回味无穷。

菜肴烹饪如武功修习一般讲究口诀心法,盐水鸭的口诀心法有二十五个字:"鸭要肥,喂稻谷。炒盐腌,清卤复。烘得干,焐得足。皮白肉红骨头酥。"这里尤其

---

1 张通之(1875—1948年),字通之,名葆亨,近代学者。著有《娱目轩诗集》《白门食谱》。

要提的不是鸭本身，而是那个"配角"——卤。

资深老饕明白，鸭子好不好吃全在一口卤。这里的卤是老卤，指的是经过反复熬制所产生的卤汁，传统食客认为，熬制次数越多、时间越长，便越能使鸭肉、鸭血释放出含有氨基酸和微量元素的可溶解物质，并沉淀成特殊的味道——虽然这种说法未必有科学依据，但肠胃从来都不是讲道理的地方，盐水鸭名店的老卤大多号称有几十年的历史，厨师们每天会加入八角、葱、姜等各种调料继续熬制，遇到偏好这一口的老饕，那真是一点抵抗力都没有了。

桂花是四时美景，老卤是百年沉积，小小一味盐水鸭，滋味在肠胃，感怀却在心头。与鸭相似，鸡中有桂花鸡，鹅中有桂花鹅，但就风情来论，鸡与鹅背后的桂花二字便远远比不上鸭来得浓烈深邃。

桂花鸭代表了南京的秋韵，这里便要说说南京人食鸭情结里的四时了——南京人春食烤鸭，夏啜琵琶鸭，秋品桂花鸭，冬尝板鸭，不同的鸭馔对应着不同的时节，这一番盛景非久居南京者不能体会。除此之外，别忘了"金陵鸭无处不可食"：鸭肫、鸭腰、鸭肝、鸭心、鸭血、鸭爪……南京的鸭如同博物馆，馆藏则是内里的万般风味。世人只道南京"无鸭不成席"，其实说成"无鸭不成活"，似乎也没什么问题。

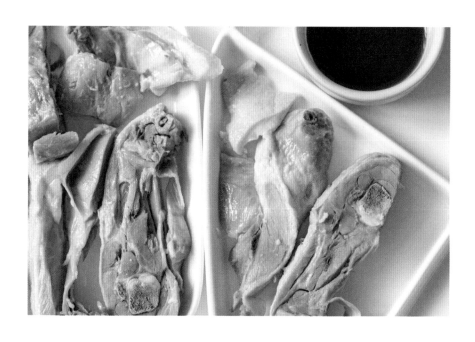

南京的食鸭之风事实上要远远早于朱元璋父子。更确切地说，是始于南京与鸭子的邂逅。自古以来靠山吃山靠水吃水，南京人钟情于鸭子的背后，自然是漫长的驯鸭史。那么，南京人是从什么时候开始养起了鸭子呢？

鸭与鸡虽同为中国最常见的家禽，但二者的养殖史却不能同日而语。早在新石器时代的裴李冈文化、仰韶文化便已出现了鸡被人工驯育的考古证据，周代甚至专门设"鸡人"一职，负责报时、"鸡牲"等工作。而鸭直到秦汉时期才成为常见的肉类食物，关于鸭的养殖记载则要到魏晋南北朝时期才丰富起来。贾思勰《齐民要术》中出现了针对不同鸭类品种的不同饲养方法，如雏鸭要"先以粳米为粥糜，一顿饱食之"，蛋鸭要"足其粟豆，常令肥饱"。《齐民要术》大约成书于北魏末年，书中已经形成的养殖经验自然要早于这一时期；晋代郭义恭[1]《广志》成书更早一些，书中亦记载"鹜生百卵，或一日再生"，并提到了露华鹜这一特别的鸭类品种。

鸭的养殖史虽然不能与鸡争锋，但其一开始就有着浓浓的地域色彩：鸭的养殖史最早便是从长江流域书写开来的。《广志》中的露华鹜产自位于长江上游的四川，而朱元璋钟爱的鸭则主要来自长江中下游的鱼米之乡。

成书于唐代乾符三年（876年）的《吴地记》中用一句"吴王筑城，城以养鸭，周数百里"的记载将南京筑城养鸭的历史上溯到了春秋时期，而最迟至六朝时期，南京已经有了鸭馔的制作。金陵盐水鸭号称"六朝风味，白门佳品"，六朝自不待言，白门则是南京的另一个代称——六朝时南京名建康，其南城门宣阳门又名白门，后遂成南京代称。金陵鸭馔最早见于《陈书》，其时，陈、北齐两军在南京覆舟山一带陷入苦战，陈军"会文帝遣送米三千石，鸭千头。帝即炊米煮鸭……人人裹饭，媲以鸭肉，帝命众军蓐食，攻之，齐军大溃。"两军交锋，所资粮草居然是"鸭千头"，这如此的待遇，也难怪陈军会气势如虹、无坚不摧了。

关于南京板鸭起源的传说也大约发生在这个时期：侯景之乱时，梁武帝萧衍被围困于台城，粮草紧缺。其时正值农村鸭子上市，萧衍手下将领遂将这些鸭子尽数购买、就地宰杀，并用盐腌后压板以防腐臭。未想，当时的权宜之计

1　郭义恭（生卒年不详），西晋人。著有《广志》。

居然缔造出了板鸭这一美味，后侯景之乱被平复，而板鸭这一有救驾之功的美食便也流传下来。

理性而言，这一传说未必比朱元璋借聚宝盆的故事更真实。很多烹饪技巧的演进都由一代代厨师们细微的改良积累而成，在"万般皆下品，唯有读书高"的时代，这些"庖人"们当然无法留下姓名，直到后人试图寻访某种成熟烹饪技艺的线索却一无所获时，便往往喜欢用名人轶事取代已不可能求证的历史真相。

不过，能够被求证的事实是，至晚在宋代，南京人便已然形成了"无鸭不成席"的风气。更多人认为盐水鸭兴起于宋代而繁荣于明代，顾起元[1]于明万历四十五年（1617年）所撰的《客座赘语》中如此记到：

　　"购觅取肥者，用微暖老汁浸润之，火炙色极嫩，秋冬尤妙，俗称为板鸭，其汁陈数十年者，且有子孙收贮，以为恒业，每一锅有值百余金，洵江宁特品也。"

1　顾起元（1565—1628年），字太初，明代金石家、书法家。著有《金陵古金石考目》《客座赘语》。

这其中不仅仅写了鸭，更写了珍贵的老卤：一锅十余年的老卤在当时便已经价值百金，南京人之爱鸭，由此可见一斑。

值得注意的是，南京人养鸭的历史虽然悠久，但南京本身并非鸭的主要产地。陈作霖[1]在其所著的《金陵琐志》中有"鸭非金陵所产也，率于邵伯、高邮间"的观点——为什么一个并不盛产鸭的城市，会如此钟情于鸭馔呢？

答案在《金陵琐志》中同样能找到："么凫稚鹜千百成群，渡江而南，阑池塘以畜之。约以十旬肥美可食。"南京本地虽然不产鸭，却被鸭子产地所环绕。古代中国东南部以漕运为主，船舶从苏北、皖北出发一路向南，启程时尚是毛茸茸的幼鸭，到南京时便到了最适合作为食材的花样年华。再加上南京气候炎热而鸭肉又清凉败火，南京人能开出"没有一只鸭能活着走出南京"的玩笑，也就不足为奇了。

1　陈作霖（1837—1920年），字雨生，清末方志学家。著有《金陵琐志》。

食后感

从烤鸭到盐水鸭，从南京到北京，这一味鸭馔的流变史事实上也浓缩了中国南北饮食史的变迁。南京人爱盐水鸭，北京人爱烤鸭，这一方食味同样多少隐藏着偶然与意外。鸭生于江南，一次靖难之役，不仅在宏观上改变了明代政治版图，也在微观上改变了美食格局。历史上很多文化的兴盛、衰微与转折都源于这些看似与美食无关的政治事件——俗语说胳膊扭不过大腿，嘴又何尝不是如此呢？

北京烤鸭源于南京，不过言及于此，又不能不提及一桩"美食公案"。传说"烤"字乃是齐白石为"清真烤肉苑"写字号时杜撰的字，写完之后，齐白石还兴致勃勃地标注："钟鼎本无此烤字，此是齐璜杜撰。"那么问题来了：如果"烤"字直到齐白石的年代才被发明，那历史上的烤鸭又该当何名呢？其实这个故事真假暂且不提，"钟鼎本无此烤字"并非汉字中没有"烤"字，只是钟鼎文——也即金文里没有"烤"字罢了。就算当时齐白石真的是灵机一动造了此字，造的也不是汉字，而是汉字的字体而已。

历史归历史，传闻归传闻，当美味渐渐淡去，舌尖上所留下的便是更深层次上的文化传承。在时空的大尺度上，如果说烤鸭是鸭中冠冕，那盐水鸭就是鸭中神佛，盐水鸭既出，千百年鸭林云烟过眼，又有谁能与之争锋呢？

以"老饕"闻名的作家梁实秋[1]曾在一篇散文中描述过一段关于红烧肉的复杂感情：

"我不是远庖厨的君子，但是最怕做红烧肉，因为我性急而健忘，十次烧肉九次烧焦，不但糟蹋了肉，而且烧毁了锅，满屋浓烟，邻人以为是失了火。近有所谓电慢锅者，利用微弱电力，可以长时间的煨煮肉类；对于老而且懒又没有记性的人颇为有用。"

这一段文字也不算谦虚。在众多美食作者面前，梁实秋的确称不上行家里手，聊美食时既没有唐鲁孙的旁征博引，也缺乏汪曾祺谈吃时的意境悠远。相比之下，梁实秋更像是单纯享受吃这一过程的食客，将每次与食物的相逢诉诸笔端，因此他的美食代表作《雅舍谈吃》也因此聊得随性。本文开篇所引的散文正出自这本书，但这篇散文的主角不是红烧肉，而是佛跳墙——憨直的梁实秋一开篇就大大方方地承认"我来台湾以前没听说过这一道菜"，于是写着写着，就跳转到了"尚有烹饪经验"的红烧肉。文章结尾，梁实秋又一本正经地说："曾试烹近似佛跳墙一类的红烧肉，很成功。"世界上哪有近似佛跳墙的红烧肉呢？佛跳墙极具贵族风范，而红烧肉则有着平民底气，梁实秋拿二者相比，颇有些"皇后娘娘用金锄头"的意味，不过这反而就是梁实秋文章的纯朴之趣。阅历太深，见识太广，对美食的评价太理性，与食物邂逅时的悸动也就淡了，笔端的小情绪，怕也很难那么细致入微了。

红烧肉是地道的百姓菜，有块猪肉就能下锅——当然，五花肉更好。红烧肉是标准的百家菜，平日家里做的可谓百家百味，各大菜系的红烧肉也各不相同。单单"五花肉"三个字并不能明确菜品味道，上海人受不了湖南红烧肉的辣，恰如东北人受不了苏式红烧肉的甜。而后人，大约也受不了酱油尚未被发明的漫长岁月里，红烧肉的寡淡。

1　梁实秋（1903—1987年），字实秋，原名梁治华，当代作家、学者。著有《雅舍小品》《槐园梦忆》，译有《莎士比亚全集》。

从焦猪肉、东坡肉到红焖肉

红烧肉历史的第一个节点，被中国现存最早、最完整的农书《齐民要术》所记录。北魏贾思勰在这本农书中记载了"焦猪肉法"：

"净燖猪讫，更以热汤遍洗之，毛孔中即有垢出，以草痛揩，如此三遍，疏洗令净。四破，于大釜煮之。以杓掠取浮脂，别著瓮中；稍稍添水，数数掠脂。脂尽，漉出，破为四方寸脔，易水更煮。下酒二升，以杀腥臊，青、白皆得。若无酒，以酢浆代之。添水掠脂，一如上法。脂尽，无复气，漉出，初，于铜铛中焦之。一行肉，一行擘葱、浑豉、白盐、姜、椒。如是次第布讫，下水焦之，肉作琥珀色乃止。恣意饱食，亦不饧，乃胜燠肉。"

焦，即煮炖之意。这里的"焦猪肉法"，大致是将猪肉先大块煮再切小块换水继续煮。过程中加酒去腥，直到猪肉油脂去尽，再用豆豉、盐等调料上色，直到肉成琥珀色。饧意为腻，这道菜能让食客们大快朵颐却不感油腻，是名副其实的解馋佳品。

因为有了这段详细的烹饪方法记载，这道"焦猪肉"虽无红烧肉之名，却无疑有红烧肉之实，如果硬要"以今例古"，这道菜南北朝风格的名称大约应是"琥珀焦肉"。

红烧肉历史的第二个节点，与宋代最著名的"美食家"苏轼相关——当然，苏轼的一生正史与稗史交融，轶事与文学穿插，以至于其几起几伏且不乏凄苦的岁月，都因为一道东坡肉的出现而变得食色生香。

在后人眼中，东坡肉与红烧肉是同义词。而东坡肉的传说有诸多版本，大致又可与苏轼的仕途经历相扣。第一个版本为"徐州说"：苏轼于熙宁十年（1077年）赴任徐州知州后，因防黄河决堤保住了徐州城，百姓担酒携菜慰劳，苏轼遂命人将猪肉和酒烧好赠予抗洪百姓，百姓遂称之为"回赠肉"，后发展为东坡肉。第二个版本是"杭州说"：苏轼于元祐四年（1089年）二任杭州知州时，因疏浚西湖有功，百姓抬酒担肉拜贺，苏轼遂命人将猪肉和酒烧好赠予修堤民工，民工遂称之为"东坡肉"。这两个传说情节惊人相似，几乎可以断定是后人依据苏轼为官时的政绩进行的附会。至于为何还有"回赠肉"作为过渡，大约是因为苏轼于元丰三年（1080年）因"乌台诗案"被贬至黄州之后才起了"东坡居士"的别号，自然不能强加于徐州之上了。

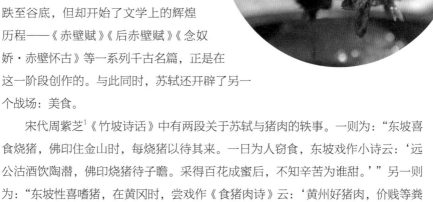

第三个版本的时间介乎于前两说之间，即"黄州说"：苏轼被贬为黄州团练副使后，虽然仕途一度跌至谷底，但却开始了文学上的辉煌历程——《赤壁赋》《后赤壁赋》《念奴娇·赤壁怀古》等一系列千古名篇，正是在这一阶段创作的。与此同时，苏轼还开辟了另一个战场：美食。

宋代周紫芝[1]《竹坡诗话》中有两段关于苏轼与猪肉的轶事。一则为："东坡喜食烧猪，佛印住金山时，每烧猪以待其来。一日为人窃食，东坡戏作小诗云：'远公沽酒饮陶潜，佛印烧猪待子瞻。采得百花成蜜后，不知辛苦为谁甜。'"另一则为："东坡性喜嗜猪，在黄冈时，尝戏作《食猪肉诗》云：'黄州好猪肉，价贱等粪土。富者不肯吃，贫者不解煮。慢著火，少著水，火候足时他自美。每日起来打一盌，饱得自家君莫管。'此是东坡以文滑稽耳。"

前一段故事谈及苏轼嗜食猪肉，但做烧猪的却并非他本人，而是其好友佛印。佛印与苏轼关系颇亲近。两人的轶事传说在民间流传颇广，其本人事迹反而湮没无闻。据《竹坡诗话》记载，这位佛印是个酒肉和尚，无太多清规戒律，与苏轼的这一番互动就成了"烧猪待子瞻"的传话。后一段故事中虽然没有写苏轼亲自下厨，但《食猪肉诗》中的"慢著火，少著水，火候足时他自美"一句，显然说明此时的苏轼已是烹制猪肉的行家里手了——至于这其中是否得到过佛印的指点，便不得而知了。

《食猪肉诗》是苏轼的咏猪肉名篇，因是打油诗，又在坊间辗转流传，版本亦多讹变。更长一些的，有"净洗铛，少着水，柴头罨烟焰不起。待他自熟莫催他，火候足时他自美。黄州好猪肉，价贱如泥土。贵者不肯吃，贫者不解煮。早晨起来打两碗，饱得自家君莫管。"无论哪一个版本，"黄州好猪肉"这五个字不变，再加上苏轼正于这一时期以东坡为家、以"东坡居士"为号，东坡肉源于黄州之论，理当更符合历史真相。

红烧肉历史的第三个节点，与"食圣"袁枚相关。如果说苏轼创造东坡肉的时

1　周紫芝（1082—1155年），字少隐，南宋人。著有《竹坡诗话》。

代，猪肉还处于"富者不肯吃，贫者不解煮"的尴尬境遇，那到袁枚的时代，猪肉已经成为汉人餐桌上的主要肉食，清代美食家袁枚所著的《随园食单》里甚至专门为猪肉开辟了一章"特牲单"，与其他种种肉食所在的"杂牲单"区分开来。就在"特牲单"中，记载了"红煨肉三法"：

"或用甜酱，或用秋油，或竟不用秋油、甜酱。每肉一斤，用盐三钱，纯酒煨之；亦有用水者，但须熬干水气。三种治法皆红如琥珀，不可加糖炒色。早起锅则黄，当可则红，过迟则红色变紫，而精肉转硬。常起锅盖，则油走而味都在油中矣。大抵割肉虽方，以烂到不见锋棱，上口而精肉俱化为妙。全以火候为主。谚云：'紧火粥，慢火肉。'至哉言乎！"

贾思勰、苏轼与袁枚之间各自相距数百年，但"焦猪肉法""东坡肉""红煨肉三法"的工序并没有太大差别，核心也均收束于"火候"二字。三份食谱在漫长的美食历史中看似浮光掠影，却暗暗埋藏着红烧肉千余年的传承。

特牲：猪肉的崛起之路

×

红烧肉的历史固然源远流长，但细品其中的草蛇灰线，却能发现一个有趣的线索：同样是猪肉，在《食猪肉诗》中还是"富者不肯吃，贫者不解煮"的边缘食材，而到了《随园食单》问世的时代，已然能卓立于众多肉食单独成篇——用袁枚的话说，是"猪用最多，可称'广大教主'"。那么，猪肉是如何一步一步走向"教主"之位的呢？这个过程，远比红烧肉的历史要漫长得多。

"六畜兴旺，五谷丰登"是春联中常见的吉祥语。"六畜"，指的是马、牛、羊、鸡、狗、猪六种家畜，蒙学经典《三字经》中道："马牛羊，鸡犬豕。此六畜，人所饲。"这里的豕便是猪。《三字经》成书于南宋，而"六畜"并存的局面则早在新石器时代就已形成。公元前三四千年的半坡遗址中已有牲畜栏圈的遗迹，"六畜"的遗骨已是一样不少，而这并非孤例，仰韶、红山、大汶口等遗址中均有类似家畜遗骨的出土，有些遗址甚至还出现了猫与鹿的驯养证据。当然，其他牲畜的身影最

终在"六畜"的角逐中消失。

虽然"六畜"在同一个栏圈生存，但很快便在宗法社会的影响下被划分成三六九等。这种肉食上的等级制在众多古籍中均有体现，如春秋时期左丘明[1]《国语》："天子食太牢，牛羊豕三牲俱全，诸侯食牛，卿食羊，大夫食豕，士食鱼炙，庶人食菜。"《礼记》记载："诸侯无故不杀牛，大夫无故不杀羊，士无故不杀犬豕，庶人无故不食珍。"《大戴礼记》："诸侯之祭，牲牛，曰太牢；大夫之祭，牲羊，曰少牢；士之祭，牲特豕，曰馈食。"从中不难看出在先秦人眼中，牛贵于羊、羊贵于猪的价值链。到了士与庶人阶层，只能吃鱼与蔬菜，贵族阶层也因此有了"肉食者"的代称。

周代的牛、羊、猪为"三牲"，牲的本义便是宴飨祭祀所用之物，后引申成了家畜。牛、羊、猪主宰了周代的祭坛并非时人无其他选择，事实上周人的食谱已是惊人的丰富。屈原《招魂》一诗中便绘声绘色地描绘了楚人招魂时祭祀的菜谱：

"室家遂宗，食多方些。稻粢穱麦，挐黄粱些。大苦咸酸，辛甘行些。肥牛之腱，臑若芳些。和酸若苦，陈吴羹些。胹鳖炮羔，有柘浆些。鹄酸臇凫，煎鸿鸧些。露鸡臛蠵，厉而不爽些。粔籹蜜饵，有餦餭些。瑶浆蜜勺，实羽觞些。挫糟冻饮，酎清凉些。华酌既陈，有琼浆些。归来反故室，敬而无妨些……"

这一段文字如今看来已有些生涩难懂，所幸郭沫若对此有一个押韵且颇接地气的白话译本："家族相追随，饮食真讲究：大米、小米、新麦、黄粱般般有，酸甜苦辣样样都可口。肥牛筋的清炖喷喷香，是吴国司厨做的酸辣汤。红烧甲鱼、叉烧羊肉拌甜酱，煮天鹅、烩水鸭加点酸浆，卤鸡、焖鳖味可大清爽，油炙的面包、米饼渍蜂糖。清甜的白酒用耳杯盛装，冰冻甜酒满杯进口真清凉，为了解酒还有酸梅汤。回到老家来呀，不要在外放荡……"虽然南北风俗大有不同，但至少能看出"三牲"竞争激烈，而牛、羊、猪到底还是在鸡、鸭、鹅甚至甲鱼的"群雄环伺"中脱颖而出了。

《礼记》中的"无故不杀"四字，意味着不能轻易食用某种食材，因此可以向下递推诸侯可以以羊肉为日常食材、大夫可以以猪肉和狗肉为日常食材。这样的价值链虽然分明，但因为完全将百姓排除在外，未必在民间有足够的影响力。如果说在农耕社会这一背景下，牛因其还具备着生产工具的身价而悠然独立于其他食材，那羊肉、猪肉、狗肉之间的等级差则渐渐模糊。唐代除狗肉已经不再成为主要肉食外，猪肉甚至变得比羊肉更金贵：《唐六典》记载亲王每月赐羊二十口、猪肉六十斤，三品官至五品官则只供羊肉而无猪肉。唐代著名的烧尾宴上，与羊相关的菜品

---

1 左丘明（生卒年不详），春秋末期史学家。著有《左氏春秋》《国语》。

有红羊枝杖、升平炙等五道，而以猪肉为食材之一的只有西江料（蒸麈屑）、五生盘（羊豕牛熊鹿并细治）两道。

宋代宫廷崇尚羊肉，《宋会要辑稿》记载神宗时御膳房每年消耗羊肉"四十三万四千四百六十三斤四两"，而猪肉只有"四千一百三十一斤"，食羊肉之风由此盛行于富贵之家。不过，这并不代表宋人轻贱了猪肉。宋代吴自牧《梦粱录》中有一段记载，足以彰显南宋都城猪肉风行的场面：

"杭城内外，肉铺不知其几，皆装饰肉案，动器新丽。每日各铺悬挂成边猪，不下十余边。如冬年两节，各铺日卖数十边。案前操刀者五七人，主顾从便索唤切。且如猪肉名件，或细抹落索儿精、钝刀丁头肉、条撺精、窜燥子肉、烧猪煎肝肉、膋肉、蔗肉。骨头亦有数名件，曰双条骨、三层骨、浮筋骨、脊龈骨、球杖骨、苏骨、寸金骨、棒子、蹄子、脑头大骨等。肉市上纷纷，卖者听其分寸，略无错误。至饭前，所挂之肉骨已尽矣。盖人烟稠密，食之者众故也。"

由此看来，《食猪肉诗》中的"富者不肯吃"，大约是当时贵族阶层欲趋皇室风潮的自矜"假象"，而"贫者不解煮"之中，或许又有些苏轼自负其烹饪才华的意味吧。

虽然因为周代"三牲"等级以及当朝皇室风气的影响，羊肉隐隐多了一些贵族气质，但宋人"不薄猪肉爱羊肉"总体上还是说得过去。不过，猪肉的发展态势明显要压过羊肉，以至于到了袁枚所处的清代，《随园食单》已将猪肉单列为"特牲单"，而牛、羊肉居然沦落到与鹿肉一道并入"杂牲单"。袁枚如此说道："牛、羊、鹿三牲，非南人家常时有之物。然制法不可不知。""然制法不可不知"，一个"然"字，高下立判。

×

复杂又随性的
红烧肉流派

漫长的发展历程并没有使红烧肉的烹饪工序形成统一标准，反而让这道菜在制法上更具包容性。这大抵是因为红烧肉的门槛不算高——可能比蛋炒饭难上手些，但依然属于典型的家常菜。如果实在应付不过来，买一台自动电压力锅也能做个八九不离十，只不过少了些许庖厨之趣。

锅中放油，烧热后再放入冰糖，冰糖立刻会和热油融合成焦糖色的黏稠液体，这就是红烧肉的底色。把沥干水的猪肉倒入锅，加入少许生抽、黄酒之类，上色、煸炒、炖煮。肉以猪肋排上的五花肉最为合适，这种肉肥瘦间隔，肥的遇热易化，瘦的久煮不柴，上好的五花肉"三红三白一皮"共七层，入口软硬参差，口感微妙。如袁枚所言，个中功夫"全以火候为主"，直到锅里的五花肉变得色泽红润、香气浓郁、质地酥烂再出锅，一道红烧肉就完成了。

恰如苏轼的《食猪肉诗》因文字通俗而版本多变一样，红烧肉也因做法通俗而流派众多，各地厨师均能依照各自的喜好进行改进，比如改变调料的种类、增加不同辅料或是变更炖煮的炊具。因此，红烧肉如同一个"开源程序"，风格如何更依赖于厨师裁量，这也造成了红烧肉界百家争鸣的格局：东北坛肉、洛阳水席红烧肉、伯娘红烧肉、本帮红烧肉、苏式红烧肉、毛氏红烧肉、四川坨子肉……万变不离其宗，不离其宗又有万变。

上海本帮红烧肉，大约是本帮菜中最能体现"浓油赤酱"特色的菜品。大量的酱油和糖，打造出了"汁浓、味厚、色艳、油多、糖重"的效果，只一点点汤汁就好下饭——上海作为"魔都"的历史并不算长，本帮菜兴起于街头巷尾、贩夫走卒之间，这种油而香甜的硬菜最适合当下饭菜。

苏式红烧肉在调料上因地制宜，炖煮时除了酱油还要加入当地盛产的绍兴黄酒。江浙一带的食客好甜口，给荤菜加糖是常规操作，无糖不欢的无锡人称之为"吊鲜"。相较于本帮红烧肉，苏式红烧肉会加入更多冰糖、白砂糖，菜品甜浓欲粘，几近于拔丝。

毛氏红烧肉源于湖南，这里的"毛氏"借用的是共和国开国领袖毛泽东的姓氏。毛泽东是红烧肉的拥趸，曾有过"吃红烧肉补脑子"的"惊人之语"，毛氏红烧肉也由此带上了浓浓的革命色彩。毛氏红烧肉的特色一是辣：除了桂皮、八角、姜等佐料外，还会加入豆豉和朝天椒；特色二是不放酱油，仅用糖上色，这源于毛泽东不吃酱油的饮食习惯。

上述三道菜品流传较广，而雄霸一方的红烧肉也大有"肉"在。安徽的伯娘红烧肉烹制过程中滴水不加，全仗木炭余火将原料烹制入味。四川的坨子肉，依烹制工艺也归于红烧肉，其佐料则就地取材加入了"川菜之魂"豆瓣酱。东北坛肉，最后文火焖炖用的炊具换成了坛子，出品后别有一番风味……

除了佐料与炊具，各地的厨师往往也愿意在配菜上下点功夫。上海人加千张、鸡蛋；绍兴人加梅干菜；宁波人加黄鱼鲞；苏州人加茨菇；无锡人加油面筋；湖南人加干豆角；江西人加豆参、竹笋和板栗；北方人则以鹌鹑蛋、土豆为主……比较特别的是安徽安庆人，将山芋碾碎、洗浆、凉干后得到的白色淀粉团成山粉圆子当配菜，就成了当地著名的山粉圆子烧肉。

依据菜系、区域、文化为红烧肉分类是徒然的，因为红烧肉的魅力之一就在其能够在保留最基本烹饪工序的基础上进行近乎无穷的改良。不喜欢酱油？那就不放。觉得用酒提鲜不够清爽？那就用茶。嫌放水冲淡了菜的本味？那就一滴水都不放。觉得浓油赤酱不够刺激？那干脆加点朝天椒。红烧肉的底色是红，但用什么佐料调色、调到多深多浓，都在厨师一念之间；红烧肉的核心是烧，但多少火候合适、用什么炊具，也从无定论。"南甜北咸东辣西酸"的规律放在红烧肉中并不十分熨帖，红烧肉的世界里，自有一种随性的味道。

食后感

　　无论是贾思勰、苏轼还是袁枚这些文化名人，或是"三牲""太牢""少牢"这些历史名词，又或是"本帮""苏式""毛氏"这些流派分类，其实都有些学究气。红烧肉之所以成为千万人的心头好，并非因为其底蕴深厚、内涵深邃、变化万千，而是因为其烟火气十足。食物可以直接体现饮食者的身份及阶层，在千年的岁月中，红烧肉离开了贵族们的祭坛而飞入寻常百姓家，成为普通人日常生活中最容易烹制的美食之一。这种草根气息，令红烧肉能够在更广的范围内支撑起更深的时代之音。

　　本帮红烧肉甜，甜的是上海人；毛氏红烧肉辣，辣的是湖南人。不同的人在不同的文化熏陶中习惯了不同的风味，菜品特色背后有着千万人不同的记忆与追寻。试想，如果说连名厨手下的红烧肉都百家百味，在寻常人家烟火中出锅的红烧肉岂不更是如此？于是，纵然是食遍天下的老饕，面对"红烧肉哪家强"这个问题也不敢大意。其实哪有最好吃的红烧肉，人生中第一碗红烧肉永远出于父母之手，红烧肉吃到最后，大多都只剩下脉脉温情——别忘了，"家"字，便是屋下有豕（shǐ，即家猪）。

昆虫宴：舌尖上的云南食虫风

传统的"云南十八怪"中有两怪与昆虫相关，一怪是"三个蚊子一盘菜"，另一怪是"蚂蚱当作下酒菜"。熟稔云南风情的外地人大多知道，前面这一怪不是真把蚊子当菜，而是形容云南的蚊子体型较大；后一怪才是真把蚂蚱之类的昆虫当作下酒菜。田间舍后，虫蛙异曲，农人结束了一天的劳作，杯碗交错间除了水酒的清香，更少不了这些昆虫的焦脆鲜香。

这一块华夏文明的边陲之地，在中国历史上的大部分时间里都显得有些闭塞沉寂，由此也沉淀出许多独具特色的风土人情。过往行客来去匆匆，这些风土人情也便随着五湖四海的足迹传成了种种奇闻异趣，以至形成了口耳相传的"云南十八怪"。从其中"火车不通国内通国外"一句来看，这"十八怪"之说形成的年份至少是在二十世纪——光绪廿一年（1895年），法国借"三国干涉还辽"之机取得将越南铁路延伸修入中国境内的修筑权，光绪三十年（1904年）滇越铁路"滇段"正式开工并于宣统二年（1910年）全线通车，由此开始了云南"火车不通国内通国外"的时代。

二十世纪六七十年代贵昆、成昆两段铁路竣工，"火车不通国内通国外"这一"怪"正式成为历史；而随着云南与中国中部、东部地区交通的发展，那些曾经以"怪"闻名的风土人情也渐渐成为旅客视角里"七彩云南"最亮丽的颜色。老火车的米轨是历史学家们研究的文物，大理的风花雪月是诗家吟诵的风物，凡夫俗子们以食为天，最感兴趣的还是食物。从昆明官渡区火车站开始，汽锅鸡、鲜花月饼、丽江粑粑在几十年的时光里走向了大江南北，尤其是过桥米线，早已成了都市商业区的标配，其普及度足以与兰州拉面、沙县小吃媲美。然而有一味云南美食，却并没有因为交通的发展而漫溢出云贵高原，反而愈加成为云南最为独特的地方风味。

这一风味，便是让很多人避之唯恐不及的"另类"美食——昆虫。

十八怪里
食虫宴

云南的昆虫宴一直声名在外。除了"蚂蚱当作下酒菜"之外，昆明还有一句俗语叫"蚂蚱也是肉"，其义与东北话中的"别拿豆包不当干粮"相似。不同的比喻方式凸显了不同的饮食习惯：东北人爱吃面食，而云南人则好食昆虫。

被云南人当做盘中餐的昆虫可谓五花八门：炸蜢、蜘蛛、竹虫、沙虫、柴虫、蚕蛹、蝶蛹、蝗虫、蜂蛹、蚂蚁蛋、知了、蟋蟀、蜻蜓、水蜻蜓……大自然的造物有多丰富，这个名单就能列多长，可以说只有外地人不敢想的，没有云南人不敢吃的。昆虫的做法也多种多样，除了最常见的油炸，还有腌酸、甜炒、包烧、酱拌、凉拌等等。分开写倒还不觉得怪异，一旦组合在一起画风便有些"奇诡"了。油炸竹虫、酱拌蟋蟀、腌酸炸蜢、甜炒蚕蛹、包烧蜘蛛……一眼望去，一个个不像是菜肴，倒像是唐僧西行路上遇到的各路妖怪，不是你吃它而是它吃你。

昆虫宴号称"百虫"，但真正出名的几味倒也能罗列出来。油炸蜻蜓，从水里捞出来的蜻蜓幼虫过油炸熟，通体金黄、酥香俱备，盛行于原茶马古道的马帮之中。酥炸蜂蛹，以旺火浓烟熏燎野生蜂巢取其幼虫，蒸熟晒干后炸至鼓胀，佐以椒盐是比较经典的吃法，别看是油炸之物却不上火。凉拌蚂蚁蛋，这里的蚂蚁蛋乃生长在树上的大黄蚂蚁所产，这种蚂蚁不像蜂类那般好驱赶，取食材时往往要受一番叮咬之苦，因此傣族中还流传有"不是强者，休想吃到蚂蚁蛋"的俗语。火烤飞蚂蚁，吃这一味美食要看"时运"，非要在深山秋雨后飞蚂蚁纷纷外出蚁洞时方能一饱口福。摘除翅膀置入铁锅再生火一烤，都不用加什么佐料，一点盐巴提提咸度便可以好一顿饕餮。

可以看出，昆虫最常见的烹饪方式还是油炸。油炸椰子虫、油炸知了、油炸花蜘蛛……云南人食虫之道大多为炸，这样能很好地去除昆虫的腥味，口感也酥脆鲜香。当然，不同的食材有不同的秉性，如昆虫这般的"风物"要是改用蒸煮余烫，那还真不知让人如何下口。

油炸昆虫虽多，最常见也最富云南特色的恐怕非竹虫莫属。在中国东部沿海城市的云南菜馆里，没有椰子虫、花蜘蛛尚属正常，吃不到竹虫就是那店家不专业了。

竹虫又称竹蜂、竹蛆，广东省西部人亦称其为笋蛆——这种虫子的确是有点像蛆。竹虫肥白滚圆，形如纺锤，寄生在竹筒内依靠啃吃幼嫩竹笋吸收养分，被竹虫寄生的嫩竹往往不能成材。就是这样一种害虫，被云南不少少数民族奉为妙物，认为其肉质甘香，甚至隐隐透有一丝奶味。这可不是夸张，不少老饕在品用竹虫时就为了那若隐若现的奶味连椒盐都弃之不用，清炸好的直接入口，那才叫满嘴醇厚。

不过这样的老饕毕竟是少数。云南各旅游城市的美食街上不乏以昆虫宴为经营特色的云南菜馆，但有几家店能将几十上百种虫子分门别类呢？外地游客来吃多为猎奇，店家将几种特色的虫子油炸好组成一个拼盘，美其名曰"昆虫总动员"，这拼盘里往往少不了竹虫。外人不在云南常住便不知竹虫的买卖，"云南十八怪"版本众多，其中有一说是"竹虫论筒卖"，当地的农人看准了哪株病竹里有竹虫，砍下来便径直送到市场，竹筒便是天然的容器。

为了"食虫"不远千里奔赴云南的选择可谓既精准又偏颇。说精准，是因为食虫之风的确是云南菜中的一大特色；说偏颇，是因为云南省内民族驳杂、菜系众多，也不是每个地区、每个民族都有食虫的习俗的。

云南地形复杂、气候多变、少数民族众多，这一人文背景导致所谓云南菜也极为多元化。云南东北与四川接壤，菜品近于川菜；西南与藏、缅、老挝相邻，菜品又颇受西藏、东南亚影响；中南部菜品可视为云南菜的"正朔"，但同样因民族众多文化交汇而难以总结出统一的风格口味。严格来说，食虫不是云南菜的特色，而是云南一些少数民族菜肴的特色。这些少数民族主要为哈尼族、傣族、仡佬族、仫佬族、布朗族、白族、佤族等。

红河地区的哈尼族在每年夏历六月二十四日前后会过苦扎扎节，除了送火把的习俗之外还讲究吃百肉宴。"百肉"里虫是主力，除了蛙、鼠、螺肉之外，主要靠各种各样的昆虫支撑起"百"数——这要是放在古代中原地区，恐怕汉族人还真要发愁上哪去弄一百种肉了。值得一提的是，苦扎扎节又称六月年，哈尼族还有二月年、十月年，都依夏历而定，从中也不难看出古代中华文化对周边少数民族的影响力了。

傣族有一味名点，音译为"萨里木松"，指的是蚂蚁卵。云南大多数昆虫只宜油炸，但蚂蚁卵却是诸法皆宜：凉拌、清蒸、煮汤、腌渍，当然也可以油炸。还有一种"萨达贡"，是用蟋蟀制成的酱，可以用生白菜、空心菜等菜蔬蘸着吃。绝的是还有炒九香虫——九香虫名字里带"香"，其实就是"打屁虫"，因会放出一种奇臭难闻的气体而得此"臭名"。九香虫臭，炒九香虫却香，傣族人自有一套化腐朽为神奇的烹饪技巧。

仡佬族和仫佬族名称上有些相似，同时还有一个共同的节日——吃虫节。汉族人的节日少不了吃，但似乎羞于直接以吃命名节日，在这一点上仡佬、仫佬二族就爽快得多了。吃虫节主要就是食虫，油炸蝗虫、酸蚂蚱、糖炒蝶蛹诸般美味上桌，一边吃一边还要念几句"嚼它个粉身碎骨，吃它个断子绝孙"之类凶狠的话，由此可见，食虫除了补充人体所需的营养元素之余，也担负着消灭农业害虫的使命。

这并不是信口开河，食虫的活动往往略早于虫害容易出现的时节，这其中有着

人类早期巫术崇拜的影子。除了饭桌上的"口号"，哈尼族在水稻开始抽穗时，还会举行一个将蚂蚱"五马分尸"的仪式，其意自然也是预防虫灾。

由此看来云南尚食虫之风，一方面固然是一方水土养一方人，另一方面也未尝不是一种宗教般的仪式。食虫即是灭虫，灭虫乃为丰收，这与满族人对乌鸦的崇拜有异曲同工之妙。

华夏无处
不食虫

对于大多数汉族人来说，云南人尚食虫这个印象带着浓浓的少数民族风情，更何况云南千百年来都是历代中原王朝的西南边陲，再向南一步，就到了东南亚。而东南亚，可谓世界上食虫之风刮得最为浓烈的地区，没有之一。

从云南西双版纳傣族自治州勐腊县沿G213国道一路向南，过了磨憨，便到了老挝境内。老挝菜的名号不算响亮，但老挝炸蟋蟀却是世界闻名。再向南是泰国，以五味平衡尤重酸辣闻名的泰国菜，同样将炸水臭虫视为小吃中的精品。再转东南是柬埔寨，徜徉在首都金边的街头，在路边摊停下，看着小贩木柴生火、平底锅细炸，锅里的什物赫然便是蜘蛛、蚂蚱、蟋蟀，以及柬埔寨人最喜爱的水蟑螂。在这个以大米为主食、忌杀生的国度里，居民却并不以吃水蟑螂为意，炸至金黄酥脆，再蘸上椒盐与柠檬汁，入口便是淡淡的东南亚风味。

云南与东南亚人多尚食虫，但若以为食虫是这一带独有的风潮，便大错特错了。事实上，汉族人自古以来也有食虫之习，只是随着岁月的流逝渐渐淡退了。

十三经中的《礼记》与《尔雅》均显露了汉族人食虫的传统。《礼记·内则》中分别提到了"腶修，蚔醢"及"爵，鷃，蜩，范"两者。其中，"蚔醢"指以蚁卵为原料做的酱；而"蜩，范"指的是蝉与蜂，见东汉经学家郑玄的注："蜩，蝉也；范，蜂也。"《尔雅·释虫》中提到木蜂，这里没有言及食蜂，东晋文学家郭璞又注曰："似土蜂而小，在树上作房，江东亦呼为木蜂，又食其子。"食其子，吃的也便是其幼虫和蛹了。

食用蚔醢与蝉均非偶然之事。几百年后曹植《蝉赋》有言："委厥体于膳夫，归炎炭而就燔。"膳夫是厨师，"归炎炭而就燔"指的自是被烹制成了菜肴。而蚔醢则与傣族的"萨里木松"相似，即蚁子酱。蚁子酱在中国人的食谱中虽可谓源远流长，但渐渐便销声匿迹，这一点倒是可以从唐宋两代的风物录中看出。唐代刘恂[1]《岭表录异》记载："交、广溪间，酋长得收蚁卵，淘择令净，卤以为酱，或云其味酷似肉酱，非官客亲友不可得也。"而至宋朝，陆游在《老学庵笔记》中便如此感叹："《北户录》云：'广人於山间掘取大蚁卵为酱，名蚁子酱。'按此即《礼记》所谓'蚔醢'也，三代以前固以为食矣。然则汉人以蛙祭宗庙，何足怪哉！"

由此看来，南宋时期便有汉人以食虫为怪，还因此遭到了陆游的嘲笑。陆游所引的《北户录》与《岭表录异》同为记述唐代岭南异物异事、风土人情的风物录，虽出于不同人手，但在此处却颇为一致。

除了天然的食虫之风外，汉族人与仡佬族、哈尼族一样也曾因天灾而演化出食虫之习。孙吴韦曜《吴书》中所载的"袁术在寿春，百姓饥饿，以桑椹、蝗为干饭"，明代徐光启《农政全书》中所载的"唐贞观元年夏蝗。民蒸蝗爆，去翅而食"，均是汉人遭受天灾之后食用蝗虫的情形，只是这些情形没有像仡佬族、哈尼族一般演变成习俗罢了。

---

1 刘恂（生卒年不详），唐代人。著有《岭表录异》。《岭表录异》又称《岭表录》《岭表记》《岭表录异记》。唐昭宗时期曾任广州司马。

食后感

事实上昆虫宴成为云南菜中的特色也有偶然之处。对于汉族人来说，食虫也并非古人的专利。两广地区亦有食龙虱、田鳖之习，这里的龙虱便是柬埔寨的水蟑螂。江浙一带以蚕肾为美食，京津地区食蝗虫——还有炒肉芽，这一道菜，恐怕要把昆虫宴也比下去了。

炒肉芽中的肉芽，即是蛆。汪曾祺在《四方食事》一文点过这道菜的名：

"有些东西，自己尽可不吃，但不要反对旁人吃。不要以为自己不吃的东西，谁吃，就是岂有此理。比如广东人吃蛇，吃龙虱；傣族人爱吃苦肠，即牛肠里没有完全消化的粪汁，蘸肉吃。这在广东人、傣族人，是没有什么奇怪的。他们爱吃，你管得着吗？不过有些东西，我也以为不吃为宜，比如炒肉芽——腐肉所生之蛆。总之，一个人的口味要宽一点、杂一点，南甜北咸东辣西酸，都去尝尝。对食物如此，对文化也应该这样。"

不论是面对昆虫宴，还是面对九州万方的南甜北咸东辣西酸，或许这才是面对美食应有的态度吧。

炒菜是一刹那的激战，炖菜是细水长流的守候。
有条不紊地加入食材，在漫长的时间里把控火候，
炖菜最能体现出厨人的诚意，也最能温暖食客的心房。
后来人们打破了厨人与食客的边界，大家围着锅边煮边吃，
"食圣"袁枚看不上这种狂野，但这种宴会的氛围往往最热烈。

本课包含火锅、瓦罐煨汤、佛跳墙、小鸡炖蘑菇，涵盖或精致或随性的食用方式，以及从
中原到边关的饮食风俗。

炖
煮
×
STEW

火锅：煮沸人间的饮食人类学

如果要问什么比阳光更能温暖大雪纷飞的冬天，那答案恐怕非火锅莫属。试想一下，在寒冬腊月之时，或是阖家团聚，或是呼朋唤友，彼此围着一个小火锅坐成一圈，一边觥筹交错一边有一搭没一搭聊着闲话，任凭纷飞的雪花在风声呼啸中凛冽成窗上的冰花……白居易曾有一首暖心的绝句《问刘十九》："绿蚁新醅酒，红泥小火炉。晚来天欲雪，能饮一杯无？"如果说一杯温酒便能熨帖晚而欲雪的天空，那一个火锅更足以煮沸参差披拂的人间了。正是："围炉聚炊欢呼处，百味消融小釜中。"

那么，火锅起源于何时，又有着怎样的发展历程呢？这个问题看似是客观题，其实是主观题，因为火锅的起源立足于火锅定义的明确之上，而这种定义在一定程度上又取决于后人的想象——食物的出现总是突然，名称则是后人加上去的，而这些名称从出现到定型，又往往经过了漫长的演进。

火锅由"火"与"锅"两个字组成，而这两个字都拥有着深邃的内涵。人类的美食史源于茹毛饮血。旧石器时代，取火技术的出现为人类带来了最古老的烧烤，生食由此过渡到熟食。新石器时代，人类又学会了制陶，大大小小的陶器使煮这种烹饪手法的出现成为现实。如果将所有通过热源持续为炊具加热、以汤水烧开涮煮食物的烹调、食用方式统归于火锅的话，那火锅的历史就可以回溯至人类刚刚发明陶制炊具的时代——虽然那个时候还没有"锅"这个称呼，取而代之的是鼎、鬲、甑、釜等在今人看来古老而生僻的字眼，而其中的陶釜与陶鼎，正建构着火锅缥缈的起源。

人类美食以烧烤开局，这种粗犷的烹饪方式不需要任何器具，一根树枝和一把火足矣。在这之后的漫长岁月中，人类发现黏土遇水后变得可塑，再用火烧则会变得坚硬，通过这一过程得到的产品——陶器，就自然成为人类最早的炊具与餐具。

陶釜是上古时代最流行的炊具。宋代高承编撰的《事物纪原》中引《古史考》云："黄帝始造釜甑，火食之道成矣。"釜为圆底，以便于加热；而在这圆底下方安上三足，就成了鼎。有了鼎，炊具得以固定，就能够持续加热，由此火锅在理论层面的出现成为可能。当然，当时的饮食尚缺乏调料，用这类陶釜或陶鼎煮成的羹是否可以视为火锅的雏形，可谓见仁见智。

坊间有一种说法：这种原始的羹叫"古董羹"，"古"亦可作"骨""谷"，该名源于将食材投入沸水时发出的"咕咚"声。这个煞有其事的说法可以被证伪。清代关涵[1]《岭南随笔》记载："骨董羹，冬至日粤人作丸糍祭室神，并杂鱼肉煮。东坡谓之'骨董羹'，又称'打边炉'，谓环坐而食也。"这里提到的"东坡谓之'骨董羹'"，指的是一本名为《仇池笔记》的文言轶事小说中提到的"江南人好作盘游饭，鲜脯鲙炙无不有，埋在饭中，里谚曰'掘得窖子'。罗浮颖老取凡饮食杂烹之，名'谷董羹'。诗人陆道士出一联云：'投醪谷董羹锅内，掘窖盘游饭碗中。'"《仇池笔记》是否出于苏轼之手尚有疑问，但"古董羹"源于"咕咚"声之说无疑是无稽之谈。

到了商周时期，随着炼铜技术的发展，以青铜为材质的温鼎出现了。相较于鼎，温鼎有了上下分隔的结构设计，上层的鼎身用于盛取食物，下层有托盘，可以装取炭火以持续加热。三代时不少炊具都是陶、铜混杂，但温鼎只见于青铜器，可见其为贵族专用。至战国时期，温鼎趋向简捷小巧，而至汉代，甚至出现了火锅史上大名鼎鼎的分格鼎。

分格鼎，顾名思义是内部分格、可以同时烹调各味食物的温鼎。江苏盱眙县大云山西汉墓中出土了一件"五格濡鼎"，鼎内五分，这也意味着汉代调料的丰富带来了食客对味道的多样化需求。这种"五格濡鼎"在三国时期被称为"五熟釜"，陈寿[2]在《三国志·钟繇传》中记载："魏国初建，为大理，迁相国。文帝在东宫，

1　关涵（生卒年不详），清代人。著有《岭南随笔》。

2　陈寿（233—297年），字承祚，三国西晋史学家。著有《三国志》。

赐繇'五熟釜'……"这副五熟釜上有铭文三十二字，用于表彰钟繇的扶助之功，但同时也具备足够的实用功能。魏文帝曹丕[1]在赐釜时还写了一封《铸五熟釜成与钟繇书》："昔有黄三鼎，周之九宝，咸以一体使调一味，岂若斯釜五味时芳？"其中为"五味俱全"而洋洋自得的心态跃然于纸上。

大约一个世纪之后，随着炼铜技术的进一步发展，温鼎的材料也逐渐优化。《后魏书》记载："獠铸铜为器，大口宽腹，名曰'铜爨'。既薄且轻，易于熟食。"这种"既薄且轻"的铜爨问世，使持续给食材加热的任务变得更简单，可谓是"炊具一小步，火锅一大步"。唐代三彩釉陶器技术大发展，还出现了"唐三彩"温鼎，虽然是炊具，倒近乎艺术品了。

这一时期以温鼎烹饪的食物味道如何？这是个好问题。汉魏时期已经出现了分格鼎，这是调料地位提升在炊具层面的体现。然而，五格濡鼎、五熟釜都出自王公贵族之家，寻常百姓自然无此条件。《西游记》第十三回的故事饶有趣味：唐僧至一猎户家留宿，猎户的母亲为唐僧准备了榆叶茶汤和黄粮粟米，猎户则"铺排些没盐没酱的老虎肉、香獐肉、蟒蛇肉、狐狸肉、兔肉，剁点鹿肉干巴"，陪着吃斋。这里的肉品虽然丰富，但却"没盐没酱"，味道如何可想而知。如果说《西游记》作为后世小说还带有一些想象，那唐代的不乃羹更能说明问题。唐代刘恂《岭表录异》记载："'不乃'羹……以羊鹿鸡猪肉和骨同一釜煮之……进之葱姜，调以五味。"这一记载与后世的猪肚鸡火锅有类似之处，但也能看出不乃羹虽要加葱姜调味，但却没有蘸料。

不乃羹的特殊之处在于其食用方法是已失传的"鼻饮"，这种奇特的饮用方式屡见于史籍，唐宋时期广西、越南一带颇为流行，其以鼻代口的具体细节已不为后人所知，但实在难以想象。到宋代，食客开始用嘴将肉、汤一起食用，不乃羹也就演化成了谷董羹。北宋时，冬季汴京的酒馆中已不乏这类羹品，而在南宋美食家林洪《山家清供》中更出现了一段关键的记载：

"向游武夷山六曲，访止止师，遇雪天，得一兔，无庖人可制。师云：'山间只用薄批，酒酱椒料沃之。以风炉安座上，用水少半铫，候汤响，一杯后，各分以箸，令自夹入汤，摆熟啖之，乃随意各以汁供。'因用其法，不独易行，且有团圆热暖之乐……因诗之：'浪涌晴江雪，风翻晚照霞。'末云：'醉忆山中味，都忘贵客来。'猪、羊皆可作。"

如果之前的温鼎还只能说是火锅的雏形，那《山家清供》记载的这道菜便是名副其实的兔肉涮火锅。因食用时需先反复拨动肉片，其状宛如云霞，肉片煮熟后又

1　曹丕（187—226年），字子桓，曹魏开国皇帝，曹魏文帝。著有《典论》。精于诗、赋、文，与其父曹操、其弟曹植并称为"三曹"。

需要浸蘸调料汁，故得雅称"拨霞供"。拨霞供的出现意味着"涮"与"蘸"两道工序已经融合。与此相呼应的是，内蒙古自治区昭乌达盟敖汉旗康营子辽代古墓的壁画中也出现了类似的场景，除了火锅、食材之外还有盛放调料的小碗，可见当时涮火锅的流行已然"地无分南北、民无分汉胡"了。

宋元易代后涮火锅愈加普遍，由此诞生了著名的"忽必烈发明涮羊肉"的传说。明代胡侍[1]撰《墅谈》记载了暖锅："杂投食物于一小釜中，炉而烹之，亦名'边炉'，亦名'暖锅'。""边炉""暖锅"之名至今仍有沿用，如广东边炉、陇州暖锅，皆为火锅分支。至清代，历代帝王几乎都是涮火锅的拥趸，在乾隆皇帝的御膳中，鸡鸭、全羊、黄羊片火锅不一而足，鹿肉、狗肉、豆腐等配菜面面俱到。嘉庆皇帝登基时，甚至举办了一千桌火锅宴——此时"火锅"这个俗称也已出现。清代李调元[2]《雨村诗话》记载"暖锅，俗名'火锅'，所以盛馔最便，寒天家居必用。"清代有在冬至祀祖时食火锅的习俗，乾隆、道光、光绪年间广东多县县志皆有相关记载，如《顺德县志》："冬至祀祖，燕宗族。风寒召客，则以鱼、肉、腊味、蚬、菜杂煮烹，环鼎而食，谓之'边炉，即东坡之'骨董羹'。"从这些县志中也不难看出，南方诸菜杂煮的火锅已经与北方以肉为主的风格出现了差异——而这，也埋下了火锅流派划分的种子。

流派卷：
独立于菜系的无穷菜品

×

如果将视角转向整个饮食史，不难发现火锅其实是火与锅既自然又必然的结合。因此，火锅和烧烤一样，注定不属于某个菜系，而是一种普遍的烹饪形式。只要火与锅相遇，哪怕是在遥远的欧洲，也能长出芝士火锅和巧克力火锅这样的"奇花异草"。

火锅本身不属于任何菜系，但不同的地方风味与火锅相勾连，却能演变出无穷的菜品：东北白肉火锅、山东肥牛火锅、湖南腊味火锅、福建八生火锅、云南酸汤

1　胡侍（1492—1553年），字奉之，一字承之，明代人。著有《蒙豁集》《墅谈》。
2　李调元（1734—1803年），字羹堂，清代人。著有《童山文集》《雨村诗话》《蠢翁词》。与张问陶（张船山）、彭端淑并称为"清代蜀中三才子"。

鱼火锅、海南椰子鸡火锅、台湾沙茶火锅……而其中影响最广的，大约要数川渝、北京和广东三大流派了。

川渝火锅，是中国大陆地区流行范围最广的火锅。这并不奇怪：2007年中国烹饪协会评出的"中国火锅之都"正是重庆。重庆与四川历史渊源颇深，二者在行政建制上分分合合，在火锅风味上也共享着麻辣鲜香，难分彼此。火锅历史虽长，川渝火锅的历史却着实谈不上悠久。川渝火锅的起源主要有两个版本，一是"江北说"，二是"小米滩说"。

清民时期李劼人[1]于1948年在成都杂志《风土什志》上发表《漫谈中国人之衣食住行》一文，写道："吃水牛毛肚的火锅，发源于重庆江北……直到民国二十三年，重庆城才有一家小店将它高尚化，从担头移到桌上。"李劼人曾于1933年受卢作孚邀至重庆任职，民国二十三年即1934年，李劼人理当是重庆第一家火锅店建成的亲历者之一。而1949年初《南京晚报》发表、署名为"怒涛"的《毛肚火锅流源》则将重庆第一家毛肚火锅店定格在民国十年（1921年），且指出该店名为"白乐天"。无论取哪一说，"江北说"的源头都不会早于20世纪初。

相较于精确到年份的"江北说"，"小米滩说"广泛流传于民间。编著于1994年的《四川火锅》记载："四川火锅出现较晚，大约是在清代道光年间（1821—1850年），四川的筵席上才开始有了火锅……另外有一种说法，说四川火锅起源于川南江城泸州，且有证据：重庆火锅较集中的地方是小米街，而距泸州几公里的长江边有个小米滩，据说以前长江边上的船工跑船常宿于小米滩，停船即生火做饭驱寒，炊具仅一瓦罐，罐中盛汤，加入各种菜，又添以海椒、花椒祛湿，船工吃后，美不可言。这食俗便沿袭下来，传至重庆扎根，并渐丰富，成为川人特有的美食。"此处将重庆火锅与四川火锅一概而论，是因为当时重庆恰好处于受四川管辖的时期。

这两说有可能都是正确的。长江、嘉陵江边的纤夫船工们以船为家，一口铁锅、几副碗筷便是全部炊具，因此流行的食物形式是"连锅闹"。小米滩位置适中，是当时船工常聚集、留宿的地方，自然也成了火锅的集散地。船工们的伙食当然不会太讲究，弄些廉价的牛下水，切成薄片，唤作"水八块"，借着汤料够味，这种"水八块"很快虏获了长江两岸底层百姓的肠胃，并在道光年间登上筵席。再之后，小贩们发明出内嵌井字格的锅，连着小火炉一道挑起走街串巷地叫卖，这又成了未来九宫格火锅的原型。直到民国初期，这种街边火锅终于完成商业转型，而重庆第一家火锅店，恰好因偶遇了文化名流而在历史上留下了印迹。这当然也不完全是意外：重庆在作为中华民国"陪都"时荟萃了社会各界名流，火锅一旦在饭店亮相，自然万众瞩目，郭沫若甚至还为火锅作过一首打油诗："街头小巷子，开个么店子。一张方桌子，中间挖洞子。洞里生炉子，炉上摆锅子。锅里熬汤子，食客动筷子。

1　李劼人（1891—1962年），原名李家祥，笔名劼人，近代作家。著有《死水微澜》《暴风雨前》《说成都》。

或烫肉片子，或烫菜叶子。吃上一肚子，香你一辈子。"

"吃上一肚子，香你一辈子"并不夸张。就以川渝火锅赖以成名的红油汤底来论，底料用大量牛油来炒，再兑牛肉高汤，香气极为浓烈。再加上蒜泥、蚝油和香油调配的油碟，吃起来油而不腻。虽然川渝以辣闻名，但清汤也不含糊，经典的鸳鸯锅呈现一锅两色，清红相隔，重庆人说清汤代表嘉陵江、红汤代表长江，小小火锅，万里江水，个中滋味，那是不尝不足论之了。

如果说川渝火锅横扫中原，那火锅中的"南方之强"无疑是广东的打边炉。重庆人管吃火锅叫"烫"，广东人则叫"打"：人守在炉边，一边涮一边吃，打边炉倒也形象。中国位于北半球，越往南越温暖，食材越丰富，广东打边炉的食材自然也有百花争艳的架势。大闸蟹、蓝尾虾、花甲螺、琵琶虾、八爪鱼……若移步到潮汕，还要将牛身上的各个部位吩咐得明明白白。所有食材讲究一灼即熟，切片切花切双飞，至于蘸料，则有蒜蓉姜葱蓉、辣椒圈豉油、腐乳南乳汁、沙茶海鲜酱，自有一派截然不同的岭南风格。

相交不深的人不知道彼此的饮食喜好，贸然相约打边炉多少有些冒失。对于广东人来说，打边炉是交情的象征——受广东影响至深的香港也是如此。香港黑帮电影里最常出现的聚餐场景就是打边炉。有影迷煞有其事地分析说这是黑帮的规矩，大家围着一个炉吃以防人下毒，其实哪有那么复杂。香港的黑帮脱胎于三合会，这些会道门[1]最初的成员大多是劳工、小贩、渔民等社会底层人士，拼凑些鱼肉煮上一大锅，一起打个边炉，这就是黑帮的底色。

如果说南方的打边炉有着浓浓的市井气，那北京的涮火锅就颇具贵族气息了。

1　会道门，亦称道会门、会门道、帮会道门，民间秘密结社组织的总称。

涮火锅以涮羊肉火锅为经典，相传为忽必烈发明，虽然这一传说不足为凭，但结合清代满族皇室对火锅的热衷，火锅之风首开于少数民族宫廷的可能性确实不小。精品涮羊肉火锅以羊的上脑、大小三叉等部位为上，调料少不了绍酒、芝麻酱、卤虾油、腌韭菜花诸般，摆盘讲究"前飞（禽）后走（兽），左鱼右虾，四周之上撒菜花"，这里的门道，自有一股"皇城根儿"的腔调。

除去这洋洋洒洒的京城气派，唐鲁孙在《岁寒围炉话火锅》中也提到过一种与重庆九宫格火锅相似的"共和锅"，这种火锅"比普通锅大三四倍，把火锅嵌在镶有铅铁皮的矮脚圆桌里，火锅里隔出若干小格，不管生张熟魏，各据一格，自涮自吃互不侵犯，各得其乐"。这种"共和锅"的出现倒也不是因为食客寒酸，而是一人独涮一锅不仅枯寂单调，汤也不够"肥"，由此可见"共和锅"底相通，与重庆九宫格火锅如出一辙了。

当然这种"共和锅"并非北京主流，文人墨客追捧的，还是那极具"皇城根儿"腔调的北京涮羊肉。汪曾祺的《五味》提到："北京现在吃涮羊肉，缺不了韭菜花……"老舍[1]《离婚·老张的哲学》中说："自火锅以至葱花没有一件东西不是带着喜气的。"美食大家唐鲁孙当然不可能错过这一美味，还是在《岁寒围炉话火锅》一文中，这位大名鼎鼎的老饕不仅对"师傅们运刀如飞，平铺卷筒，各依其部位，什么'黄瓜条'（肋肉）、'上脑'（上腹肉）、'下脑'（下腹肉）、'磨裆'（后腿肉）、'三叉儿'（颈肉）等名堂，机器切片，那是办不到的"赞不绝口，还点评了一下"卤鸡冻"："扇好锅子端上来，往锅子里撒上点葱姜末、冬菇口蘑丝，名为起鲜，其实还不是白水一泓，所谓起鲜，也不过是意思意思而已。所以吃锅子点酒菜时，一定要点个卤鸡冻，堂倌一瞧就知道您是行家，这盘卤鸡冻，不但老尺加二，而且特别浓郁，喝完酒把鸡冻往锅子里一倒，清水就变成鸡汤了。""堂倌一瞧就知道您是行家"，这"行家"还不就是唐鲁孙"自己个儿"么！

1　老舍（1899—1966年），字舍予，原名舒庆春，笔名老舍，当代作家。著有《骆驼祥子》《龙须沟》《四世同堂》《茶馆》。

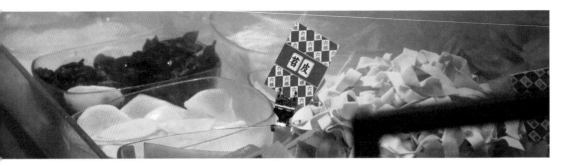

× 文化卷：道是无情却有情的群体记忆

吃火锅的人遍及大江南北，往往各有各的乡愁。火锅作为一个普世性的菜品，居然能逐渐演变成个性鲜明的地域符号，这个过程是很值得探讨的。

从时间层面来看，如果将先秦时期的陶鼎视为火锅的原型，那火锅的诞生便带有极强的自发性。这意味着，当一个文明逐渐"解锁"了取火和制陶技术后，就天然地会在某个时间节点与火锅相遇。从空间层面来看，中国地大物博，几乎是一方水土一方火锅，鱼火锅、牛肉火锅、羊肉火锅、野生菌火锅……同样的火锅与不同的食材相遇，自然会演化出不同的风味和风格，其规律难以归纳。从深度层面来看，火锅几乎没有技巧可言，比"连锅闹"更原始的烹饪除了烧烤，可能就只有茹毛饮血了。而相较于已经形成固定菜式的各菜系名品，火锅的食材搭配几乎百无禁忌，显得有些随意。

火锅的自发、独立和随意，对其文化的独立本身就是一种消解。菜系之所以能形成文化，依托于选料、烹饪、切配等技艺方面长期演进，以及文化、历史、风俗的漫长累积。而火锅在几千年的岁月流逝中，从烹饪过程到食用方式几乎没有明显的改变，这样的菜式凭什么能成长为独树一帜的文化呢？因为火锅的自发、独立和随意背后还有着更根本的特质：平民色彩。

川渝火锅最不乏平民色彩。《重庆市志·民俗志》记载："一些有眼光的餐食摊主瞄准了没有开伙自炊条件的从外地来城市下力求生的苦力、本地贫民和学徒店员等下层市民……这便是最初的重庆火锅，有钱或有身份的人是不去吃的。"以社会底层民众为受众演化出来的菜品，自然属于彻头彻尾的百姓菜。广东火锅也不乏平民色彩。家人朋友之间打的边炉，不需讲究大雅之堂；香港电影里的古惑仔们在大排档里杯光斛影，彼此看不出三六九等，似乎连纹身与刀疤都显得"平易近人"，让人自然想到这些江湖人士遥远而朴素的出身。北京的红铜火锅看似高贵庄重，但那腔调也颇有些虚张声势，且看那满桌摆开，装满百叶、白菜、粉丝、白萝卜、冻豆腐的瓷碟，没有一样不是百姓菜，宫廷菜注定走不远，所以才会有忽必烈紧急中发明涮羊肉的传说，借了皇帝的名，里子却依然有浓浓的平民色彩。得民心者得天下。各地菜系当然都不乏阳春白雪的招牌菜式，但还有什么，能比平民堆里成长出来的火锅能更快地笼络人们肠胃的呢？

一食一课：美食背后的文史盛宴 × 152

百姓菜，永远是群体回忆中的第一道菜。宏观历史上，中国农人通过发展精耕细作的农耕技术养活了巨量人口，而微观历史上，以火锅为代表的百姓菜，以不择细壤的宽容性养活了无数底层百姓。但仅仅有平民色彩还不够。菜品孕育出文化，还需要一些因缘际会。如果川渝火锅只流行于长江两岸的船工群体而无法登堂入室，那自然不会在重庆文化精英荟萃的背景下与时代名流相遇。没有时代名流的推广，川渝火锅便不会形成一个品牌；没有时代名流将其高雅化，川渝火锅便无法满足地区群体的虚荣心。而当川渝火锅成为地区品牌并能够在肠胃和心理两个层面满足一方食客时，食客会自然而然对其追根溯源，甚至在这一追溯过程中创造出或俗或雅的传说轶事，只需要几十年的迭代，一种新兴的美食文化便能在新一代人心中扎根。

与中国悠久的历史形成鲜明对比，中国饮食文化，其实是在短短的一两个世纪被迅速塑造定型的。四大菜系直到清初形成，八大菜系直到清末定型，而这林林总总的美食谱系经过了多灾多难的近代史，被一轮又一轮的战争、瘟疫、洪灾侵袭，底层民众其实早已和金字塔尖上的名馔脱节，食谱和饮食文化在漫长的物资匮乏时代被重构，在这一过程中，唯有那些最具包容性的百姓菜才可能生存下去并稳定地为群体记忆输送情结，直到经济复苏时再由后人人为地为这种群体记忆寻找依据。

这一点，在火锅的发展史上尤其明显。且以"中国火锅之都"重庆为例：对于重庆火锅来说，就连抗日战争时的记忆都显然久远了——重庆作为"陪都"的岁月虽然让火锅尤其是毛肚火锅在短时间内名声大噪，但这段回忆很快就被新中国成立

后计划经济时代新缔造的群体回忆所覆盖。20世纪50年代末60年代初中国爆发了严重的自然灾害，重庆火锅店几近凋敝，直到改革开放以后火锅产业才有了重焕生机的可能性。在此之前，肉类、调料都相对匮乏，重庆火锅虽然在历史的惯性下不至于消失，但也势必以清水素锅为主，很难与"美味"二字相勾连。而当太平盛世到来，食客们在大快朵颐之余对美食有了充分的探索欲，火锅自然也不再仅仅是一道菜，而更接近于文化。再加上政府、市场、媒体的文化建构与资本运作，火锅在各种社会力量的共同推动下成为地标性的符号，也就不足为奇了。

成为地方符号的美食会在传播中愈加强化其地方色彩，身处其中的人受从小趋同的饮食氛围感染，又会将其内化成自身的生活习惯。一旦远离了这种氛围，已经形成的生活习惯就会在新的环境中不定时引发出微妙的排异反应——从某种角度来看，这就是乡愁了。一人之火锅，千万人之火锅。行走在外的重庆人、四川人、广东人、香港人、北京人在异地遇到老乡，习惯性地"烫""打""涮"一回火锅时，嘴里是麻辣也好，浓郁也好，鲜香也好……味道不重要，重要的这种潜伏已久的习惯总能勾起对故乡温情的留恋：莫放春秋佳日过，最难风雨故人来。

火锅的历史悠久而恒长，火锅文化短暂而善变。新的传统不停地形成、不停地覆盖着旧的传统，而后人出于对生活习惯的守护，往往会有意无意地忽略传统之前的历史。这也无伤大雅——一方水土有一方火锅，为何一个时代就不能有一个时代的火锅呢？陶鼎虽然底蕴深厚，但在鼎中涮肉烫黄喉的却未必是自己想见的人。历史无情，文化有情，火锅经历了数千年风风雨雨，想来自有"道是无情却有情"的意味吧。

食后感

清代袁枚用一部《随园食单》重新定义了中国饮食文化，但这位"食圣"不仅看不上火锅，而且将这种蔑视上升到理论高度。《随园食单》中有专门的"戒火锅"一节："冬日宴客，惯用火锅。对客喧腾，已属可厌；且各菜之味，有一定火候，宜文宜武，宜撤宜添，瞬息难差。今一例以火逼之，其味尚可问哉！近人用烧酒代炭以为得计，而不知物经多滚，总能变味。或问：菜冷奈何？曰：以起锅滚热之菜，不使客登时食尽，而尚能留之以至于冷，则其味之恶劣可知矣。"

不得不说，袁枚的理论逻辑严密且切中要害：各种食材的物性各异，理应使用不同的火候，有些适合文火，有些适合武火，有些味重而应该减损，有些则应该增添。火锅一例都相同的火煮，味道还能好到哪去？近人用烧酒代替木炭，以为是好办法，却不知食物经过多次滚开之后味道全变。有人要说：不用火锅，菜冷了怎么办？我就要答：刚出锅的菜就能让客人不能尽兴吃完，搁在桌上以至于放冷，那么味道的恶劣也由此可知了。

其实，"一例以火逼之"是火锅的缺点，也是它的优点。火锅处于中国八大菜系之外，也在八大菜系之中，因为以火锅的普世性，区区菜系已不足以评价其开放包容。袁枚说的道理都对，但火锅偏偏就是这么好吃霸道，能够煮沸人间食客们共同的热爱，东北有句谚语是"家里的火锅子，窗外的车伙子"，说的是火锅和赶车一样，什么食材都能"开整"，这种不拒细壤在美食家眼中失了原则，在普罗大众眼中却是气度——火锅里的饮食人类学自有其逻辑，纵然是"食圣"驾到，也有失手的时候。

瓦罐煨汤：陶器与汤羹的漫长交融

广东有句著名的食谚："宁可食无菜，不可食无汤。"虽然不是每一个地方的食客都如广东人那般对汤如此推崇，但每一个地方都一定会有那么一道拿得出手的汤。富丽堂皇的佛跳墙就不必说了，南京的鸭血粉丝汤、淮南的牛肉汤、河南的胡辣汤、单县的羊肉汤、杭州的宋嫂鱼羹、四川的酸辣汤、东北的"四大炖"、台湾的贡丸汤……认真罗列起来，可以将中国三十余个省、直辖市、自治区数个遍。

汤可以讲究，也可以将就。习惯了快节奏职场生活、需要在渐深的夜色中赶着末班车回家的都市白领们往往不太有时间生火做饭，在街边便利店买一盒便当用微波炉加热，再弄一包紫菜蛋花即食小包，开水冲一冲便是一碗热气腾腾的汤。味道谈不上多好，但对于城市夜归人来说，一口热汤已经是疲惫生活中少有的慰藉。

虽然已经简单到冲泡即食的程度，但若将时针调到公元前几千年，汤的出现却是烹饪史上具有里程碑意义的大事。美食的诞生固然需要丰富的想象力，但背后一定依赖于炊具与烹饪技术的进化。最古老的烹饪方式一定是不需要炊具的烧烤，在这用火的过程中，人类发现黏土可以塑形，于是在新石器时代出现了陶器。陶器一方面使得人类发展出炖煮技术，另一方面让也调味变成可能。《尚书》云："若作和羹，尔惟盐梅。"有了炊具，有了盐的咸和梅的酸，具有复合味道的古老羹汤便问世了。

当时的人们大约不会想到，原始的羹汤和陶器具备着多么强大的生命力，以至于直到今天，由这二者所组成的菜品还依然在中国人的餐桌上占据着一席之地。中华料理博大精深但也大器晚成，很多菜品似旧实新，细较起来历史都不过百年甚至数十年，但在使用陶器煨汤这件事上，中国人始终是严肃而复古的：自新石器时代以来，一代又一代的厨师花费了数千年光阴，尝试了无数种食材，只为煮出一碗浓香四溢、热气翻滚的瓦罐煨汤……

南昌武汉：大江南北的煨汤重镇

大江南北各有一个瓦罐煨汤重镇。这里的"大江南北"是指——长江南岸的重镇是江西南昌，长江北岸的重镇是湖北武汉。

瓦罐煨汤之于南昌，犹如胡辣汤之于河南、火锅之于重庆、肠粉之于广东。南昌人的一天，十有八九是从一刚一柔的两道美食开始的——刚的是南昌拌粉，柔的便是瓦罐煨汤。对于路过的外地人来说，品尝南昌拌粉是个两难的事：辣椒放得多了无福消受，放得少了味道又不够地道；而口感温润香浓的瓦罐煨汤就显得老少咸宜了。

从"瓦罐煨汤"四个字里无法看出其食材构成，这也暗示了瓦罐煨汤取材的广泛。以主料而言，最常见的当然是肉饼汤，然后是排骨汤、鸡汤、鸭汤、鸽子汤、猪杂汤等；以此为汤底，还可以依食客口味加入禽蛋菌菇、山珍海味、中草药材……虽然很多南昌人已经默认了鸡蛋肉饼、板栗猪肚、茶树菇排骨这几种常见搭配，但至少从理论上来说，瓦罐煨汤里可以煮的食材"约等于整个自然界"。

取材广泛是汤的本色，瓦罐煨汤的特别之处主要在于其烹饪方式。瓦罐煨汤的炖煮要从大瓦缸开始说起：这是一种高一米有余的粗陶缸，缸的底部放有一个圆形铁筒，内装用来烧火的木炭。大瓦缸内围排一圈数层的铁架，大约能放置三四十个炖煮食材的瓦罐。瓦罐里除了食材外再加上水和适量的盐，用锡箔纸封好口，一个个将铁架排满后再将大瓦缸盖上盖子，点燃木炭，以高温煨上8～12个小时。这种"缸中罐"通过蒸汽导热，让密封的瓦罐得以持续受到不那么猛烈的"火气"，因此煨出的汤原汁原味、食材软烂鲜香。汤羹与炒菜不同——后者追求镬气，需要通过猛烈的火力保留食物的味道；而汤羹则讲究文火慢炖，尤其是当汤里还加入了当归、党参、枸杞等药材时，这种慢工出细活的方式更能让汤有滋补之效。

江西有句食谚："陈年的瓦罐味，百年的吊子汤。"茶客们知道紫砂壶要养，其实同为陶制的瓦罐也要养。百年的吊子汤当然不必当真，但对于老饕来说，瓦罐的确是使用次数越多炖出的汤味道越鲜美，这种难以解释的经验，大约便是烟火的味道吧。

南昌西北方向大约两百六十公里的武汉，同样是一座沉迷于瓦罐煨汤不能自拔的城市。有多沉迷？湖北食谚说得好："家家户户备瓦罐，逢年过节煨鲜汤。"这句话其实值得细品：家家皆有瓦罐，但却不是天天能喝煨汤。改革开放前，煨汤对于普通武汉人家来说不算小事，除了节庆时分，平日只有家里来了客人才舍得煨一次汤以表重视。随着时代的发展，曾经为家家户户所备的瓦罐或许已经由更先进的炊具替代，而煨鲜汤一事则亦已不局限于逢年过节。当然，武汉人钟爱的粉藕是时令蔬菜，而汤又天然适合隆冬，煨汤这件事在某种层面上还是被季节细微地操纵着。

南昌的大瓦缸虽好，但毕竟无法走入寻常人家。武汉煨汤的传统炊具，是一种被称为"铫子"的细砂陶罐。铫子与瓦罐系出同源，"养"的方式也差不多，这种炊具往往要经过三年以上的炖煮，直到内壁的细小间隙完全被排骨煮出的汤油浸润，才真正厚重起来。自此之后，不论用什么食材，煨出来的汤都能醇厚浓香。早先时，再穷的人家也要有个铫子，不收拾在厨房里，多半是挂在大门旁边竖起来的竹床脚上，而老武汉人也往往以砂铫子摸上去油腻而自豪。湖北民间流行着搬家先要搬铫子，铫子越老越珍贵等说法，其实是铫子里翻滚的煨汤才真正蕴含着财富。

南昌煨汤的起源已不可考，但武汉煨汤的源流却能从当地的风俗中隐隐逆推出来。湖北人有着早晨吃汤饭的传统，这种汤饭其实就是将剩饭放在锅中，加水后利用灶中柴火余温加热，留待第二天当早餐。在改善饮食的过程中，这种被贫穷逼出来的烹饪技巧自然被用于煨排骨汤、肉汤，最终被市肆饭馆吸收，发展出了煨汤，竟而促使湖北形成了"无汤不成席"的饮食风俗。

当然，"无汤不成席"的"全称"是"四无不成席"："无鱼不成席、无圆不成席、无汤不成席、无蒸不成席。"看来煨汤虽美，但也只能占据湖北人四分之一的爱，不过在美食的世界里，贪心总是能被原谅的。

从饮食史的角度来看，如果说烧烤勾勒出了人类与火的邂逅，那炊具的出现则意味人类征服了水。人类最古老的炊具大多都用于炖煮，如陶罐、陶鼎、陶鬲、陶甑、陶斝……几千年后，鬲、甑、斝都已经成了生僻字，鼎也早已成为历史的遗迹，但陶罐却依然广泛流传，砂锅菜、瓦罐煨汤一直是餐桌上常见的菜品，为食客们固执地保留着一种别样的"土气"。

陶器炊具的长盛不衰当然不是因为食客们具有复古情怀，而是它在炖煮方面确有独到之处。如今的瓦罐和砂锅看似古朴，其实其造型也是在历史的千锤百炼下才固定下来的。人类早期陶器多为敞口式的罐和盆，这种造型便于存储，但将其用于烹饪则散热过快，于是敛口的陶器被发明出来，用这种陶器加热食物可以熟的更快，而且兼有一定的保温作用。

烹饪时的火分文武，文火小而缓，武火大而急，文武之间的融合、交错就会形成火候，导致食物形成不同味道和口感，这当然也是随着烹饪技术的演进而逐渐被归纳总结出来的。火候这一概念的出现使炖和煮各自独立为不同的烹饪技法——当然出现"炖"这一称呼的时间则更晚——这一过程与炊具的发展势必相得益彰，于是陶釜、瓦罐等炊具也分化出来。陶器虽然不如铁器先进，但用其煮肉更能保留食材的本味，因此一直为历代食客所喜。北魏贾思勰《齐民要术》中便引用了唐代段公路《北户录》所载的两道砂锅菜，一是"褒（煲）牛头"："'南人取嫩牛头，火上燂过，复以汤去毛根，再三洗了。加酒豉葱姜煮之。候熟，切如手掌片大，调以苏膏椒橘之类，都内于瓶瓮中，以泥泥过。煻火重烧。其名曰褒。'其炮法亦同类相似。"二是"奥（爊）肉法"："奥即褒类也。先以宿猪肥者，腊月杀之，以火烧之令黄，暖水梳洗，削刮令净，剔去五脏猪肪，炒取脂，脔方五寸，令皮肉相兼，着水令淹没于釜中炒之，肉熟水尽，更以向所炒肪膏煮肉，脂一升，酒二升，盐三升，令脂没肉，暖火煮半日许，漉出瓮中余膏，写肉瓮中令相淹。食时水煮令熟。"

《北户录》是专门记载唐代岭南饮食风土、习俗、歌谣的风俗录，作者段公路生卒年不详，历仕始末亦不可考，但能确定其人曾至岭南为官，《北户录》中所记多为其耳闻目睹之事。岭南在唐代依然是瘴疠之地，继而成为流放、贬谪官员的重要目的地，段公路或许也是成为岭南逐臣后才得以记录下种种"南人"所钟爱的美食，果真如此，那作为美食记录者的段公路与之后的苏轼倒也颇能遥相呼应了。

段公路笔下的岭南人善制煲，这一传统一直延续到了今天，不过在唐代还未用"炖"字来形容这一工序。至晚在元代，终于出现了关于砂锅、瓦罐"炖"法的记载。如元代《云林堂饮食制度集》中记载的"酒煮蟹法"，将蟹剁成块加调料后"于砂锡器中重汤顿熟"，这里的"顿"即是"炖"。值得一提的是，《云林堂饮食制度集》的作者倪瓒擅画山水和墨竹，是名冠一时的"元四家"之一——倪瓒的山水画萧散超逸、空灵超迈，然而在美食面前，终究还是少不了烟火气。

如果说以砂锅、瓦罐为代表的陶器炊具在最初是人类囿于技术所限而不得已的选择，那在烹饪技术已经获得极大发展的时代，人们对陶器炊具的青睐就更能凸显其独特的优势。民国时期，周润身、周幽东父子合著的《宜兴陶器概要》将砂锅瓦罐推到了极高的地位：

"菜社与酒家如无陶罐专席不得称为美备；精究庖厨者不以陶罐煨炖可谓未尝真味；不以紫砂陶壶品茗虽有甘泉其淳难极致……以陶罐炖食品，其味特别醇美，是一般铅铁铝磁等锅罐所迥不能致。故考究调味者，靡不够用。颇多菜社酒家，亦以陶罐为专席。"

"无陶罐专席不得称为美备"或许有些夸张，但"以陶罐炖食品"为"铅铁铝磁等锅罐所迥不能致"应该能得到不少响应——这句溢美之词，也可以看做是老饕们对砂锅瓦罐最美的"土味"情话了。

瓦罐煨汤的主角，除了瓦罐，还有汤。可以说，陶器炊具和炖煮技术是同时出现的，但汤的问世还需要另一个契机：调料。相较于烧烤，用水将食材煮熟不过是变更了加热方式，这种程度的改变还不足以让被煮之物变成汤。《吕氏春秋》记载："凡味之本，水最为始。五味三材，九沸九变，火为之纪。"中国传统"五味"为"酸、苦、甘、辛、咸"，这些其实并非食材本味，而是通过调料赋予食材的，陶器让味道调和变成可能，而这一"味道调和之旅"最古老的起点，就是汤羹。

其实，从羹的字形也能品味中其中的寓意。羹原作"鬺"。《说文》有言："鬺，五味盉羹也。从鬲从羔。"从字形上看，鬺如同一幅栩栩如生的图画：鬲上烹着羊，两边还冒着袅袅的香气……羹若做得乏味，那简直糟蹋了这样生动的写法。

瓦罐煨汤，煨的是汤而非羹，为何要将汤与羹合称呢？明末李渔[1]在《闲情偶寄》中做了解释："汤即羹之别名也。羹之为名，雅而近古；不曰羹而曰汤者，虑人古雅其名，而即郑重其实，似专为宴客而设者。然不知羹之为物，与饭相俱者也。有饭即应有羹，无羹则饭不能下，设羹以下饭，乃图省俭之法，非尚奢靡之法也。"李渔将汤与羹视为一物的判断是否符合如今的饮食构成另当别论，但依其论断将古代汤羹视为一个整体加以梳理，是不成问题的。

先秦时期，汤羹便和饭一道成为中华主流饮食。《礼记》中有"羹食自诸侯以下至于庶人无等""食居人之左，羹居人之右"的记载，唐代孔颖达注疏亦云："羹之与饭，是食之主，故诸侯以下无等差也，此谓每日常食。"在菜品种类尚不丰富的时代，羹充当着主食伴侣的角色，而除了"下饭"，汤羹"调和五味"的标准也让当时的厨师更需要将精力用于研究烹饪技术。《左传》记载："和如羹焉，水火醯醢盐梅以烹鱼肉，燀之以薪。宰夫和之，齐之以味，济其不及，以泄其过。"从中可以看出周代烹制汤羹的水平已经有了一定基础，这种技艺的复杂化也让汤羹的品类变得丰富，《礼记》中便有鸡羹、雉羹、犬羹、兔羹、脯羹等。当然，汤羹也未必皆精致，《庄子》中提到孔子处于陈蔡之厄时"食藜羹"，这里的藜羹就是最粗陋的菜羹。后世文人有为彰显自身清雅高洁者，喜欢以"藜羹"自喻，渊源即在于此。

1　李渔（1611—1680年），字谪凡、笠鸿，原名李仙侣，明末清初人。著有《闲情偶寄》《笠翁十种曲》《笠翁对韵》《肉蒲团》《风筝误》。曾批阅《三国志》，改定《金瓶梅》，倡编《芥子园画传》。

秦汉以降，汤羹一直是上至豪门贵族、下至寻常百姓最常见的下饭菜，而又往往以菜羹和肉羹为贫富之间的分野。至魏晋南北朝时，汤羹无论从食材范围还是烹饪技术来看皆大有发展，除传统的菜羹、肉羹外，鱼羹、甜羹和各类花式汤羹也纷纷问世。《齐民要术》专门有"羹臛"一节，臛即肉羹，其下记载如鸭臛、猪蹄酸羹、胡羹、胡麻羹、瓠叶羹等不一而足，其中更包括名满天下的脍鱼莼羹。贾思勰赞之曰："莼羹之菜，莼为第一。"关于脍鱼莼羹有一个著名的典故。《晋书·张翰传》记载："（张）翰因见秋风起，乃思吴中菰菜、莼羹、鲈鱼脍。"这里的张翰是吴郡吴县人，多年在洛阳齐王司马冏麾下任大司马东曹掾。一年秋天，他在洛阳感受到秋风阵阵，忽然思念起家乡的莼菜羹和鲈鱼脍，于是毅然辞官归家。这之后不久，司马冏失势被杀，幕僚牵连无数，而张翰则因"莼鲈之思"幸免于难。自此之后，莼羹鲈脍便成了后人思乡的情怀寄托。

汤羹在隋唐时期种类愈加丰富。谢讽《食经》中的"剪云斫鱼羹""香翠鹑羹"、杜甫《自京赴奉先县咏怀五百字》中提及的"驼蹄羹"等等。宋代林洪著名美食典籍《山家清供》当然也不能缺席，试看书中一道"满山香"：

> "一日，山妻煮油菜羹，自以为佳品。偶郑渭滨（师吕）至，供之，乃曰：'予有一方为献：只用莳萝、茴香、姜、椒为末，贮以葫芦，候煮菜少沸，乃与熟油、酱同下，急覆之，而满山已香矣。'试之，果然，名'满山香'。"

"满山香"出现的时代，大抵是汤羹占据餐桌主流最后的黄金时期。明清之际，汤羹食材进一步拓展，种类更加丰富，只是已不再被当成主菜。随着饮食文化的演变，汤与羹又进一步分化，羹逐渐成为勾芡汤的专称，李渔"汤即羹之别名也"的论断不再适用，瓦罐煨汤当然也不能想当然称之为瓦罐煨羹了。

食后感

　　从饮食史的角度来看，"瓦罐煨汤"这四个字本就颇有些"宿命"的味道。数千年前，瓦罐的出现孕育了汤；数千年后，瓦罐煨汤这道小吃的兴盛又让瓦罐焕发出新的光芒。关于瓦罐煨汤的传说大多不足为信，但若将瓦罐煨汤拆分成瓦罐与汤，便不难看出炊具与菜品之间相互成就、相互依存的鱼水之情。

　　瓦罐煨汤身上融合着瓦罐与汤羹两段饮食史，细细品来，这两段历史都堪称漫长曲折，瓦罐煨汤也因此有了更为深沉的文化内涵。当然，这些故事因为太过细碎复杂，并不适合作为茶余饭后的谈资，在一碗浓香四溢的瓦罐煨汤面前，谁还有心思思考几千年前的陶器、几百年前的"满山香"呢？专注于煨汤的南昌厨师们显然深谙此道，于是更乐意用一套"五行理论"来介绍瓦罐煨汤的妙处：金，是指密封瓦罐的锡纸；木，是指烧火用的木料；水，是指汤；火，是指瓦缸下的火与炖煮的火候；土，则是指瓦罐由土制成。那么，这种荟萃五行精华的瓦罐煨汤有什么特色呢？

　　也不需要字斟句酌了，感叹一声"好吃"，对于厨师、对于自己，就已经足够。

佛跳墙：八闽之地的至尊豪筵

若要在中华美食中选出一道"至尊豪筵"，自然首推名馔荟萃的满汉全席；而要从满汉全席的菜品里选出一道"至尊豪菜"，大约舍佛跳墙而其谁了。佛跳墙是中华美食中最为繁复、奢华的菜肴之一，具体而言，至少需要18种主料和12种辅料相互融合，其种类囊括山珍海味、飞禽走兽、经典菜蔬，罗列起来颇有相声贯口的气派，海参、鲍鱼、鱼翅、鱼肚、干贝、鱼唇、花胶、蛏子、火腿、猪肚、羊肘、蹄尖、蹄筋、鸡脯、鸭脯、鸡肫、鸭肫、鸽蛋、花菇、冬笋、白萝卜……

食材丰富还只是第一步，佛跳墙烹饪工艺之复杂也令人"咋舌"：各类食材需要分别运用煎、炒、烹、炸等方式进行预处理，炮制成符合各自特色的菜式，而后层层码放于绍兴酒坛中。讲究一些的码放方式，是在坛底置一小竹箅，先放鸡、鸭、羊肘、猪蹄尖、猪肚、鸭肫等畜禽类，再放用纱布包好的鱼翅、干贝、鲍鱼等海鲜类，最后则是蔬菜菌菇。码放结束后，注入高汤和绍兴酒。待菜、汤、酒充分融合，用荷叶将坛口密封，再置于火上加热。选取坚紧无纹、焰色发白的优质炭，先以猛火烧沸，而后用文火慢煨五六个小时才算完工。在漫长的炖煮过程中，坛内的食材彼此融合、香味相互渗透，又保持各自的独立性。开坛后的佛跳墙，软嫩柔润、浓郁荤香，个中滋味可谓绝伦。

与平民色彩浓厚的火锅相比，佛跳墙似乎也是"连锅闹"，但都是冲着值钱的食材来的。对美食颇有研究的梁实秋曾在散文《佛跳墙》中如此下结论："佛跳墙好像就是一锅煮得稀巴烂的高级大杂烩了。"说来也有趣，梁实秋虽然以《雅舍谈吃》闻名于美食界，但在去台湾之前尚未闻佛跳墙之名，到台湾之后又以无缘正宗佛跳墙为遗，"高级大杂烩"五个字，细细琢磨，颇有些许寂寥遗憾的意味在里面。从另一角度来看，佛跳墙有"终极年菜"之称，而这样一道制霸春节盛筵的大菜居然连梁实秋都迟迟未能邂逅，其贵族身价也可想而知了。

法国历史学家费尔南·布罗代尔[1]在《15至18世纪的物质文明、经济和资本主义》中有一段经典表述："食物是每个人社会地位的标志，也是他周围的文明或文化的标志。"那么，华丽的佛跳墙又代表了怎样的社会地位和文明呢？

1　费尔南·布罗代尔（Fernand Braudel）（1902—1985年），法国历史学家。著有《菲利普二世时期的地中海和地中海地区》《法国经济社会史》。年鉴学派代表人物。

与中华美食动辄上千年的传承不同，关于佛跳墙起源的传说，历史都不算漫长。陈文波《闲话闽菜》里有过总结："高僧闻香跳墙说""乞丐残羹乱炖说""富家女山珍海味一锅煮说"。

最"望文生义"的一个版本是"高僧闻香跳墙说"，无非是和尚偷吃肉时被发现，情急之下便抱着肉坛子跳墙而出；又或者是和尚到了街巷里飘来的美味，忍不住翻墙来吃之类。这些故事无出处来由，显然是食客们口耳相承流传出来的席间谈资，不过，梁实秋在《佛跳墙》中倒是引用了一个北方的笑话，补充了些许细节：和尚煮肉时因怕其余僧人知道，于是藏肉于釜，还要密封使不透气；之后用佛堂中的蜡烛头"细火"焖煮。这道菜叫"蜡头炖肉"，虽然如此，情节里到底有了与烹制佛跳墙相似的两个步骤：密封坛口、文火慢炖。

"乞丐残羹乱炖说"相对粗陋：旧时福州的乞丐习惯将白天在各家饭馆里要来的剩菜统统倒在一个破瓦罐里，在夜间一并煮食，有一次饭店掌柜夜出，经过时闻到一股异香，一问究竟，才知道当日堂倌把客人留在杯子里的黄酒一并倒进了剩菜里。掌柜识货，回店里用山珍海味和精品黄酒如法炮制，这就是佛跳墙的雏形。

"富家女山珍海味一锅煮说"就颇具民俗气息。传统婚礼中有"试厨"的规矩，新媳妇过门第三天俗称"过三朝"，要到夫家下厨一展厨艺。唐代王建有首《新嫁娘词》写道："三日入厨下，洗手作羹汤。未谙姑食性，先遣小姑尝。"讲的就是这个习俗。福州有个新娘从小娇生惯养，双手不沾阳春水，出嫁时母亲便连夜把家里所藏的山珍海味都翻出来先进行了预处理，装好一大包偷偷地塞给女儿，再三叮嘱如何打理。临时抱佛脚的新娘如何记得住那许多，于是在下厨时不管三七二十一将食材通通塞进酒坛里，又顺手用包食材的荷叶将坛口封上，直接放了余火未灭的灶台上——毫无疑问，当宾客们打开酒坛时映入眼帘的就是日后的佛跳墙。这个传说，用一系列意外将佛跳墙的所有"技术要点"尽数合理化，大约是佛跳墙烹制手法已经定型时才出现的。

相较于这些"假语村言"，佛跳墙倒是有一个"正经"的起源典故。佛跳墙创于清光绪年间，当时福州官局的长官在家宴请福建布政司周莲，长官内眷是浙江人，擅长厨艺，用鸡、鸭、猪肉置于绍兴酒坛中煨制成肴，布政司周莲吃了久久不能忘怀，回府后便向家厨郑春发口述菜品，令其如法炮制，但几经尝试均不如意。于是周莲亲自带郑春发到福州官局长官家中请教，之后郑春发在主料里又增加鲍参翅肚等物，味道大有青出于蓝之势。

郑春发虽然不如王小余那般有袁枚作传，但也是一代名厨。郑春发年轻时入门庖厨，后至京、沪、苏、杭等地遍访名师，很快有了"闽厨一手"的名声。自立门户后，郑春发接手了一家三友斋菜馆，这便是福州名店聚春园的前身。聚春园承办布政、按察、粮道、盐道等官府宴席，供应的菜品中便有从福州官局学来的这道菜。这道菜初称"坛烧八宝"，菜名平铺直叙，食材倒也未必仅限于八种，不过取个吉利。后来郑春发继续充实食材，直到主、辅料达到二三十种之多，又将其更名为更显吉利的"福寿全"。一日，几个文人雅士到聚春园聚饮，堂倌捧来"福寿全"，坛盖启开，满室飘香，大家闻香陶醉情不自禁吟道："坛启荤香飘四邻，佛闻弃禅跳墙来。"从此，"福寿全"就有了"佛跳墙"之称。其实细较而论，"福寿全"与"佛跳墙"的福州话发音相近，倒有可能是店家为讨个口彩，有意无意改的称谓。

周莲与郑春发历史上确有其人。周莲于光绪二十一年（1895年）由恭亲王奕䜣举荐担任厦门道台、福建布政使，光绪二十九年（1903年）致仕，武昌起义时还被推举为临时军政总司令——除了仕途履历丰富，周莲同样还是个美食大家，因此与聚春园的开创者郑春发相识相知，甚至于光绪二十七年（1901年）为郑春发捐得六品衔，郑春发由此有了佩戴红缨笠帽的资格。聚春园开业后，周莲更手书"聚多冠盖，春满壶觞"一联相赠。郑春发创制佛跳墙之说源于其弟子强祖淦，而强氏日后亦成为福建显赫的烹饪世家，如强木根、强曲曲、强振涛等，称得上名厨辈出。

以郑春发为起点，佛跳墙有了一个明确的发源。费孝通[1]在《榕城佛跳墙》中写了这么一句话："民间对于这个发明权归于某一个人或某一家菜馆似乎不太服气，于是出现了种种传说。"其实，将郑春发视为"佛跳墙之父"还小看了这位六品冠带的厨师，整个闽菜系的崛起，都和郑春发有着不小的关联。

1　费孝通（1910—2005年），当代社会学家。著有《江村经济》《乡土中国》。

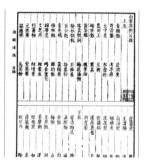

山家清供

× 闽菜史

姗姗来迟的闽菜史

郑春发生于咸丰三年（1853年），其活动的全盛时期为清民易代之时，也正是闽菜系形成的发轫期。从宏观角度来看中国菜系自唐宋时形成南烹北馔，至清代初期形成鲁、川、粤、淮扬四大菜系，直到清末浙、闽、湘、徽四大新菜系逐渐定型，方才构成八大菜系的格局。菜系越年轻，起源越清晰，史料越有籍可查，也越容易找到其历史发展的关键节点。闽菜系历史不算悠久，其最终成型便离不开郑春发和聚春园——当然，在将话题延伸到这两个名字之前，有必要梳理一下关于闽菜系的"前传"，因为闽菜系虽然并不古老，但闽菜的历史却可以追溯至少千年。

先秦以降，闽越人一直保持着"饭稻羹鱼"的饮食传统，与中原地区的小麦文化形成了遥远的对峙，直到魏晋时期，南北人口流动的规模才随着战乱变大，福建也由此被动融入中原士族衣冠的世界。南宋梁克家[1]《三山志》记载："永嘉之乱，衣冠南渡，始入闽者八族。"指的正是西晋永嘉之乱后中原贵胄流入福建之事。在此之后，福建饮食文化日渐发展，至唐代已具备"嗜欲饮食、别是一方"的风貌。

《三山志》中的"衣冠南渡"，原单指西晋末年的人口南迁，后唐代"安史之乱"、北宋"靖康之变"后又出现两次中原士庶大规模南徙现象，"衣冠南渡"的内涵也随之拓展。虽然每次南渡背后都弥漫着"白骨露于野，千里无鸡鸣"的惨剧，但饮食文化以其强大的韧性在这些灾难中获得了更多养分，向更高阶的层次迈进。南宋时期，就在岳飞高喊着"靖康耻，犹未雪。臣子恨，何时灭"、辛弃疾感叹起"望中犹记，烽火扬州路"之后不久，福建出现了一位名叫林洪的美食家。林洪之名并不算响亮，但他所著的《山家清供》却意义非凡——它提供了"酱油"一词最早的出处，详细记录了火锅的前身之一"拨霞供"的做法，但更重要的是，它记录的菜谱以福建的土特产、山珍海味为主，首开闽菜食谱之源流，这为后世闽菜厨师们追根溯源提供了丰富的宝藏。

以后人的眼光来看，《山家清供》中不少菜品都有些"仙风道骨"。比如"碧涧羹""傍林鲜""煿金煮玉"之流，其实原料无非芹、笋之类，与日后素以善制山珍海味著称的闽菜似乎有些风格迥异。不过，改变即将到来。明代，随着郑和下西洋，中国华侨文化进入了一个小高潮。郑和七下西洋中有六次从闽江口开锚起航，

---

1 梁克家（1127—1187年），字叔子，南宋人。著有《淳熙三山志》《中兴会要》。

随郑和船队出海的以福建人居多，其中不少旅居海外成为华侨。这些华侨将海外的食材、饮食习惯与烹饪技术带回福建，也加快了闽菜博采众长的脚步，譬如佛跳墙中的重要食材鱼翅，便是郑和船队带回的。李时珍[1]《本草纲目》中提及鱼翅云"味并肥美，南人珍之"，此处的南人，自然不乏福建人的身影。

鸦片战争爆发后，清王朝签下城下之盟《南京条约》，不得不接受广州、厦门、福州、宁波、上海五地开埠通商的要求。"五口通商"是中国近代史上一段有名的国仇家恨，但正如"衣冠南渡"从另一面加速了福建文化的发展一样，这一灾难也的确从另一个角度给福建带来了畸形的市场繁荣局面。在新的环境下，新兴官僚士绅、买办阶层蓬勃的购买力为福建烹饪市场的发展提供了源源不断的动力。清代赵翼曾感叹"国家不幸诗家幸，赋到沧桑句便工"，这一逻辑在美食界也颇为自洽——"五口通商"之后，属于郑春发和他的聚春园的时代来临了。

郑春发长期担任周莲私厨，烹饪手段高超，其菜品"色香味形"俱佳，闽厨中号称第一自不待言；他所创建的聚春园麾下也聚集了一批优秀的弟子，如郭则贤、姚宽余等。在这些开路人的研究下，聚春园不仅先后开创了燕窝席、鱼翅席、鱼唇席、海参席等大筵，更发明了鸡茸金笋丝、鸡汤氽海蚌、高汤鱼翅、小长春等日后闽菜系中的"当打菜品"，当然其中最有影响力的还是佛跳墙。清末民俗学家萨伯森[2]在《〈垂涎录〉评注》中写到："'聚春园'是当年榕城唯一之大酒家……当然佳肴不少，而'佛跳墙'者尤为奇特……但价格昂贵，非一般老饕所能入口也。"聚春园与佛跳墙，各有各的出类拔萃。

聚春园的成功，带动了整个福州餐饮行业的大发展。之后福州渐次出现了广聚楼、福聚楼、西宴楼、流花庄、青年会、别有天、快活林等大小酒楼数十座，每座酒楼都有几道至十几道特色菜，如福聚楼的燕丸、醉排骨，快活林的什锦蜂窝豆

---

1 李时珍（约1518—1593年），字东璧，明代医家。著有《本草纲目》。被誉为"药圣"，与"医圣"万密斋齐名，古有"万密斋的方，李时珍的药"之说。

2 萨伯森（1898—1985年），名兆桐，字伯森，近代民俗学家。著有《游踪梦影》《垂涎录》。

腐、荔枝肉，乐新楼的椒盐排……后劲十足的闽菜系，终于在以聚春园为代表的一众酒楼的簇拥下诞生了。

郑春发创造了佛跳墙，佛跳墙成就了聚春园，而聚春园则带领着众多福州酒楼"领衔主演"了闽菜系的诞生大戏。相对于在漫长岁月中缓慢积累而成的传统菜系，闽菜系的崛起真可谓"好风凭借力"了。

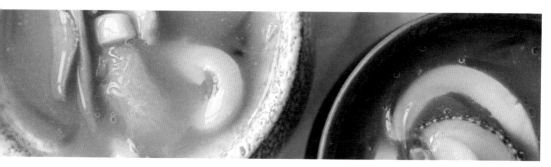

×
追溯一段模棱两可的

佛跳墙定型于郑春发开办聚春园之后的烹饪生涯，这意味着佛跳墙其实是20世纪的新生事物。然而，佛跳墙无论从名还是实，其源流都有更多的追溯空间。

以名而论，"佛跳墙"三个字至迟在南宋就已出现。南宋末年陈元靓[1]《事林广记》（和刻本）《癸集》卷三目录："疱福利用"中出现了"佛跳墙"这一菜品，在《重编群书事林广记目录癸集卷之三》中又记载了这道佛跳墙的烹饪方法："精猪、羊肉沸汤焯过，切作骰子块，以猪、羊脂煎令微熟，别换汁，入酒、醋、椒、杏、盐料煮干取出焙燥，可久留不败。"这一做法中的食材与后世佛跳墙相比显得朴素，烹饪方式也颇有不同，其目标似乎也是为了长久保存食物而非充分挖掘食材的美味，至于为何以佛跳墙为名更不得而知，但基本可以确定不能作为后世佛跳墙的前身。

不同的食物在不同时代很可能共享同样的名称，这里最典型的莫过于馄饨与饺子之间缠绕了千年的误会。因此，仅凭佛跳墙之名并不能追索出这道菜品的源流，而要将视角转换到佛跳墙之实——食材及烹饪方法。

明代刘若愚[2]《酌中志》中记载："十五日曰上元，亦曰元宵……先帝最喜用炙蛤蜊、炒鲜虾、田鸡腿及笋鸡脯，又海参、鰒鱼（鲍鱼）、鲨鱼筋（鱼翅）、肥鸡、猪蹄筋共烩一处，恒喜用焉。"这种将诸多山珍海味共烩一处的菜品，名为"三事"。明代蒋之翘所撰《天启宫词》中有"海镜江瑶百宝并，黄纱笼盖尚侯鲭。后宫私做填仓会，骨董家厨也学烹"一首，注曰："上喜用炙蛤、鲜虾、燕菜、鲨翅诸海味

1　陈元靓（生卒年不详），南宋人。著有《事林广记》《岁时广记》《博闻录》。
2　刘若愚（1584—？），自称原名刘时敏，明代宦官。著有《酌中志》。

十余种，共脍一处食之。京师正月二十五日，进酒食名曰'填仓'，贵贱皆然。"这里的"先帝""上"应指天启皇帝朱由校。几方史料相结合，可以大致推出"三事"由朱由校首开先河，而后传入民间，"贵贱皆然"。

"三事"所用的海参、鳗鱼、鲨鱼筋等食材，与后世佛跳墙颇为相似。值得注意的是，作为"三事"的重要食材，海参正是于明代中后期流行开来的。晚明时期是中国饮食重要的发展期，当时社会风气日渐豪奢，及时行乐、追逐口腹之欲的心态大行其道，"水陆毕陈、务求奢华"成为常见的饮食追求。在这一背景下，海参这种在中医理论下具有"补益""壮阳"功效的食材自然身价倍增，明末陈函辉曾有一诗《天津买海参价忽腾贵》形容："海错何来到市间，天厨水族两争闲。参乎岂便金同价，饱耳宁须肉有山。较药羞看钱底橐，传餐敕免馈中鬓。偶因食指裁饕餮，颖考庖经亟议删。"

明代以北京为都城，陈函辉的诗中描绘的是天津海参市场的景象，如果将"三事"视为佛跳墙的前身，那佛跳墙倒有着浓浓的北方血统了。虽然北京与福建相隔千里，但南方占有食材多样的天时地利，福建尤其海产丰富，如"三事"这种需要大量珍贵食材且对烹饪有精细要求的菜品，福州可谓是天然演武场——明代末期，广东、福建已是闻名天下的饮食大省，这是为时人所公认的。

北宋陶谷《清异录》曾有"天下九福"之说："京师钱福、眼福、病福、屏帷福，吴越口福，洛阳花福，蜀川药福，秦陇鞍马福，燕赵衣裳福。"到了晚明，谢

肇淛[1]在《五杂俎》对这一说进行了修正："今以时考之，盖不尽然：京师直官福耳；口福则吴、越不及闽、广；衣裳福则燕、赵远逊吴越；钱福则岭南、滇中，贾可倍蓰，宦多捆载。"明代末期福建人和广东人的"口福"居然已经凌驾于淮扬菜核心地区吴越，其饮食文化之昌盛可想而知。顺治二年（1645年），隆武帝朱聿键于福州称帝，虽然第二年清军便攻入福建，但明朝皇室与福州由此毕竟有了短暂的勾连。至于这种勾连是否能在北京的"三事"和福州的佛跳墙之间牵上一道红线，恐怕就无人能答了。

隆武政权于顺治四年（1647年）覆灭。219年后，一本名为《筵款丰馐依样调鼎新录》的饮食书籍中再次记载了一道不同于佛跳墙的"佛跳墙"："佛跳墙（又作'福跳墙'），大肠、肉、萝肉（萝肉：不详），红汤。"又过了十余年，聚春园创立，佛跳墙终于有了名正言顺的历史纪年表，而姗姗来迟的闽菜系，也将在佛跳墙的香味中绽放出耀眼的光芒。

1　谢肇淛（1567—1624），字在杭，明代人。著有《五杂俎》《太姥山志》。

食后感

　　梁实秋在《佛跳墙》中曾花大段篇幅抱怨佛跳墙的贵："这几年时兴的'佛跳墙'装罐出售，有汤有菜，热透上桌围而食之，算是过团圆年了。不仅市场有现成的'佛跳墙'，各大观光饭店也推出各式的'佛跳墙'，有药膳佛跳墙、养生滋补佛跳墙、九华佛跳墙、鱼翅佛跳墙……名目繁多，售价惊人，一罐售价竟至两万五千元，就不是我们小民可以染指的了。"其实，佛跳墙的贵与生俱来，并非到了梁实秋的时代才变得高不可攀。

　　中国很多美食都源于市井，但佛跳墙不是——明代宫廷是它若即若离的灵魂源头，发明它的厨师有着六品冠带，直到1984年美国总统里根访华，佛跳墙依然是国宴上的主菜。值得一提的是，国宴上的佛跳墙正出自名厨强木根之手，里根总统算得上有口福。

　　1996年，在周星驰执导的电影《食神》中，主角在食神决赛中面对的敌人，正是把一道"超级无敌海景佛跳墙"作为了杀手锏。电影里，主角的"黯然销魂饭"成了最后的赢家；但把视角切换到现实世界，有谁能敌过佛跳墙的华丽诱惑呢？

小鸡炖蘑菇：东北亚食谱最自然的相会

20世纪80年代，上海美术电影制片厂曾摄制过一部动画短片，名为《老狼请客》。故事发生在一片森林：老狼打算请老熊来家里吃炖鸡，结果鸡被狐狸偷吃了。狐狸一边骗老熊说老狼准备割掉他的耳朵当下酒菜，一边骗老狼说刚刚看到老熊偷了两只鸡，于是老狼和老熊双方狠狠打了一架，最后才发现都上了狐狸的当。

动画的情节很简单，但活灵活现的画风和幽默欢乐的故事让这部不足十分钟的动画短片成为一代人共同的回忆——尤其是动画中的插曲《老狼请吃鸡》堪称经典：

"老狼：今天好运气，活捉两只鸡。活捉两只鸡，两只鸡。快去快去找老熊，一起来吃鸡。鸡肉鸡肉香又美，管保他满意！哈哈哈哈哈，管保他满意！

老熊：今天好运气，老狼请吃鸡。老狼请吃鸡，请吃鸡。鸡肉鸡肉配美酒，正好填肚皮。快步快步朝前走，嘴馋心又急！哈哈哈哈哈，嘴馋心又急！"

狼熊狐的组合本有着隐含的"东北风"，而故事的焦点——那锅热气腾腾的炖鸡，实在很容易让人联想起中国东北一大家子围着热炕头盘着腿面对着炕桌上一盆小鸡炖蘑菇，一边吃一边唠嗑，不理睬窗外漫天飞雪的温暖场景。《老狼请客》算不上是美食动画，但却有着真切的东北"味道"，让观众忍不住有向那锅炖鸡加点蘑菇的冲动。说来也巧，动画的导演阎善春曾就读于东北鲁迅艺术学院，想来在念书的时候没少受小鸡炖蘑菇的"熏陶"；编剧方轶群则是江苏苏州人，其家乡也盛行着香菇炖鸡。如果鲁迅在世，将这部动画仔细看个半夜，会不会看出每一帧都写着两个字是"吃鸡"呢？

而且还要加点蘑菇。

×
神州何处
不食炖鸡

小鸡炖蘑菇是不折不扣的东北菜，但早在东北菜成型之前，炖鸡便已经通行于整个华夏大地了。

受达尔文[1]《物种起源》的影响，学界一般认为家鸡的祖先为红原鸡，并由此引出了中国家鸡由印度传入的假说。事实上，红原鸡在东至中南半岛、西至印度、南至马来群岛、北至中国云南两广的广大范围内均有分布，以中国人的脾性，倒也很可能独立驯养出家鸡。无论如何，食鸡之风在中国可谓源远流长，《礼记·内则》中已记载有"濡鸡""鸡羹""鸡肝"等菜式，《楚辞》中有"露鸡臛蠵，厉而不爽"一句，其中"露"通"卤"或"烙"，即指卤鸡或烙鸡。《诗经》甚至出现了关于鸡的名句"风雨如晦，鸡鸣不已"——无论家鸡的起源地在哪，都不妨碍它成为中国传统文化中不可或缺的组成部分。

当然，中国人与鸡最绵长的缘分，还在于吃。传统中医认为"万物皆生于春，长于夏，收于秋，藏于冬，人也亦之"。自然界许多动物为适应寒冷及食物匮乏的冬季进行冬眠，而人则依靠进补以度严冬——这便是补冬一说的理论基础。补冬以冬至为起点，是日，大江南北上至帝王公卿下至布衣百姓都讲究杀鸡宰鸭并佐以中药炖食，其中补冬名菜十全大补麻油鸡，便是以中药炖制乌骨鸡做成的药膳名品。

补冬的传统可上溯至《易经》，借十二辟卦来说明农历十二个月份的寒热消长规律。农历十一月冬至前后在辟卦中为复卦，阳气初生，正是补阳气的好时节——民间也一向有"冬令进补，三春打虎"的民谚。不过，抛开如许玄之又玄的理论，多吃点暖胃的食物自然也更容易御寒。传统观念多认为鸭肉性寒，而牛羊等畜类毕竟昂贵，以炖鸡进补实在是最划算的选择。

理解到炖鸡与寒冷之间的关联，就不难想象中国东北何以与炖鸡有着天然的联系了。东北直逼北纬50°，在一些朝代中其地理位置甚至更为靠北，这一地区处在强大的蒙古高压笼罩之下，成为中华文明最为寒冷的地区。同时，东北江河纵横，水陆动植物生存条件优渥，狩猎、畜牧、渔捞、种植均无不可，直到新中国成立前还流传着"棒打狍子瓢舀鱼，野鸡飞进饭锅里"的民谚。寒冷的气候加上多样的自

---

1 查尔斯·罗伯特·达尔文（Charles Robert Darwin）（1809—1882年），英国生物学家。著有《物种起源》。"进化论"奠基人。

然环境，日日等着"冬补"的东北先民可谓"万事俱备，只欠炖鸡"了。

美食史与生物学研究常常有着奇妙的联结。如前所述，现代家鸡的祖先是红原鸡，而包括红原鸡在内的四种原鸡均起源于西到印度和巴基斯坦、东到中国和越南的亚洲南部的广大区域。由于考古证据的缺乏，原鸡生活范围的边界难以更细致地勾勒。然而，中国家鸡的驯养范围，却能够通过不同的菜系轻易反映出来，因为家鸡出现在哪个地方，鸡肉就一定会出现在那个地方的餐桌上。这是不是意味着，当不好美食家的人也大概率无法成为合格的生物学家？

遍地开花的炖鸡，向后人阐释了家鸡的势力有多庞大。八大菜系里自然是一派"群鸡逐鹿"的盛况，客家菜、苗族菜、黎族菜等民族菜系中也不乏本地色彩深厚的清炖鸡、小黑药炖鸡、槟榔花鸡等菜式。相较而言，无论是八大菜系还是客、苗、黎族菜均没有将脚步迈向关外，而独树一帜的小鸡炖蘑菇却从南方"负重北上"，最终屹立于距离中原千里之外的东三省，将炖鸡的版图延伸到了寒冷的北国边疆，也真称得上是炖鸡中的开路者了。说起来，多少中原王朝的国界线都没能推向关外，而小鸡炖蘑菇却能兵不血刃地占领东北游牧民族的肠胃——似乎在美食面前，王权威严也罢，刀剑锋锐也罢，都不值一提，真正能让"万国衣冠拜冕旒"的不是某位圣人皇帝，而是一口暖汤。

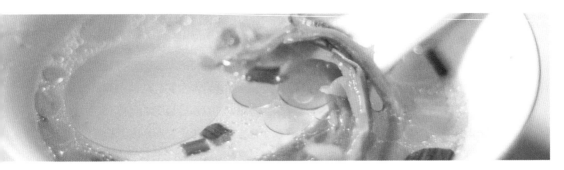

× 东北江南
马上本色

自秦汉以后，中国农作物格局渐渐从"北粟南稻"向"北麦南稻"过渡，投射到餐桌上便是"北面南米"。不过，这个规律在东北并不适用——东北面食虽多，但以米饭为主食的东北人也不在少数，这源于东北得天独厚的地理环境。

虽然纬度相对中原地区高，但东北只输天时未输地利：连绵不断的森林成为禽类兽类栖息的家园，东通日本海，南向黄海、渤海的水网蕴藏着众多鱼类，广袤的平原则为畜牧业打下了坚实的基础。以松嫩平原为中心，东果西畜南鱼北林，农作物品类极其丰富，正如一条农谚所言：

"寒暖农分异，干湿林牧全，麦菽遍北地，花果布南山。"

除了高粱、大豆，大米也是东北引以为傲的农作物。道光十五年（1835年），吉林将军富俊引水种稻以为贡米，这又孕育出了日后享誉世界的五常大米。相较于面食，以米为主食的人们往往会对菜提出更高的要求，物质的丰盈与需求的刚性共同为东北菜的诞生打下了坚实基础。

而在这种文化与食材的混合中，小鸡最终与榛蘑相遇。

榛蘑是中国东北特有的山珍，因生长在七八月份的榛柴岗上而得名。常说东北有"三宝"：人参、貂皮、乌拉草，而榛蘑则号称东北"第四宝"。这种真菌味道鲜美但保鲜期极短，因此常制成干品，新鲜的榛蘑炖鸡是可遇不可求的，干榛蘑才是小鸡炖蘑菇这道菜的常客——当然，作为极少数无法人工培育的食用菌之一，大江南北的东北菜往往以其他菌类代替，不过要论正宗，还要数榛蘑。东北民谚中的"姑爷进门，小鸡断魂"，说的是新姑爷第一天上门，丈母娘是一定要用小鸡炖蘑菇来招待的，这里的蘑菇便特指榛蘑，榛蘑虽少，但在东北农村，挨家挨户总还是要备一些干榛蘑，日子过得才踏实。

汉族以炖鸡"补冬"，夏季大抵是吃得少的。东北四季较中原寒冷得多，这是炖菜流行缘由中的一半，另一半缘由要在游牧民族的生活方式上找。东北远离汉族腹地，一道山海关割开了中原与北狄，而在女真、满族等少数民族的眼中，这却是实实在在的龙兴之地，东北由此也沾染了浓浓的游牧民族气息。马背上的生活自不像汉族那样安土重迁，一口大铁锅驮在马背上，连荤带素一起炖，省时省力也利于防备敌人偷袭。据宋兆麟[1]《大兴安岭民族文物考察记》[2]中所载，研究人员曾随东北猎人至林海雪原中狩猎，猎人们晚餐吃的狍肉、鹿肉都只煮到六七分熟便取出来，一边用猎刀切一边咬，肉还冒着血丝。作者要求猎人们再煮一会，猎人们异口同声地说："煮烂了不香，半生不熟好吃呀！"

宋兆麟笔下猎人们的风俗虽与其特殊的环境相关，但多多少少能折射出东北旧时粗犷的饮食之风。炊具简陋如斯，工艺自然也不会太精细，没有觥筹交错和曲水流觞，大家大口喝酒大块吃肉，乱炖便是这种粗犷民风的集大成菜式，豆角、土豆、茄子、青椒、番茄、木耳……管它什么食材只要能炖便一起扔到锅里连同排骨一起炖熟，吃的时候根本不需要盛碗，一口锅就是一桌子人的菜量，这才是马上民族的本色。

（本图由"老吴家牛鞭"提供）

1　宋兆麟（1936—至今），当代考古学家。著有《中国原始社会史》《巫与巫术》。

2　该文未刊，转引于《中国饮食史·卷一》第263页。

除了乱炖，东北还有传统的"四大炖"：猪肉炖粉条、小鸡炖蘑菇、鲇鱼炖茄子和排骨炖豆角；后有人又扩展出了东北"八大炖"，不过其他四样便再无定论。其实，无论是"四大炖"还是"八大炖"，都未脱离东北菜的一个核心，那便是平民化。

中国传统有四大菜系，鲁菜号称"宫廷菜"，淮扬菜号称"文人菜"，粤菜号称"商人菜"，而川菜号称"百姓菜"。然而，就算是以"百姓菜"著称的川菜，也不乏蓉派川菜这等精致细腻的公馆菜，更不用说"一菜一格、百菜百味"的"御府养生菜"。东北菜的平民化比川菜彻底得多，"四大炖"里的猪肉、小鸡、鲇鱼和排骨统统都是草根食品，几乎不存在"吃不起"的问题；东北菜的菜名起得也粗糙，"杀猪菜"这种名字也只有不拘小节的东北汉子能叫得出来；配菜就更简单，只用些葱、辣椒等调味——中国菜讲究色香味俱全，光颜色这一条，东北菜似乎便上不了大雅之堂。从四大菜系到八大菜系，东北菜均排不上号，在"食不厌精，脍不厌细"的汉人眼中那是再正常不过。

东北菜"不入厅堂"，东北菜馆却偏偏能遍地开花。放眼中国的各大城市，除了川菜以外，还真没有哪个菜系能与东北菜争锋。粤菜尚还有些市场份额，淮扬菜与鲁菜则几乎从普通食客的视野里消失了。物美价廉自然是东北菜的一大优势，但仅靠价格优势还远远撑不起一股流行风潮。

事实上，看上去精致不足的东北菜亦有其独到之处与特殊的发展历程。在历史上，东北大致处于"边而不塞"的地位，因而得以融合汉族与诸多少数民族的饮食习惯、审美观点及烹调技术。19世纪，中国黄河下游连年遭灾，大量关内人尤其是山东人向东北迁徙，这便是规模庞大的"闯关东"。"闯关东"带去了山东文化，同时也带去了鲁菜的技艺与传统。"闯关东"的影响如此之大，以至于不少人认为东北菜是鲁菜的分支，这一论断虽然未必正确，但东北菜确实在鲁菜北传之后发生了巨大转变，这里便包括对鲁菜不少烹饪技法的吸收与发扬。

东北位于中原王朝的边疆，这意味着东北的范围也会随着历代中原王朝国势的此消彼长而变化。清代疆域达到鼎盛时，东北的边界曾向北推进到外兴安岭、向东延伸到库页岛。鸦片战争后，清王朝国力衰退，东北的土地也逐渐沦丧。咸丰八年

（1858年）和十年（1860年），《瑷珲条约》《中俄北京条约》的签订使东北从此以黑龙江、乌苏里江为界被划分给两个国家，黑龙江以北、乌苏里江以东和库页岛从此不再属于东北，而变成了"外东北"。

一国扩张的光辉总是伴随着另一国被侵略的耻辱，但从另一个角度来看，东北菜也因此获得了新的融合机遇。为了控制远东，俄国人修建了世界上最长的铁路：西伯利亚铁路。这条横跨了整个亚欧大陆的铁路在将俄国军队与商人运到远东的同时，也让大量俄国食材、菜品和烹饪方式一并流入中国，并归化成为中华美食——主要是东北菜的组成部分。伪满洲国统治时期，相对于关内的混乱，东北反而出现了一小段文化交流高潮，东北菜对香肠、啤酒、面包等舶来品吸收甚多，在这种兼容并蓄的潮流中，东北菜也逐渐带上了一丝混血色彩。比如，著名的哈尔滨红肠，其实源于俄罗斯；锅包肉原本为焦烧肉条，为适应俄国人的饮食习惯而改成了甜口；东北菜中号称"最东北"的龙江菜，有一道招牌菜叫"得莫利炖鱼"，关于这个明显是音译词的"得莫利"，有两种说法：一说其源于满语中的"dogon"，也就是"渡口"；另一说其源于俄语中的"Домой"，也就是"回家"。真相为何已经说不清楚，这种不明不白的状况，反而让东北菜中西合璧的色彩变得很明白。相较之下，小鸡炖蘑菇这道菜在东北，真算得上"根正苗红"的中国菜了。

食后感

　　作为东北菜的"当红花旦"，在浩如烟海的中华饮食中，小鸡炖蘑菇实在算不得什么高贵的菜品，然而，正是平凡给予了它无限的生命力——整个东北菜也正是如此。事实上，孕育出清朝的东北也曾有过满族人的宫廷宴，但几百年过去，"四大炖"还在，曾经的飞龙宴却早已化成历史的回忆。人类无论在饮食上花了多少精力与智慧，总会有那么一刻，想单纯地学学东北大汉，手持铜琵琶和铁棹板唱一支"大江东去"，这个时期，如果恰逢寒冬，还是小鸡炖蘑菇要来得暖心些。

　　小鸡炖蘑菇也的确没什么可言说的历史。其实背后的东北，也常常不见于以史料详尽闻名的历代中原王朝典籍之中，更不用提东北菜了。然而这样的菜式似乎也永远不会灭绝，因为它实在太简单、太直接了，一口锅、一把火，无论东北的边疆变换了多少，这里的山川江河都离开不一个大写的"炖"字。

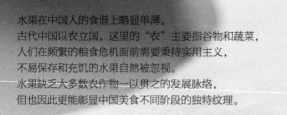

水果在中国人的食谱上略显单薄。
古代中国以农立国，这里的"农"主要指谷物和蔬菜，
人们在频繁的粮食危机面前需要秉持实用主义，
不易保存和充饥的水果自然被忽视。
水果缺乏大多数农作物一以贯之的发展脉络，
但也因此更能彰显中国美食不同阶段的独特纹理。

本课包含苹果、柑橘、槟榔、榴莲，涵盖众多朝代传入中原的不同水果、药材等植物，
以及它们遇见中原的独特历程。

果品

×

FRUIT

苹果：凡易其手的水果『王冠』

中国有一首流传度不低的顺口溜："一二一，走整齐，香蕉苹果大鸭梨"。顺口溜从不要求文采飞扬，而更讲究通俗易懂、朗朗上口。香蕉、苹果、梨都是中国人司空见惯的水果，这几种水果组成的"水果拼盘"当然足够接地气，不少幼儿园老师拿它当列队口号，这一句顺口溜也因此牵动着不少孩子的肌肉记忆。

以"外行"的眼光来看，将苹果视为中国本土水果的代表似乎不为过。从经济的角度讲，这种判断很合理：中国苹果的知名产地也很多，从烟台到洛川到天水再到阿克苏，苹果的拥趸们可以轻松地挑选出自己的心头好。21世纪10年代，中国更成为世界上最大的苹果生产国和消费国。从历史的角度讲，这种判断也很合情：改革开放前，当热带水果还没有在中国大陆亮相时，苹果是水果摊上永恒的主角。从文化的角度讲，这种判断还很合乎"文法"："苹果"两字初看起来极符合汉字六书——草字头的形声，而"果"同样是水果名称常见的尾缀，比如芒果、火龙果、百香果……

但事实上这些推论都不严谨。生产量大与水果的原产地并无关联，中国同样是香蕉、西瓜的生产大国，但香蕉原产东南亚，西瓜更是原产于遥远的非洲。植物的历史以万年甚至亿年为单位，一代人的群体记忆无法定义水果的源流。而"苹果"符合汉字六书更是个错觉：苹果为木本植物，却用了草本的名——这种"张冠李戴"反倒常见于外来水果，如"榴莲""芒果"更严谨的写法是"榴梿""杧果"；以"果"命名的规则同样如此，如火龙果和百香果原产中美洲，无花果原产地中海沿岸，人参果原产南美洲……为这些远道而来的水果冠以"果"字颇有些刻意，但确实能避免人们被其名称迷惑。

以"内行"的眼光来看，苹果的"身世"要复杂得多。"苹果"之名源于佛经中的"苹婆果"，引入中原的时间大致与玄奘西行相当；苹果之实源于西洋，引入中国的时间可以精确到1871年，传入者为美国传教士倪维斯。然而，将苹果视为纯粹的舶来品似乎又并不符合史实。且看明代文震亨[1]《长物志·蔬果》中的记载："西北称'柰'……即今之'苹婆果'是也……吴中称'花红'，即名'林檎'，又名'来禽'。"

西汉司马相如《上林赋》云："樗柰厚朴。"既然柰是苹果的古称，那苹果的历史至少能追溯到西汉，又何有舶来之说呢？这就是苹果身世复杂的原因：中国古代的苹果与当代的苹果所指不一，古代苹果为本土

---

1 文震亨（1585—1645年），字启美，明代人。著有《长物志》。文徵明之曾孙。

原生，果质绵软，故又称绵苹果；而当代苹果准确而言是西洋苹果，即美国传教士于19世纪末引入的品种。清末引入的农作物多以"洋"打头，但西洋苹果来到中国后很快征服了食客的肠胃，以至于时人称苹果二字时默认为西洋苹果，久而久之"苹果"二字自然也就被这一舶来品"抢注"了。

不过，西洋苹果反客为主只是苹果复杂身世中的一部分——甚至还是一小部分。文震亨笔下的柰、苹婆果、林檎，哪一个名字单拎出来都能讲出一个漫长的故事。当然，再漫长的故事都要有一个开端，苹果的开端，正是"樗柰厚朴"中的柰。

柰与林檎：各领风骚数百年

西汉武帝时期，"赋圣"司马相如创作了两篇传世的散体大赋：《子虚赋》和《上林赋》。在《上林赋》中，司马相如以极为华丽的笔法描绘了上林苑中的奇花异草、飞禽走兽，其中便有一句"樗柰厚朴"。这四个字作为文学想象，未必能证明司马相如确实看到了上林苑中的柰，不过西汉辞赋家扬雄的《蜀都赋》中有"杜樗栗柰"，东汉王逸《荔枝赋》有"酒泉白柰"，许慎《说文解字·木部》亦有"柰，果也"的解释，柰在两汉学者的著述中早已不算罕见。

比较值得注意的是以下两条记载。西汉刘歆[1]《西京杂记》言："初修上林苑。群臣远方各献名果异树……柰三：白柰、紫柰（花紫色）、绿柰（花绿色）。"汉武帝刘彻所修的上林苑可谓西汉最负盛名的皇家园林，也被视为中国历史上第一个植物园及动物园，内臣外藩为庆祝园林竣工所献的，自然都是"名果异树"。不过这并不代表柰在中原罕见，而仅指白、紫、绿三色的柰较为稀少。因为对于普通的柰，汉代人已司空见惯并学会了将其制为果脯，恰如刘熙《释名》中所言："柰脯，切柰暴乾之，如脯也。"

《黄帝内经·素问》云："五谷为养，五果为助。"柰在汉代成为百姓"助米粮"之物，可见其物并不稀罕。柰在中国分布广泛，南朝陶弘景认为柰"江南乃有，而

---

1 刘歆（？—23年），字子骏、颖叔，西汉经学家。著有《三统历谱》《七略》。刘向之子。曾计算出圆周率为3.1547，世称"刘歆率"。《西京杂记》原稿为刘歆所著，经晋代葛洪辑成。

北国最丰，皆作脯，不宜人"。这一判断也得到
了其他文献的印证，晋代郭义恭《广志》记：
"柰有白、赤、青三种。张掖有白柰，酒泉
有赤柰。西方例多柰，家以为脯，数十百
斛，以为蓄积，如收藏枣栗。"《太平御
览》中晋代张载诗云："江南都蔗，酿液丰
沛，三巴黄甘，瓜州素柰。凡此数品，殊
美绝快……"后魏杨衒之[1]《洛阳伽蓝记》亦
有"（白马寺）浮屠前，柰林蒲萄异于余处，枝
叶繁衍，子实甚大……承光寺亦多果木，柰味甚美，
冠于京师"的记载。

张掖、酒泉、瓜州、洛阳均属"北国"，而前三地所在的河西走廊，直到唐代
依然是柰的著名产地。《新唐书·地理志》载："陇右道甘州，土贡……冬柰。"唐
代段成式的《酉阳杂俎》载"白柰出凉州野猪泽，大如兔头。"甘州、凉州即张
掖、武威，由魏晋而唐，数百年间王朝更迭、地名变换，柰却一直守着一方水土。
不过从这些斑驳的记载中也能看出普通的柰虽不稀罕，但味道也"不宜人"，因此
百姓宁愿将其做成果脯"以为蓄积"。至于瓜州素柰之类名品，大约不是寻常百姓
所能轻易品尝的了。

文震亨笔下的柰，又名"林檎""来禽"，林檎在《西京杂记》中同样为"群臣
远方"所献之物，共有十株。与柰相似，汉晋古籍中同样不乏林檎的身影，如左思
的《蜀都赋》："林檎枇杷，橙柿樗楟。"谢灵运《山居赋》："枇杷林檎，带谷映渚。"
比较有趣的是，"书圣"王羲之[2]《十七帖》中亦有一幅《来禽帖》，其文曰："青李、
来禽、樱桃、日给藤子皆囊盛为佳，函封多不生。"

何为"来禽"？宋代洪玉父[3]云："此果味甘，能来众禽于林，故有'林禽''来
禽'之名。"

洪玉父对林檎的溢美之词颇能代表宋代人对林檎的喜爱。有宋一代，林檎常见
于亲友馈赠，北宋梅尧臣即有《宣城宰郭仲文遗林檎》一诗云："右军好佳果，墨
帖求林檎。君今忽持赠，知有逸少心。密枝传应远，朱颊映已深。不愁炎暑剧，幸
同玉浆斟。"王羲之字逸少，官至右军将军，因此诗中的"右军""逸少"即王羲
之；"墨帖求林檎"一句，是引用了《来禽帖》的典故。梅尧臣见友人赠林檎后欢

1　杨衒之（生年不详，约卒于北齐文宣帝天保中），刘知几《史通》作姓羊，北魏人。著有《洛阳伽蓝记》。

2　王羲之（321—379年，一说303—361年），字逸少。东晋书法家。代表书法作品《兰亭集序》被誉为"天下第一行
　　书"，其他著名作品有《黄庭经》（楷书）、《快雪时晴帖》《丧乱帖》（行书）、《十七帖》（草书）。有"书圣"之称。与其
　　子王献之并称为"二王"。

3　洪玉父，即洪炎（1067—1133），字玉甫，北宋人。著有《西渡集》《尘外记》《侍儿小名录》。黄庭坚之外甥，汇编黄
　　庭坚《豫章先生集》。李时珍《本草纲目》中作"洪玉父"。"父"通"甫"，为对男子的美称，多附于字之后。

喜非常，称"不愁炎暑剧"，可见林檎在宋代是消暑佳果。

孟元老的《东京梦华录》、吴自牧的《梦粱录》，分别是记录北宋东京、南宋临安风土人情的重要著作，前者记载了"林檎旋乌李""林檎干""成串熟林檎"等小吃时果，后者则有"林檎……熟如花木瓜，尝进奉，其味蜜甜"的描述。南宋画师林椿[1]有《果熟来禽图》一幅，画中的林檎有虫噬痕迹，而且还真的引来了小鸟立于枝头，可谓不着一字尽得果香了。

两宋时期柰依然为人熟知，洛阳也依然是柰的重要产地，如北宋周师厚[2]的《洛阳花木记·果子花》便记载了十种柰。不过整体而言，宋人更青睐于具有"来众禽于林"美好寓意的林檎。饶有趣味的是，《洛阳花木记》中柰与林檎并非同种水果，林檎本身便被分为六类；而那十种柰中，除了传统的蜜柰、红柰等，还有一种名称"古怪"的频婆——没错，正是这个频婆，将用一千年的时光孕育出一个更为人所知的水果名称：苹果。

苹婆果：
浮事新人换旧人

盛唐是中国古代最光彩熠熠的时代。用韦应物的诗句来形容，此时的中国一派"雄都定鼎地，势据万国尊"的气象。史学上盛唐指的是从永徽元年（650年）到天宝十四载（755年），而在此之前，一位高僧刚刚结束了长达十七年的西行取经之路。这位高僧就是玄奘，也就是《西游记》中的主角唐三藏。

玄奘西行的主要目的是取"真经"，但其影响却不止于宗教文化。玄奘西行后，"东土大唐"与中亚的交流进一步加强，频婆果也随着这种风潮传入中原。虽然已无从考证频婆准确的传入时间，但可以初步确认这位引入者是僧人，因为频婆果最早见于汉字记载即在佛经之上。

说来有趣，佛经中的频婆果多用于形容佛祖的唇色。《华严经》的"唇口丹洁，如频婆果"，《大庄严经》的"唇色赤好，如频婆果"，《大般若经》"世尊唇色，光

1　林椿（生卒年不详），南宋画家。作品有《梅竹寒禽图》《果熟来禽图》。南宋孝宗淳熙（1174—1189）间曾担任画院待诏。

2　周师厚（1031—1087年），字敦夫，北宋人。著有《洛阳牡丹记》《洛阳花木记》，范仲淹之侄女婿。

润丹晖，如频婆果，上下相称"皆属此类。能被用于形容佛祖唇色，频婆果当然是红而光鲜。中唐僧人慧琳在《一切经音义》提及频婆果时便说道："婆果者，其果似此方林檎，极鲜明赤者。"当时频婆果初入中原，慧琳为便于描述其形态用林檎相比，可见林檎与频婆果虽然相似，但并非同一物。不过，民间传说却对这两种水果开了一个不小的玩笑。

唐代张鷟[1]在笔记小说集《朝野佥载》记载了众多朝野佚闻，其中便有一篇与林檎相关："贞观年中，顿丘县有一贤者于黄河渚上拾菜，得一树栽子大如指持归，莳之三年乃结子五颗，味状如柰，又似林檎多汁，异常酸美。送县，县上州。以其味奇，乃进之，赐绫一十匹。后树长成，渐至三百颗，每年进之，号曰朱柰，至今存。德、贝、博等州，取其枝接，所在丰足。人以为从西域来，碛渚而往矣。"这个故事讲河南顿丘有一人在黄河捡到一种子，种成后形如林檎，因而命名为朱柰。因为种子从黄河上游漂流而来，人们自然认为这种朱柰源于西域。《史记·大宛列传》记："于寘之西，则水皆西流，注西海。其东水东流，注盐泽。盐泽潜行地下，其南则河源出焉。"这里的盐泽即罗布泊，河即黄河——黄河源于西域罗布泊之说自张骞通西域之后便成为中原常识，因此《朝野佥载》的传奇可以理解为朱柰在唐代从西域传入中原一事的映射。

与张鷟大致同时代的郑常[2]，在其《洽闻记》记载了一个相似的故事："永徽中，魏郡临黄王国村人王方言，尝于河中滩上拾得一小树，栽埋之。及长，乃林檎也……王贡于高宗，以为朱柰，又名五色林檎，或谓之联珠果。种于苑中，西域老僧见之，云是奇果，亦名林檎……俗云频婆果。"这一故事脉络与《朝野佥载》中的大同小异，但朱柰、林檎、频婆果已经完全混同。

宋代以林檎为贵，频婆果受到的关注度不高，但并未绝迹。元代名医忽思慧[3]的《饮膳正要》中记载了柰、林檎和平波等果品，这里的"平波"即"频婆"的谐音。至明代时，饮食文化发展更盛，关于柰、林檎、频婆的记载日益增多，文人对其分类的研究也更清晰。如明代宋诩[4]在《竹屿山房杂部》中分别介绍道"柰，北方曰'火刺宾'，实甚甘""林檎，花似铁梗海棠，子半熟有浆。又名'来禽'""频婆，似林檎而大"。

李时珍在《本草纲目》中对这几类水果进行了统编：柰即频婆，而柰与林檎"一类二种"，林檎即"小而圆"的柰。相比之下，王世贞[5]在《弇州四部稿》的考据更深："'苹婆'当作'频婆'……频婆，今北土所珍而古不经见，唯楞严诸经有

1　张鷟（660年—740年，一说约658年—约730年），字文成，唐代人。著有《朝野佥载》《龙筋凤髓判》《游仙窟》。

2　郑常（约唐代宗大历中前后在世），唐代人。著有《洽闻记》。

3　忽思慧（生卒年不详），元代人，著有《饮膳正要》。元仁宗延祐年间（1314—1320）担任饮膳太医。

4　宋诩（约明代弘治、正德年间在世），字久夫，明代人。著有《竹屿山房杂部》。

5　王世贞（1526—1590年），字元美，明代人。著有《弇州山人四部稿》《嘉靖以来首辅传》《艺苑卮言》。明嘉靖、隆庆年间文学流派"后七子"领袖。

之……按《洽闻记》称'唐永徽中，魏郡人王方言尝于河中滩上拾得一小树，……俗云苹婆果'。按此乃真频婆果耳……今频果止生北地，淮以南绝无之，广固有林檎，岂得有频婆果耶！"

李时珍与王世贞，一个是医学大家，一个是文史大家，对频婆果的认识已不相同，遑论他人。有明一代，视三种水果为一体的有之，将其分类定义的亦有之，将文林郎、沙果、花红、相思果等与三种水果一道进行比较的亦有之。有趣的是，清代康熙皇帝也对这个问题颇有心得，于《康熙几暇格物编》中做了集大成的总结：

"李类甚繁，林檎其一也……此果味如蜜，能来众禽于林，故得'林檎''来禽''蜜果'诸称。《学圃余疏》谓花红即古林檎，误矣。花红，柰属也。柰有数种……小而赤者曰'柰子'，大而赤者曰'槟子'，白而点红或纯白、圆且大者曰'苹婆果'，半红白、脆而津者曰'花红'，绵而沙者曰'沙果'。《西京杂记》所以有素柰、青柰、丹柰之别也……盖李之与柰，其枝叶花实故区以别，而其子、核之异尤最易辨。坚而独者李类，柔小而四五粒者柰类。草木诸书皆以林檎附于柰类，其亦未尝体认物性矣。"

康熙皇帝所言虽然面面俱到，但也未必能与诸多文人达成共识。唯一能取得共识的，就是这些水果均生于北地，一旦移植于南方便失去了神韵，明代王世懋[1]在《学圃杂疏》中便感慨"北土之苹婆……吾地素无，近亦有移植之者。载北土以来，亦能花能果，形味俱减"，这未尝不是另一个版本的"橘生淮南则为橘，生于淮北则为枳"。

值得注意的是，王世懋乃王世贞之弟，王世贞在《弇州四部稿》首次使用"频果"这一简称，此说不见于《学圃杂疏》。几十年后，王象晋[2]《群芳谱》已经将"苹果"两字作为词条。"苹"繁体为"蘋"，与"频"相类，因此民间多有误传。王世贞不厌其烦地考证"苹"应为"频"，但带上草字头的"苹"作为水果名显然更符合大众认知，因此"苹婆果"取代"频婆果"的结局也难以避免了。

比王世贞、王世懋稍晚一些的时候，出过一位名叫王象晋的文人。从传统文人"太上有立德，其次有立功，其次有立言"的角度来看，王象晋可能称不上杰出，但从农业发展史的角度来看，他却有一项巨大的贡献：编撰了一部农学巨著《二如亭群芳谱》，简称为《群芳谱》。《二如亭群芳谱》洋洋洒洒四十余万字，其内容囊

---

1 王世懋（1536—1588年），字敬美、李美，明代人。著有《学圃杂疏》。
2 王象晋（1561—1653年），字荩臣，又字子进，明代人。著有《二如亭群芳谱》。

括了四百余种植物，被后世植物学家视为"植物学辞典"。两百年后，康熙皇帝命令汪灏大修的《御定佩文斋广群芳谱》，正是以《二如亭群芳谱》为蓝本进行增订的。

在《二如亭群芳谱》中，"苹果"两字正式作为词条出现了：

> "苹果：出北地，燕赵者尤佳。接用林檎体。树身笔直，叶青，似林檎而大，果如梨而圆滑。生青，熟则半红半白，或全红，光洁可爱玩，香闻数步。味甘松，未熟者食如棉絮，过熟又沙烂不堪食，惟八九分熟者最佳。"

王象晋不仅是理论派，更是实践派——在著书立作的同时，王象晋亲自督率家仆经营园圃，广泛种植各种蔬果，《二如亭群芳谱》正是这一系列农学研究的成果。在"苹果"词条中，王象晋很接地气地形容其颜色为"生青，熟则半红半白，或全红"，形容其外貌和气味为"光洁可爱玩，香闻数步"，又形容其口感为"味甘松，未熟者食如棉絮，过熟又沙烂不堪食，惟八九分熟者最佳"，这些细致入微的描写都不是书斋中的士大夫能够考据出来的，非有切身体会不可。相比《二如亭群芳谱》，其他的农学著作就很难如此生动。且以王世懋的《学圃杂疏》对比：

> "花红，一名林禽，即古来禽也。郡城中多植之。觅利味苦，非佳。而特可观，北土之蘋婆，即此种之变也，吾地素无，近亦有移植之者，载北土以来，亦能花能果，形味俱减，然犹是奇物，王相公园俱有之。二种虽贵贱难易迥别，吾圃中各植三两株足矣，来禽种虽易，然与桃性俱多虫而易败，种者苦于剔虫，若桃则数年一易可耳。"

王世懋在自己的花圃中也分别种了三两株花红和蘋婆，但只言及其习性，如"多虫而易败"之类，而王象晋如"未

熟者食如棉絮，过熟又沙烂不堪食"之类的描述，是半分未见。王世懋与王象晋同样精通农学，但王象晋更像是一个真正的果农，对植物有着发自内心的热爱。最熟悉水果特性的是果农，但果农却往往不通文墨；最能将实践抽象成理论的是文人，但文人却往往不事生产——王象晋二者兼备，这是他最难能可贵的地方。

× 西洋苹果：逐退群星与残月

仔细梳理由汉至清的历史，可以发现以下线索：柰、林檎可能是在汉代由西域传入的，而频婆果则确定是在唐代传入。然而历代文人对这些水果的分类一直未有公论，柰、林檎、频婆果各有拥趸，直到明清时期才勉强被"打包"在一起，以"别名"的形式组成"苹果联盟"。不过，这一切很快变得不再重要，因为苹果界即将迎来"五千年未有之大变局"。

道光二十年（1840年），鸦片战争爆发，清帝国的国门被欧洲人的坚船利炮打开；同治十年（1871年），美国传教士约翰·倪维斯（John L. Nevius）将一种与苹果相似的水果引进山东烟台，并沿用了"苹果"之名，这种新传入的水果也因此被称为西洋苹果。

西洋苹果引进史在民国初年徐珂[1]的《清稗类钞》中记载得很详尽：

"苹果为落叶亚乔木，干高丈余，叶椭圆，锯齿甚细，春日开淡红花。实圆略扁，径二寸许，生青，熟则半红半白，或全红，夏秋之交成熟，味甘松。北方产果之区，首推芝罘。芝罘苹果，国中称最，实美国种也。美教士倪费取美果之佳者，植之于芝罘，仍不失为良品，非若橘之踰淮而即为枳也。皮红肉硬，可久藏，然味虽佳而香则逊。人以其原种之来自美国旧金山也，故称之曰金山苹果。"

徐珂同样记载了林檎：

1　徐珂（1869—1928年），原名昌，字仲可，近代文学家。著有《清稗类钞》。曾任商务印书馆编辑。

"落叶亚乔木，高丈余，叶椭圆，有锯齿。春暮开花，五瓣，色白，有红晕。夏末果熟，形圆，味甘酸，可食，俗称'花红'，北方谓之'沙果'，较大而甘美。日本亦有此称，则指苹果而言也。"

徐珂著书时，东西方之间已有相对充分的文化交流，徐珂的视野不止于中国，《清稗类钞》自然非前朝著述可同日而语，这从"落叶亚乔木"这一植物学术语便能看出。这一段论述信息量巨大：芝罘属于烟台，"倪费"即倪维斯，徐珂点明了这种新引入的苹果来自美国旧金山，因此被称为"金山苹果"；同时还提到日本人将苹果称为林檎。后一点当然是日本文化受中华文化影响的例证，但意义却不止于此。

约翰·倪维斯之后，西洋苹果很快在山东流传开来。光绪十四年（1888年），威海开辟了苹果园；光绪二十三年（1897年），德国侵占青岛后建植物园，从欧洲引进73个苹果品种试栽，并于1902年大力推广其中的11个品种，青岛苹果种植业发展起来。至20世纪30年代，烟台、威海、青岛已是苹果园林立。正如徐珂所言，这些地方产出的苹果"国中称最"，很快淘汰了历史更为久远的柰、林檎和频婆果，"苹果"之名也渐渐为西洋苹果所占据。

然而，这些源于美国、德国的苹果也并未"笑"到最后，中国苹果的最后一股风潮，正要从日本缓缓吹来。1939年，日本青森县藤崎町农林省园艺试验场东北支场以原产美国的国光、元帅两种苹果为亲本，杂交出了富士苹果。20世纪60年代后期，中国曾小规模引入富士苹果，但试种结果并不理想，因此没有扩展开来。

1968年，日本大力推广富士苹果取代国光苹果，同年，日本长野县首次发现富士着色系枝变，在此之后直到20世纪80年代，日本已发现100多个品系的着色系富士苹果。着色系红富士苹果产量大、质量优、耐贮存而且色泽艳丽，很快就成为日本甚至世界范围内最受欢迎的苹果。1979年，中国开始大规模引进着色系富士苹果，这些苹果就是日后将统治中国苹果界的、大名鼎鼎的红富士苹果。

红富士苹果传入后，在很短时间内就彻底改变了中国苹果生产的品种布局。在此之前，中国苹果以小国光、青香蕉、红香蕉等品种为主，这些品种或果实小，或色泽差，或不耐贮存，红富士在这些品种面前的攻势之摧枯拉朽可想而知。如果将柰、林檎、频婆果比为星光，将之前的西洋苹果比为月亮，那红富士苹果真称得上"一轮顷刻上天衢，逐退群星与残月"了。

几十年过去，从东北到云南，从山东到新疆，红富士苹果在中国大大小小的苹果产区独占鳌头，也由此重塑了中国人的群体记忆，以至于有些红富士苹果的拥趸看到这个名字都会心生疑惑：这么"中国"的水果，为什么会起"富士"这么具有日本风格的名称呢？当然，有此疑问的人可能更不会想到，"苹果"这两个字本身就带有浓浓的异域风情吧……

食后感

　　苹果是不是中国传统水果？这个问题显然厚重而复杂。从植物学的角度来看，新疆是苹果的发源地之一，柰、林檎源自新疆的野苹果应无异议，而直到如今新疆伊犁地区仍分布着大片野生苹果林。从文化的角度来看，柰、林檎至晚在汉代前期就已经开始了"归化"之路，频婆果略晚一些，也经过了宋元明清长达几代的文化浸润——将苹果视为中国传统水果的成员，似乎没什么问题。

　　但事实又没这么简单。从某种角度来看，中国的苹果史其实是一部水果名称的"定义史"，或是一个个以"苹果"为名的水果"更迭史"。无论汉人眼中的柰、宋人眼中的林檎、明人眼中的频婆果多么惹人怜爱，都与19世纪末期才传入中国的西洋苹果毫无关系。严格而论，"抢注"到苹果之名的西洋苹果也并没有守好这片江山，如果没有红富士苹果的崛起，相对"传统"的西洋苹果也未必能在中国人的水果食谱上占据主导地位，更不用说与香蕉、梨等日常水果一道被信手拈来，组成朗朗上口的顺口溜。

　　不过，从这一次次转折也能够看出，人类的群体记忆是很容易被改写的——且以21世纪为起点向前回望吧，红富士苹果用二十年时间书写的故事，覆盖了西洋苹果用一百年书写的传奇；而西洋苹果用一百年书写的传奇，覆盖了柰、林檎、频婆果用上千年书写的历史……柰、林檎、频婆果无疑已经被淘汰，"苹果"二字如同王冠，在数千年中几易其手，最终作为遗产被一代代的食客们送到了西洋苹果手中。而习惯了西洋苹果的食客们，当然会用定义已经改变的"苹果"，回过头再次定义历史上的苹果。这种"定义—反定义"的过程，当然也并非苹果所独有。过去未必能造就当下，当下也未必能决定未来。食于心，鉴于行，面对传统与未来，食客们理当有更开放的胸怀，和更深刻的领悟。

很多中国人对梨的第一印象，大约源于传统蒙学经典读物《三字经》，"融四岁，能让梨。弟于长，宜先知"。这里所说的"孔融让梨"一事发生在三国时期，唐代李贤[1]注《后汉书·孔融传》时引用的《融家传》记载了这个故事的前因后果："年四岁时，与诸兄共食梨，融辄引小者。大人问其故，答曰：'我小儿，法当取小者。'由是宗族奇之。"

"孔融让梨"的典故"带火"了梨，让这一枚小小的水果与道德风尚联系在一起。其实在三国时期，还有一个典故同样以水果为主角，而且体现了中国传统孝道，那就是"怀橘遗亲"。《三国志·陆绩传》载："陆绩字公纪，吴郡吴人也。父康，汉末为庐江太守。绩年六岁，于九江见袁术。术出橘，绩怀三枚，去，拜辞堕地，术谓曰：'陆郎作宾客而怀橘乎？'绩跪答曰：'欲归遗母。'术大奇之。"陆绩六岁拜见袁术时，见到美味的柑橘便想带回家给母亲尝尝，袁术因此对其另眼相看。在《三国演义》中，诸葛亮舌战江东群儒时看到陆绩，第一句话便是"公非袁术座间怀桔之陆郎乎"，可见这一事迹已经成为陆绩的"名片"。虽然在演义中陆绩只是诸葛亮的陪衬，但"怀橘遗亲"却在元代被列入"二十四孝"，成为中国传统美德中一个永恒的图腾。

作为中国土生土长的水果，柑橘与中华民族、中国文化的融合远迈信史，其文化含义之丰富在众多水果中显得出挑甚至有些耀眼，远非"怀橘遗亲"中的一个"孝"字所能涵盖。周代时，南方的楚人便以橘树为"封疆之木"，汉代谶书《春秋运斗枢》言："璇枢星散为橘。"北斗七星第一星为天枢，第二星为天璇，这暗示着柑橘本非凡物，而是北斗七星散开所化。西汉刘向[2]《列仙传》中，穆天子与王母瑶池相会时"食白橘、金橘"，橘在此亦是"只应天上有"的仙果。而在唐代牛僧孺[3]《幽怪录》中，橘的传奇愈加奇幻："巴邛橘园中，霜后见橘如缶，剖开，中有二老叟象戏。一叟曰：'橘中之乐不减商山，但不得根深固蒂耳。'一叟取龙脯食之。食讫，余脯化为龙，众乘之而去。"巴邛的柑橘中居然有两位能乘龙踏月的仙人对弈，象棋由此被称为"橘中戏"暂且不提，小小柑橘所蕴含的灵气自是不言而喻。

柑橘是天上星辰，也是盘中美食；关于柑橘的神话缭绕于星空，而其历史则扎根于大地。

---

1 李贤（655—684年），字明允，唐高宗李治第六子、女皇武则天次子，谥号"章怀太子"。曾召集文官注释《后汉书》，史称"章怀注"。

2 刘向（公元前77—公元前6年），字子政，原名刘更生，汉代经学家、古琴家。著有《新序》《说苑》《战国策》《列女传》《琴说》，被尊为"中国目录学之祖"。刘歆之父。

3 牛僧孺（780—848年），字思黯，晚唐人，"牛李党争"中的"牛党"领袖。著有《玄怪录》。《玄怪录》在宋代因避赵匡胤始祖玄朗之讳，改名《幽怪录》。

以当下的眼光审视，柑橘绝不是稀罕物，与榴莲、车厘子、红毛丹等热带水果相比，柑橘更容易让食客有物美价廉的感觉。然而，柑橘在中国历史上的出场却颇为惊艳：在夏代，柑橘是作为扬州的贡品，被送往千里之外的都城阳城。《尚书·禹贡》载："淮海惟扬州……厥篚织贝，厥包橘柚，锡贡。"

东汉崔寔《政论》说："橘柚之实、尧舜所不常御。"可见尧舜禹时期的柑橘尚比较罕见，禹建立夏朝后以柑橘为贡品便不足为奇了。当然，这也与三代时期中原王朝的统治疆域不广有关。《周礼·考工记》言："橘逾淮而北为枳。"柑橘只适合生长在淮河以南的地区，而夏朝以黄河中下游为统治中心，在运输、保鲜技术尚不发达的时代，即便贵为天子，想要吃到甜美的柑橘也是不容易的。

"橘逾淮而北为枳"，正是晏子使楚时所说名言"橘生淮南则为橘，生于淮北则为枳"的源头。从现代植物学的角度来看，橘与枳同科但不同属，古人观察到淮南淮北橘枳相异，以为是一种水果因水土变化导致了果实口感不同，这种误解在古代并不罕见，如惊蛰第三候为"鹰化为鸠"，当然不是鹰真的能化为鸠，但这一个"化"字反而透出了些许浪漫。

一道淮河划出了自然地理的边界，也让柑橘在相当长的一段时间里保持着稀缺属性。战国时期《吕氏春秋》品评天下"果之美者"时依然对"江浦之橘，云梦之柚"念念不忘，而到了汉代，西汉武帝刘彻的"皇家植物园"上林苑也少不了以柑橘作为点缀，司马相如《上林赋》中便有"卢橘夏熟，黄甘橙楱"的记载。汉代统治中心依然在黄河流域，为了保证柑橘供给，朝廷专门在南方各个柑橘产区设置了橘官，专司柑橘生产、赋税事项。《汉书·地理志》记载："鱼复，江关，都尉治。有橘官。"东汉杨孚[1]《异物志》记载："橘为树，白华而赤实，皮既馨香，里又有美味。交趾有橘官长一人，秩三百石，主岁贡御橘。"

《汉书》中所提的鱼复位于三峡地区，这里一直是柑橘的传统产区。关于鱼复还有一个典故：三国时期刘备伐吴引发夷陵之战，兵败撤退最后的据点便是鱼复。当时的刘备已不复当年英雄气，万念俱灰下将此地改名为永安——只是世事怎能永安，四十年后曹魏灭蜀，又过十余年，王浚楼船沿着万里长江直下益州，永安的柑

1　杨孚（生卒年不详），字孝元，东汉人。著有《异物志》。是史家公认的岭南第一位著书立说的学者。

橘再次见证了一段弥漫的战火硝烟。

《史记·货殖列传》中有"蜀、汉、江陵千树橘……此其人皆与千户侯等"的记载，种柑橘千棵的收入竟能与千户侯的俸禄相等，司马迁虽然写的是商业，但两汉时人们对柑橘的喜爱不言而喻。西晋统一后国祚不久，南北朝时期天下四分五裂，虽然天下一直动荡，但人们对柑橘的喜爱并未消退，南北朝最终为隋文帝杨坚统一，这位皇帝也是出名的柑橘拥趸。当时四川农人已经发展出了"以蜡封蒂"的保鲜技术，令长安的王公贵族们也能一饱口福。

中国历代多建都于北方，京城距离柑橘产地毕竟路途遥远，因此"橘生淮北"的尝试一直没有中断，唐代开元年间，唐玄宗李隆基在蓬莱宫种下了十枚柑橘种子，至天宝年间结实，当时群臣将其视为祥瑞，进贺表颂圣道"伏以自天所育者，不能改有常之性，旷古所无者，乃可谓非常之感"。祥瑞自非常态，李隆基的成功看来未能复制，因为直到北宋，司马光看到洛阳有人试种金橘成功还啧啧称奇，并作诗感叹到"江南江北徒虚语，尽信前书是不宜"。

两宋文人对橘的青睐体现在方方面面。北宋李纲《食橘》诗中的"洞庭一夜天雨霜，橘林绿苞朝已黄。远题书后三百颗，入手便觉秋风香"两联，颇能与苏轼《食荔枝》中的"日啖荔枝三百颗，不辞长作岭南人"媲美。欧阳修[1]曾写《归田录》，也饶有兴趣地钻研起了柑橘保鲜技术："金橘，以远难致……其欲之留者，则于绿豆中藏之"，并且解释了原因：橘性热而豆性凉，故能久也。更重要的是，南宋韩彦直[2]创作了中国最早的柑橘专著《橘录》，将柑橘系统地分为柑八种、橘十四种、"橙子之属类橘者"五种，并记载了每种柑橘的品种形态、栽培技术、贮藏方法等，可谓集柑橘技术之大成，其影响远波海外。

虽然李隆基能"改有常之性"，司马光叹"江南江北徒虚语"，但"橘生淮南则为橘，生于淮北则为枳"的"魔咒"最终也没有被打破，柑橘还是把最美好的味道留在了南方。而随着交通及保鲜技术的发展，中国人也接受了柑橘的天性，让其充分享有南方的天时地利。至明代时，江南柑橘产业已蔚为大观，明代徐霞客[3]在《徐霞客游记·浙游日记》记载了衢州柑橘的盛况："过花椒山，两岸橘绿枫丹，令人应接不暇……橘奴千树，筐筐满家，市橘之舟鳞次河下。余甫登买橘，舟贪风利，复挂帆而西。"柑橘交易之繁忙，跃然于纸上。明清时期，柑橘名品众多，南方橘风吹遍九州，柑橘之色也成为中国传统水果最重要的底色之一。

1　欧阳修（1007—1072年），字永叔，北宋人。主持编撰《新唐书》，著有《新五代史》。北宋古文运动代表人物，与唐代韩愈、柳宗元和宋代苏洵、苏轼、苏辙、王安石、曾巩并称为"唐宋八大家"。

2　韩彦直（1131—？），字子温，南宋人。著有《橘录》。韩世忠之子。

3　徐霞客（1587—1641年），字振声、振之，名弘祖，号霞客。明代人。著有《徐霞客游记》。

柑橘解馋，亦可述志

柑橘能解馋，更能述志。在数千年来的述志抒怀中，柑橘岁寒不凋、枝繁叶茂的"风骨"也逐渐被重视、传颂和讴歌，成为承载文人胸怀的重要意象。如果要为这一意象定一个起点，那自然是屈原的《橘颂》。

《橘颂》是屈原《九章》中的一篇。屈原是战国末期人，这一时期在作品中提及柑橘的并非屈原一人，但屈原却是第一个将柑橘文学化的诗人。《橘颂》写道："后皇嘉树，橘徕服兮。受命不迁，生南国兮。深固难徙，更壹志兮……愿岁并谢，与长友兮。淑离不淫，梗其有理兮……"在这里，柑橘只适应南方水土、在寒冬依然苍翠的习性被解读为忠贞专一、不改操守，正与屈原独立不迁、热爱祖国的情操交相辉映。

一种水果的"品德"如何，有时也需要运气。第一个诗人灵光一闪的比喻，会成为后人乐于引用的典故；而当遵循的人多了，典故就会变成传统，最终在千百年的岁月中写入一个民族的群体记忆。柑橘有幸遇见屈原，只一篇《橘颂》便将其不屈、爱国、高洁品格定型，于是后世的文人在陷入与屈原相似的境遇时，便难免会以橘自喻了。

南朝宋谢惠连的《甘赋》云："嘉寒园之丽木，美独有此贞芳；质葳蕤而怀风，性耿介而凌霜。"南朝梁虞羲《橘诗》云："冲飙发陇首，朔雪度炎州。摧折江南桂，离披漠北楸。独有凌霜橘，荣丽在中州。从来自有节，岁暮将何忧！"隋代李孝贞《园中杂咏橘树诗》云："嘉树出巫阴，分根徙上林。白华如散雪，朱实似悬金。布影临丹地，飞香度玉岑。自有凌冬质，能守岁寒心。"唐代名相张九龄《江南有丹橘》云："江南有丹橘，经冬犹绿林。岂伊地气暖？自有岁寒心。可以荐嘉客，奈何阻重深。运命唯所遇，循环不可寻。徒言树桃李，此木岂无阴？"柳宗元《南中荣橘柚》云："橘柚怀贞质，受命此炎方。"这林林总总的诗赋名篇中，频见"凌霜""凌冬""岁寒"之语，这是承接了屈原"愿岁并谢"的志向；而"受命此炎方"一句，未尝不能看出"受命不迁，生南国兮"的情怀。南宋刘辰翁因《橘颂》而称屈原为"咏物之祖"，由此看来，实至名归。

不过，柑橘在历代文人的歌颂中，也并未丢掉美食的"本色"。除去众多托橘言志的诗赋，歌颂柑橘美味的佳作也不在少数。汉晋时期赋体兴盛，这一期间不少文人均有为柑橘而做的名赋，如以《闲居赋》闻名的晋代文坛领袖潘岳便有一篇《橘赋》，颂橘云："嗟嘉卉之芳华，信氛氲而芬馥，既蓊茸而菶菶，且参差而橘蓸。已郁郁而冬茂，亦离离而夏熟，至如广命宾客，历览游观，三清既设，百味星烂，炫熿乎玉案，照曜于金盘。"又如胡济《黄柑赋》曰："照曜原隰，荫映林荒；丹黄赫以晨炜，逸景接乎离光。若菱花之绣绮井，似烛龙之衔金珰。"这两篇赋"金""光"交错，寥寥数笔，小小柑橘，竟显得极具富贵之气。

而至唐宋时期，柑橘更在众多诗人笔下熠熠生辉。如张彤《奉和白太守拣橘》云："凌霜远涉太湖深，双卷朱旗望橘林。树树笼烟疑带火，山山照日似悬金。行看采掇方盈手，暗觉馨香已满襟。拣选封题皆尽力，无人不感近臣心。"皮日休《早春以橘子寄鲁望》："个个和枝叶捧鲜，彩凝犹带洞庭烟。不为韩嫣金丸重，直是周王玉果圆。剖似日魂初破后，弄如星髓未销前。知君多病仍中圣，尽送寒苞向枕边。"均道尽了柑橘之鲜香诱人。前者的"馨香满襟"自然好理解，后者的"犹带洞庭烟"则指著名的洞庭橘。唐代洞庭湖出产的柑橘名满天下，可频瑜曾作《洞庭献新橘赋》，对这一佳果满篇溢美之词："浮香外散，美味中成。照斜晖而金色，带晚润而霜清。圆甚垂珠，琪树方而孰可；味能适口，玉果比而全轻。"洞庭湖即是古时的云梦泽，洞庭负霜之橘冠绝天下，这与《吕氏春秋》将"江浦之橘，云梦之柚"列为"果之美者"的评判又形成了遥远的呼应。

如果说这些诗句对柑橘佳果的歌颂还显得含蓄，那韦应物《答郑骑首求橘诗》诗中"怜君卧病思新橘，试摘犹酸亦未黄。书后欲题三百颗，洞庭须待满林霜"就不乏幽默了。这首诗的副标题是"一作故人重九日求橘书中戏赠"，故人患病思念柑橘的味道，韦应物至橘林中看到柑橘又酸又青，于是写了一首诗相赠，虽然是"戏作"，唐人对柑橘的喜爱却绝非儿戏。

能够轻易推出，李纲"远题书后三百颗"一句便化自"书后欲题三百颗"。这两句诗的确容易让人联想到苏轼的名句"日啖荔枝三百颗"，不过精通美食之道的苏轼又怎会放过柑橘而专宠荔枝呢？苏轼有两首《浣溪沙》写得妙绝。一首曰："北客有来初未识，南金无价喜新尝，含滋嚼句齿牙香。"吃柑橘吃到口齿生香而大发诗兴，这还是第一层境界；另一首曰："香雾噎人惊半破，清泉流齿怯初尝。吴姬三日手犹香。"吴地女子手剥的柑橘三日还有余香，却不知是何处香气了……更妙的是苏轼还品尝过以黄柑酿成的"洞庭春色酒"，苏轼在《洞庭春色（并引）》中称其"色香味三绝"，这与苏轼的"诗书画三绝"倒大有呼应之处了。

柑橘能述志，更能解馋。在数千年的口腹缠绵中，柑橘早已超越了洞庭湖的渺渺波光，让无数文人墨客在吟诗作赋的同时，真正懂得了什么叫人间至味。

橘桔不辨，
雅俗共赏

柑橘承载着深沉的历史，凝融着丰富的内蕴，汇集着甜美的味道，但这一切更多吸引的是史学家、诗人和美食家。相比之下，百姓对柑橘的爱来得更直接也更简单——柑橘还有着讨喜的口彩。

"柑"谐音"甘"，"橘"谐音"吉"，"柑""橘"结合，正扣甘甜吉祥之意。不过，提到柑橘的口彩，就不得不讲一讲橘与桔之间的"公案"了。

"橘""桔"二字，原本字义与读音均不相同。东汉许慎《说文解字》中将橘归入果，将桔归入药。而且桔从木，吉声，转为拼音为"jié"，足以与橘的"jú"区分。然而，这两个风马牛不相及的字在时间的流逝中却渐渐走到了一起。

清初，屈大均[1]著《广东新语》一书记录家乡风土人情，其中有《木语·橘柚》一篇：

"吾粤多橘柚园，汉武帝时，交趾有橘官长一人，秩一百石，其民谓之橘籍，岁以甘橘进御。王逸云：'东野贡落疏之文瓜，南浦上黄甘之华橘。'是也。唐有御柑园，在罗浮。按罗浮柑子，开元中，始有僧种于南楼，其后常资进献，其属有赭、黄二色，大三寸者，黄者柑，赪者橘也。化州有橘一株在署中，月生一子，以其皮为橘红，瀹汤饮之，痰立释。曩亦进御，今为大风所拔，新种一株，味不及。化州故多橘红，售于岭内，而产署中者独异其类。有曰橙者，皮厚而皱，人多以白

---

1 屈大均（1630—1696年），字骚余、翁山、介子，明末清初人。著有《广东文集》《广东文选》《广东新语》，有"广东徐霞客"之称，与陈恭尹、梁佩兰并称为"岭南三大家"。

糖作丁，及佛手、香橼片为蜜煎糁，货之……又有桔，亦与柑类。曰蜜柑者，小而甘。曰松皮桔者，皮红不粘，肉微酸。其皮皆不及柑。一种名黄淡子，色黄味酸，花可薰香，是曰塌橘……每田一亩，种柑桔四五十株，粪以肥土，沟水周之。又采山中大蚁，置其上以辟蠹。经三四岁，桔一株收子数斛，柑半之。柑树微小于桔，桔茂盛可至二十余岁，柑亦半之。熟时黄实离离，远近照映，如在洞庭包山之间矣。"

　　民间以桔表橘的用法始于何时已不可考，但屈大均是较早在著述中明确这一用法的文人。从文中可以看出，桔与橙、柚、柑、金橘等并列，可以视为橘的一种；但在清初的广东，桔却与柑并列成为种植最广泛的橘类。在粤语中，"橘"与"桔"读音相近，而"桔"中带"吉"，寓意吉祥又便于书写，从江浙到岭南均有新年赠橘的习俗，因此民间将"桔"作为"橘"的俗体，就显得顺理成章了。不少汉字有正体、俗体之分，如"法"的正体为"灋"，作为俗体的"法"显然便于识别与书写，因而更容易在民间流行开来。

　　其实，"橘"字本身也很"吉利"，李时珍《本草纲目》曰："橘从矞音鹬谐声也。又云，五色为庆，二色为矞。"因此矞其实是一种"二色彩云"的祥瑞。只是这一典故过于深邃，毕竟没有"吉"字来得直接了。

　　新中国成立后，简化汉字与推广普通话、制定和推行汉语拼音方案一道成为文字改革三大任务，1956年《汉字简化方案》出台，这一方案的推行造成了大陆与港澳台地区汉字书写方式的巨大差异。1977年《第二次汉字简化方案（草案）》出台，正是这一方案将"橘"简化成了"桔"，通过这一方案简化的汉字也被称为

"二简字"。然而，《第二次汉字简化方案（草案）》于1986年废止，"桔"不再与橘通用，但民间的习惯已经养成，这种矛盾导致众多权威字典、辞典也莫衷一是，最终"橘""桔"通用就成了自然。

不过，作为身兼新年贺礼的水果，柑桔的确比柑橘更接地气，这一点在将柑桔"玩出花"的台湾较为明显：将柏树枝叶插在桔子上，叫"百事大吉"；年画上绘出柑桔和鲇鱼，叫"年年大吉"；宴习的冷盘放柑桔再盖上红纸，叫"见红大吉"；用大颗粒柑桔制的桔灯，谐音"吉丁"，寓意"人口平安"……台湾民间闹洞房时还有"说四句"这一风俗，即用方言编唱四句贺婚吉语，其中有首著名的便唱作："眠床四脚在，蚊帐两边开，新娘生水美人人知，红柑金桔送些来。"

晏子若在世，看到这一幕，怕是也要自嘲一句"橘生诗家则为橘，生于市井则为桔"了吧。不过大俗即大雅，橘与桔不过半字之差，阳春白雪与下里巴人的美尽收于这一枚小小的水果中，也算是美事一桩了。

食后感

　　韩彦直《橘录》将柑橘洋洋洒洒分成了二十七种，其实这也与现代植物学的研究成果不谋而合：柑橘家族众多的品种，如柚、橙、柑、柠檬等，主要是由香橼、柚和宽皮橘三大元老相互杂交、再杂交和定向选种培育出来的。柚与橘常见，香橼在中国南方也分布广泛，《红楼梦》第五回贾宝玉梦游太虚幻境时看到贾元春的画上画着的便是弓与香橼；第四十一回又写到板儿与巧姐争佛手、柚子，脂砚斋批语认为柚子即香橼，与"缘"通，而佛手又有指点迷津之意。以如今的植物学分类来看，佛手其实也是柑橘属香橼种的一种。从中不难看出，清代香橼颇为常见，且不同橘类之间的名称也依然没有明确的边界。

　　不过，古人对柑橘的分类难以精确，也与柑橘的生长特性有关。在自然界，物种之间为避免串种，会形成生殖隔离的防御机制，然而这种防御机制在柑橘身上几乎失效：这一属中的任意两个品种杂交、再杂交的现象非常普遍，在此，也不能苛责与脂砚斋同时代的人将柚子视为香橼了。不过，既然桔因名字中有"吉"而被视为新年馈赠的佳品，为什么名称中带"缘"的香橼没有演化成中国的"情人果"呢？若是七夕月下，恋人能以香橼为礼，情意绵绵之中还能共聊一段《红楼梦》，那又是何其风雅的情事。

　　在古人眼中，柑橘生淮南，其实柑橘真正的发源地位于这座星球最高的山脉——喜马拉雅山。联想到《春秋运斗枢》中的"璇枢星散为橘"，柑橘的起源又多了一抹神秘色彩：是不是因为柑橘乃星宿下凡，所以要经由喜马拉雅山这道"天梯"洒向人间呢？无独有偶，在日本还有一个关于柑橘的传说：垂仁天皇为了寻求所谓的"非时香具果"，命令田道间守前往传说中长生不老的乐土常世国。九年之后，田道间守终于从常世国带回了这种果子，但垂仁天皇已经驾崩。于是，田道间守将一半果子献给太后，将另一半果子供奉在天皇陵前，并在陵前殉死。

　　这种"非时香具果"是什么呢？答案毫无悬念：柑橘。

槟榔：三卷地方志里的情歌与民俗

在很多中国人眼中，槟榔是水果家族里颇为新奇的"舶来品"，有着浓浓的东南亚风情。这一印象并不算错，因为槟榔的确原产于马来西亚，并非中国土生土长的水果；但这个印象也不算对，因为至晚在南北朝时期，中国正史中就已经出现了槟榔的踪迹。也就是说，槟榔与中国人的"友谊"至少已经维系了千年以上。

《南史·刘穆之传》记载：

"穆之少时，家贫诞节，嗜酒食，不修拘检。好往妻兄家乞食，多见辱，不以为耻。其妻江嗣女，甚明识，每禁不令往江氏。后有庆会，属令勿来。穆之犹往，食毕求槟榔。江氏兄弟戏之曰：'槟榔消食，君乃常饥，何忽须此？'妻复截发市肴馔，为其兄弟以饷穆之，自此不对穆之梳沐。及穆之为丹阳尹，将召妻兄弟，妻泣而稽颡以致谢。穆之曰：'本不匿怨，无所致忧。'及至醉饱，穆之乃令厨人以金柈贮槟榔一斛以进之。"

这里的主角刘穆之，是汉高祖刘邦的庶长子刘肥之后，后官至尚书左仆射，这是个总掌朝廷内外事务的要职。不过，这个在日后手握重权的官员，依然有年少家贫的时候，而且馋槟榔到了乞食见辱还不以为耻的程度。刘穆之生于东晋升平四年（360年），槟榔便已流行到让刘穆之这位贫寒子弟爱不释手的程度，由此推之，槟榔传入中国的时间自然要上溯得更久了。

不过，槟榔在中国毕竟没有流行开来。槟榔虽在中国扎根已久，但它背后书写的并不是一部厚重的"国史"，而是三卷亮丽的"地方志"。

× 湘潭：《夜来香》背后的别样趣事

1930年，正当毛泽东率领着刚刚统一了番号与编制的工农红军，面对第一次大围剿上演了一场"万木霜天红烂漫，天兵怒气冲霄汉"的战争风暴时，这曲简洁明快的《采槟榔》首次经由一代歌后周璇的莺声燕语所演绎，正以飙发电举的势头风靡着六百公里外灯红酒绿的上海滩，在演艺圈子演绎了另一场"不周山下红旗乱"的流行风暴。

有趣的是，《采槟榔》的作者——也是名曲《夜来香》的作者黎锦光，与毛泽东同为湖南湘潭人。当然，两人的缘分还不止于此：民国九年，14岁的小黎锦光在第一师范补习班学习，班主任正是毛泽东。受大街小巷广告的影响，世人大多知道毛主席爱吃长沙"火宫殿臭豆腐"，却未必了解这位开国领袖与黎锦光同为槟榔的忠实拥趸。事实上，湘潭人向来以爱吃槟榔闻名，这一腔对槟榔的痴迷不仅催生出了源于湖南民歌"双川调"的名曲《采槟榔》，也引出了毛主席的一段轶事：1952年冬，毛泽东的老师毛宇居带了些土特产进京请毛主席为学校题字，毛泽东一见槟榔格外高兴，拿起就吃，一边吃一边还对劝阻的保健医生说起了湖南土话："过去呷了几十年，从没检验过，冒得关系，冒得关系！"

从植物学角度来看，槟榔的原产地在东南亚，这使得槟榔这个名字对很多中国人来说都有着浓浓的热带风情；然而槟榔最早进入中国大陆的征途，却是以湘潭为起点的。关于湘潭槟榔的传说最早能延伸至明末清初——据《湘潭市志》记载：顺治六年正月"湘潭屠城"之后，湘潭城一副"白骨露于野，千里无鸡鸣"的惨状，一位安徽商人从一位老和尚口中得知能以嚼槟榔作为避疫之法收尸净域，从此嚼槟榔的习惯在湘潭扎下了根；乾隆四十四年湘潭大疫，居民多患臌胀病，县令白景将药用槟榔分患者嚼之，最终扼制住了臌胀病，嚼槟榔的习俗由此在湘潭更为盛行。

虽然国际癌症研究机构（IARC）已经将槟榔咀嚼物与砒霜、甲醛一道列入"一类致癌物名单"，然而槟榔却早就以中医"四大南药"之一的地位融入了湘潭人的文化：一些地方花鼓戏和婚庆祝辞都有槟榔的赞语，比如《潭州竹枝词》写道："风流妙剧话情杨，艳姿娇容雅擅长；一串珠喉歌宛转，有人台下掷槟榔"；大街小巷则更不乏相应的民谣民谚——

"槟榔越嚼越有劲，这口出来那口进，交朋结友打圆台，避瘟开胃解油性。"

"龙牌酱油灯芯糕，槟榔果子水上漂，十里荷塘百里香，砣砣妹子任你挑。"

"新娘槟榔两头翘，一口两口我不要，三口四口不为多，我要五子大登科。"

类似的民谣民谚本已不可胜数，又因为槟榔的形状酷似银锭，民间又将它视为财富的象征，各家各户"赞土地"闹新春的时候，主人送口槟榔，客人会很开心的回应一句"老板是个财帛星，拿锭元宝赏阳春"，像极了万圣节前夜"Trick or treat"习俗的东方版本。

槟榔与湘潭饮食文化自是有着不解之缘，对于湘潭人来说，槟榔如同薄荷糖一般，逛街、聚会、休息之时，嘴里嚼一块，消食又解馋。然而湘潭对槟榔用情虽深，却并非槟榔的产区，撑起湘潭槟榔产业大旗的主要是加工业而非种植业。若要论起槟榔的老家，还要将视线向南，再向南，一直跨越大陆，来到中国最大的两个岛屿——海南与台湾。

海南：「客至敬槟榔」的传统风俗

古人敬称贵客为"宾"或"郎"，而槟榔自古以来就是中国东南沿海各省居民迎宾敬客的佳果，因此便有了"槟榔"的美称——或许这只是后人虚构的美好传说，但"客至敬槟榔"却一直是海南黎族传统的风俗。靠山吃山，靠水吃水，靠槟榔自然少不了吃槟榔。在黎族人的婚姻、社交、祭祀、拜年等习俗中均少不了槟榔的身影，男女间更是把槟榔当成了定情信物，一首当地的情歌唱得分明："送口槟榔试哥心，一口槟榔一口香，二口槟榔暖心房，三口槟榔来做媒。"

中原婚配之事自古极重礼仪，诸如纳采、问名、纳吉、纳征、请期、亲迎等"六礼"的规矩，在历朝历代均规定得极为繁琐细致，转眼到了这天涯海角的"蛮荒"之地，甜蜜的爱情由略带苦涩的槟榔"代言"，倒也别有一番风情。

黎族人爱槟榔爱到了以槟榔为命的地步，还有一个重要的原因是它药效强大。正如每枚硬币都有两面一样，大量咀嚼易致癌的槟榔可以消食祛痰，善加利用还对治疗青光眼、眼压增高等症有奇效。不仅如此，鲜槟榔还有一种"饥能使人饱，饱可使人饥"的神奇功效，这既能让贫苦的百姓免受饥肠辘辘之苦，又能让富贵人家尽享大快朵颐之乐，便不难理解黎族人对槟榔如此深厚的喜爱了。如今，"槟榔花鸡"号称"三亚第一名菜"，那鸡是槟榔树下养的鸡，花是槟榔树上开的花，这一番"花与鸡的相遇"，也着实令食客们悠然神往。

湘潭槟榔源于清兵屠城的悲剧，而淳朴的黎族人则用一个老派而温馨的传说赋予了槟榔脉脉温情。相传五指山下的黎寨里有一位名叫佰廖的姑娘，她的母亲身患重病需要用五指山之巅的槟榔作药引才能治得好，于是能歌善舞的佰廖就开始唱了：

"我不爱谁家的富有，我不爱你们家的钱财，我只爱对爱情忠贞不贰的贴心人。谁能把五指山之巅的槟榔果摘回来，治好母亲的病，谁就是我最亲爱的人。"

五指山高耸入云、四面绝壁，在求婚的小伙子都退避三舍的时候，一位名叫阿果的后生挺身而出，风雨兼程，跋山涉水，搏毒蚊、拒蚂蟥、刺恶豹、杀巨蟒，终于采到了山顶的槟榔。于是有情人终成眷属，槟榔在传说中也成了黎家人的定情信物，直到今天，万宁、陵水、三亚一带的农村在迎娶拜堂期间还会散发槟榔给前来道贺的亲友，用这种方式传承着一个亘古的甜蜜祝福。

源于悠长厚重的历史，黎家的槟榔也会因为偶然的际遇散见于历代汉人的诗文。如唐代元稹《送岭南崔侍御》："火布垢尘须火浣，木绵温软当绵衣。桃榔面碜槟榔涩，海气常昏海日微……"宋代陈与义《和大光道中绝句》："寂寂孤村竹映沙，槟榔迎客当煎茶。岭南二月无桃李，夹路松开黄玉花。"明代王佐《咏槟榔》："绿玉嚼来风味别，红潮登颊日华匀。心含湛露滋寒齿，色转丹脂已上唇。"

如此美味诱人的"岭南佳果"当然更逃不开宋代第一诗人及"吃货"苏轼的肠胃。苏轼因政见与当权者不同屡次遭贬，一路向南，一直被驱逐到最南边的儋州。然而，生性豁达的苏轼并未被左迁生涯束缚，反而开始了放飞心灵的美食之旅，而当槟榔与这位大文豪相遇时，一首洋洋洒洒的《食槟榔》就诞生了：

"月照无枝林，夜栋立万础。眇眇云间扇，荫此九月暑。上有垂房子，下绕绛刺御。风欹紫凤卵，雨暗苍龙乳。裂包一堕地，还以皮自煮。北客初未谙，劝食俗难阻。中虚畏泄气，始嚼或半吐。吸津得微甘，著齿随亦苦。面目太严冷，滋味绝媚妩。诛彭勋可策，推毂勇宜贾。瘴风作坚顽，导利时有补。药储固可尔，果录讵用许。先生失膏粱，便腹委败鼓。日啖过一粒，肠胃为所侮。蛰雷殷脐肾，藜藿腐亭午。书灯看膏尽，钲漏历历数。老眼怕少睡，竟使赤眦努。渴思梅林咽，饥念黄独举。奈何农经中，收此困羁旅。牛舌不饷人，一斛肯多与。乃知见本偏，但可酬恶语。"

海南的槟榔因缘际会与文人相连，到底与湘潭的俚语乡俗有着不同的风情。不过，如今个别地方乱吐槟榔水的恶习屡见报端，似已成为城市顽疾，若是苏轼泉下有知，只怕也要在《食槟榔》中多感叹几句了。

从海南省会海口向东约一千公里，会遇到一座更大的岛屿，正是中国槟榔的另一个故乡：台湾。曾几何时，大陆人对槟榔的别致印象，也恰恰与宝岛台湾相关，那便是一个"风情万种"的职业："槟榔西施"。

说到槟榔西施，就不得不提鲁迅笔下的"豆腐西施"。《故乡》里有一段描写杨二嫂的文字曾收入多个省份的语文教科书：

> "我孩子时候，在斜对门的豆腐店里确乎终日坐着一个杨二嫂，人都叫伊'豆腐西施'……因为伊，这豆腐店的买卖非常好。但大约因为年龄的关系，我却并未蒙着一毫感化，所以竟完全忘却了……"

读者自然能明白为什么杨二嫂的豆腐卖得这么好——东南沿海通常把非礼的行为叫做"吃豆腐"，而经过鲁迅妙笔一点，"西施"一词也有了微妙的内涵，"槟榔西施"之名的由来也正源于此。20世纪90年代末，一些槟榔经销商为招揽顾客，专门聘用年轻貌美的女孩子作为销售，当然作为职业销售人员，"槟榔西施"们调制包装槟榔的手法也非常娴熟：取出槟榔，用刀切头去尾，从专门的盒子里剜出少许白泥膏，平摊在槟榔叶上，去除槟榔的刺激方可给顾客享用，"槟榔西施"们也算当得起"槟榔专家"之名。

嚼槟榔的习俗在台湾却可谓历史悠久。乾隆年间台湾海防同知朱景英[1]就曾在《海东札记》中记录当时台湾流行槟榔的盛况：

> "啖槟榔者男女皆然，行卧不离口；啖之既久，唇齿皆黑，家日食不继，惟此不可缺也。解纷者彼此送槟榔辄和好，款客者亦此为敬。"

由这段描述可以看出，对台湾人来说，槟榔同样是象征友谊、亲情的吉祥之物，人们对槟榔的喜欢并没有因为一沟海峡的阻隔而有所不同，相比之下，台湾人对槟榔的热爱已经狂热到不在意"唇齿皆黑"的地步了——台湾人吃槟榔喜欢一边

1　朱景英（生卒年不详），字幼芝、梅冶，清代人。著有《海东札记》《畬经堂集》《研北诗馀》。

嚼一边把红红的汁吐出来，人们不计较样子粗俗，反而给嗜食槟榔者起了一个"红唇族"的雅号，而台湾有史以来第一个少女偶像团体的名字就叫做"红唇族"。更有甚者，国民党曾经在一次"省市长"选举中忽然意识到"红唇族"的强大影响力，加急赶印了200万个槟榔盒子，上印"支持宋楚瑜"字样，从这也能看出槟榔在台湾人心中独特的文化印记了。

台湾槟榔的产量高于海南，而且制作工艺更加独特：采收槟榔后剥除果蒂和较老的部分后切开，再将石灰与彰化荖叶搅匀卷起置于槟榔之中，与老藤、石灰、槟榔一起嚼食。这种混合物食之如同饮酒，其感觉恰如台湾歌手周杰伦的《发如雪》中所唱：

"红尘醉，微醺的岁月，我用无悔，刻永世爱你的碑。"

食后感

　　槟榔在中国至少生存了千年以上，但如果将视线扩展到正史以外的文献，那槟榔的引进史还可以上溯得更为久远。西汉司马相如的《上林赋》中有"留落胥邪，仁频并闾"，这里的"仁频"便是槟榔。约成书于南北朝的《三辅黄图》中记载，汉武帝刘彻远征南越后，"所得奇草异木……龙眼、荔枝、槟榔、橄榄、千岁子、甘桔皆百余本"。司马相如所见的仁频，很可能就是在这之后引入到上林苑的"奇草异木"之一。这一猜测也有史料支持，因为自汉之后，记载了槟榔的史学或文学作品便开始增多，其中孙吴薛莹[1]的《荆扬已南异物志》对槟榔树的生长习性还有颇为详细的记载：

> "槟榔树，高六七丈，正直无枝，叶从心生，大如楯。其实作房，从心中出，一房数百实，实如鸡子皆有壳，肉满壳中，正白，味苦涩，得扶留藤与古贲灰合食之，则柔滑而美，交趾、日南、九真皆有之。"

　　孙吴的统治范围一直向南延伸到了中南半岛。薛莹是孙吴名臣薛综的次子，其兄长薛珝曾为大都督，与交州刺史陶璜一同率兵十万南征交趾并得胜而归，薛莹对槟榔树外形的描写如此详细，很可能是亲眼见过。只是，三国时期的槟榔还远未流行，直到南北朝时期，嚼食槟榔才成为一种流行风尚，因此会出现刘穆之这样为食槟榔不顾体面的士人。

　　槟榔以独特的方式牵动着中国人的生活。它可以传统到写入唐诗宋词，又能现代到让人对"西施"们浮想联翩；它既平常到已经形成了极大的产业链，又少见到远远不能被称为日常美食。它在海南与台湾被广泛种植，却又是个名副其实的"舶来品"——直到今天，人们还能在东南亚地图上找到槟榔山、槟榔屿、槟榔岛等地名，因为那才是槟榔的老家。

　　中华文化向来有着强大的归化能力，古语所谓"夷狄入中国则中国之"，"夷狄"二字早已不合时宜，但若将这两个字改为"槟榔"乃至于所有植物，也都是合适的。槟榔来到了中国，自然就开始了"中国化"，湖南、海南和台湾三段各具特色的槟榔文化，正是"槟榔入中国则中国之"的明证。

1　薛莹（？—282年），字道言，三国时期孙吴人。著有《后汉记》，与韦昭等合著《吴书》。薛综之子。

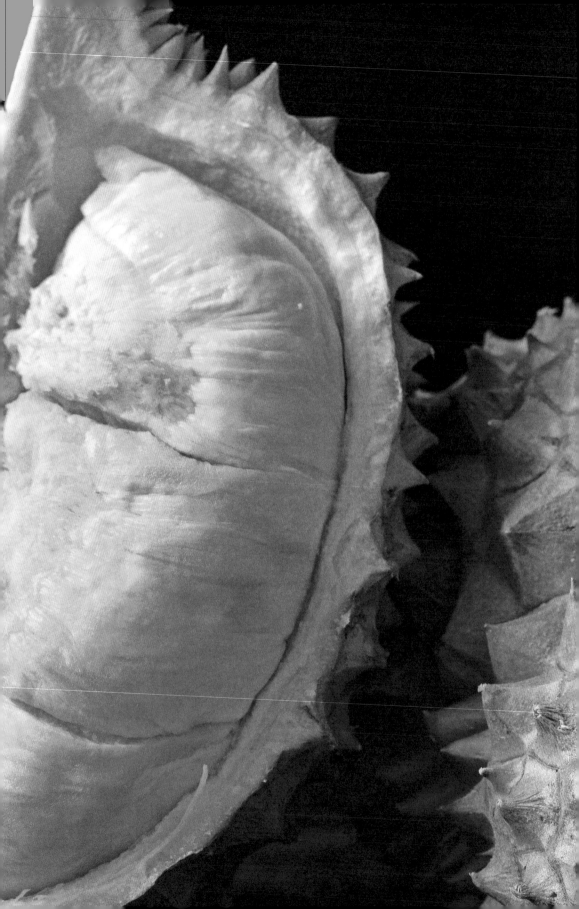

榴莲：郑和船队遇见水果之王

中国人自古重口彩，越是重要的良辰佳节，越要多讲些吉利话。比如，把年糕叫成"步步高"，把饺子唤作"万万顺"，鲜美的烧鱼不能吃完，这叫作"年年有余"。这种习俗不仅古今相同，而且中外通吃，西方的节日流传到中国也要入乡随俗。因为"苹果"的"苹"与"平安"的"平"谐音，中国大陆有那么一段时间流行起平安夜送苹果，这真不知会让将苹果视为"禁果"的人们作何感想了。

出于这一传统，名称谐音吉利的果品也往往更被人青睐。文雅一些的，莲子谐音"怜子"，于是被当作情人之间表明心迹的定情之物，"低头弄莲子，莲子清如水"中的隐喻就在此。俗气一点的，橘子谐音"吉"、枣与桂圆拼在一起叫"早生贵子"，于是常常在新人结婚时被当成贺礼。

与众水果相比，谐音"流连"或是"留恋"的榴莲，居然没有被情人节打造成节日水果，倒真是一件让人惊讶的事。其实理由也简单：莲子、橘子、枣、桂圆之类，都是很早就出现在中国的植物，而榴莲明显是热带水果，进入中国的时间不会太早。习俗需要漫长的孕育，水果与文化的结合也需要缘分，恰如莲子，在白话文的语境下，人们不再尊称"你"为"子"，"怜子"两字就没有了力量。也恰如榴莲，它来到中国的步履太慢，很多机会错过了，原本可能形成的典故也就不可能出现了。

不过，这并不代表榴莲没有足够精彩的故事可说。榴莲起源于东南亚，也就是明代人眼中的"南洋"——这是郑和下西洋的必经之地，因此很多人相信，榴莲最早正是随着郑和船队的返航流入中国的。这很可能是真的，因为郑和船队中确实有随行官员在各自的著述中记载了这一奇特水果。相较于中华文明的悠久，郑和下西洋的事迹显得过于晚近；但对于一个水果而言，几个世纪的岁月已经足够它谱写出属于自己的旅居史诗。

人间草木，流连榴莲

榴莲原产东南亚，榴莲之名自然也与东南亚的名人轶事脱不了干系。传说明代郑和下西洋时，因出海时间太长，船员们大多思乡情切，途经南洋一海岛时，郑和上岸发现了一堆庞大而浑身长刺的水果便同大家一道品尝，船员们被这美味吸引，一时竟淡化了思乡之情，遂将此果取名为"流连"。天长日久，流连二字渐渐"草木化"，便演化成汉语联绵词"榴莲"。

和众多乾隆微服私访无意中为某种菜肴命名的传说一样，这个关于榴莲的传说当然也经不起推敲。不过，这个故事的确符合中国古人为水果命名的"套路"。最初，水果的名称往往只是由一般汉字组成的普通名词，随着时间的流逝，人们便渐渐为这些名称加上特定的部首，成为可以"望文生义"的专有名词，比如荔枝最早的名称为"离支"，司马相如《上林赋》便有"荅遝离支"之语——和榴莲一样，"荔枝"显然是"离支"二字"草木化"之后的结果。

汉字中与植物相关的部首有四种，分别是"木""艹""竹""禾"。"竹"与"禾"用于竹类与谷类，而"木"与"艹"则主要指代木本植物与草本植物。木本与草本是古代中国对植物的传统分类，大致以植物是否具有发达的木质部为区分标志，榴莲树的树干可高达25～40米，是典型的木本植物，因此汉语中榴莲的写法最初其实是"榴槤"。只是在生活中，人们阴差阳错地将这种高大乔木上的果实写成以草为旁以木为首的"榴莲"，在词汇上的乌龙之余，多了一丝与莲子柔情的偶合，虽然不合字理，倒也别生一番雅致。不过话又说回来，中国人对植物草木形态的"不讲究"也非个例，比如荔枝同样也是"草木混同"，而葡萄明明是木质藤本，不也一样用了草木的名称么？当然，与榴莲更"同病相怜"的要数芒果——这种木本水果的规范写法应当是"杧果"，但"芒果"两个字显然更具人气。

将话题回归到郑和与榴莲的第一次相遇。郑和下西洋是中国乃至世界航海史和文化交流史上的盛事，《明史》中记载："成祖疑惠帝亡海外，欲踪迹之……命和及其侪王景弘等通使西洋。"意思是通过靖难之变的明成祖朱棣怀疑被其武力夺取皇位的建文帝朱允炆流亡于海外，因此命令郑和出使西洋寻找这位废帝的踪影。无论这条记载出于朱棣的真实想法还是史官的合理推断，这一与"天朝"内政相关的阴谋阳谋都很难引起海外诸国的兴趣。对于十五世纪的东南亚各国来说，明代船队背后所代表的朝贡贸易才是最具冲击力的。

古代中国以天朝上国自居，以中原王朝为主导的朝贡贸易以宣扬国威为主，往往不计成本而带有浓浓的"厚往薄来"色彩，因此与中国进行朝贡贸易的海外诸国、商人均能大获收益。而在漫长的时间里，中国一直是世界上文化最昌盛、科技最发达、经济最富饶的国家，郑和船队中的宝船能给人以"巍如山丘，浮动波上"的震慑力，因此不难想象当时东南亚各国目睹这一庞大船队时的惊异与拜服。

经济层面的吸引与文明层面的刺激，使郑和挟带的中原文明成为一场浮光掠影却动人心魄的风暴，在星罗棋布的南洋群岛上洒下了无数典故与传说。相较于"流连"的淡淡忧伤，在东南亚还流传着这样一个略煞风景的传闻：郑和在一个小岛上的果树旁解手，于是那棵果树仿佛吸了灵气一般结出了榴莲，所以这榴莲的果肉天然带有一股怪味，那便是三宝太监的"污物"所致了。

这个传说背后是古代东南亚盛行许久的"郑和崇拜"。对于朱棣来说，郑和或许只是一个太监，一员爱将；而对于当时的东南亚来说，郑和是真正的"天使"，其身后的船队则象征着一个无与伦比的文明。与所有传说相似的是，郑和七下西洋的航海壮举在日后的口耳相承中被神化，郑和的小名"三宝"也因此成为一个文化图腾被烙在了两大洋之间的邦国之中。至今，马六甲有三宝城、三宝井；曼谷有三宝庙、三宝寺塔；爪哇岛上甚至还有一个三宝垄市——于是作为东南亚热带水果的冠冕，榴莲与郑和牵扯上剪不断理还乱的联系，也就不稀奇了。

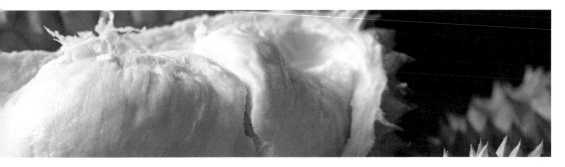

『水果之王』
赌尔乌

在中国，味道奇特的榴莲可谓水果摊上的明星，在近年中国市场上一路呈高歌猛进之势；然而这种热带物产究竟是来源于何地又是从何时传入中国的呢？这个问题又将历史带回到了郑和的船队上。

当时郑和身边有两位精通阿拉伯语等外邦"番语"的通事，分别是马欢[1]和费信[2]。费信四次随郑和下西洋，于正统元年（1436年）撰《星槎胜览》一书；马欢为回族人，亦曾随郑和三下西洋，亲身访问占城、爪哇、旧港等十余国并到麦加朝圣，回国后将行经众国的政治、风土、人文、物产等状况记录下来，于景泰二年（1451年）汇编成《瀛涯胜览》。

《星槎胜览》与《瀛涯胜览》均提到了榴莲。《星槎胜览》记载："有一等果皮若荔枝，如瓜大，未剖之时，甚如烂蒜之臭，剖开取囊，如酥油美香。"《瀛涯胜览》记载："有一等臭果，番名赌尔乌，如中国水鸡头样，长八九寸，皮生尖刺，熟则五六瓣裂开，若臭牛肉之臭，内有粟子大酥白肉十四五块，甚甜美，可食，其中更皆有子，炒而食之，其味如栗。"

以上大概是中国古代文献对榴莲最早的正式记载。所谓"赌尔乌"，清末学者冯承钧怀疑为"赌尔焉"之误，源于马来语"Durian"的音译，"乌"的繁体字与"焉"相似，这一论断是合理的。由此来看，榴莲很可能起源于马来西亚，于明初通过航海活动传入中国。目前，无论从产量、种类与出口量来看，泰国都无愧于"榴莲国"之称，然而追根溯源，榴莲的本家还要回归马来西亚，直至大城王朝时期，这种神奇的水果方传入泰国。大城王朝几乎与明朝同时建立，国祚却比明朝长了一百四十一年，这样漫长的岁月也使得榴莲向外流传的时间变得模糊不清。然而这一切都不影响泰国人民对榴莲的青睐，这种喜爱深深地体现在泰国流传着的两句谚语中："典纱笼，买榴莲，榴莲红，衣箱空""当了老婆吃榴莲"……

榴莲含有丰富的脂类，其果肉中含淀粉11%，糖13%，蛋白质3%，还有多种维生素等，营养相当丰富，泰国人病后、妇女产后常以榴莲补身，久而久之，榴莲

---

1 马欢（1400—?），字宗道，明代翻译官。著有《瀛涯胜览》。三次参加郑和下西洋活动。

2 费信（1388—?），字公晓，明代翻译官。著有《星槎胜览》。四次参加郑和下西洋活动。

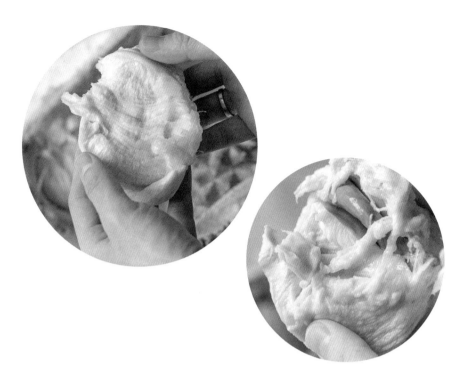

便有了"水果之王"的称号。现在榴莲被称为"热带水果之王",大体是为了与其他几个"水果之王"的竞争对手如蓝莓、猕猴桃区分开来吧。

相较于蓝莓和猕猴桃,榴莲最明显的特征或许依然是它浓烈的气味。在榴莲面前难以找到中立者,或沉迷其香,或抱怨其臭,这种强烈的个人差异使得榴莲纵然在泰国,也是禁止带入机场等公共场合的。郁达夫[1]旅居东南亚多年,在其《南洋游记》中就曾提到这个让人又爱又烦的水果:"榴莲有如臭乳酪与洋葱混合的臭气,又有类似松节油的香味,真是又臭又香又好吃。"

"又臭又香又好吃",这七个字通俗而直接地标注了榴莲的特色。中国还有一个闻起来臭、吃起来香的著名小吃臭豆腐,那是人们将豆腐发酵而成的美味,而榴莲却是来自大自然的原生态水果,是上天对人类的馈赠——若是有人无法忍受它的臭味,那也只能自叹一句没有口福了。

榴莲树是一种巨型的热带常绿乔木,榴莲也保持着其母体的体型,通常有足球大小,在中国的水果摊上,恐怕也只有西瓜能与之媲美了。不过西瓜94%以上都是水分,在暑气十足的盛夏,一个大汉吃一个西瓜也不是一件难事,而榴莲就不一样了——且不说能不能吃得下,榴莲营养过于丰富,以至于肠胃难以在短时间内吸收,过量食用容易出现呼吸困难、面红、胃胀等症状,这时候最好吃几个山竹化解其热性。说来也巧,同为热带水果的山竹号称"水果皇后",与榴莲的"水果之王"相得益彰,看来在水果界,也还是颇讲究门当户对的。

1　郁达夫（1896—1945年）,字达夫,原名郁文,当代作家。作品有《沉沦》《故都的秋》。

榴莲不宜多吃，泰国卫生部就曾劝告公众一天不要食用超过两瓣榴莲；同时为榴莲去壳也是一个技术活，所以榴莲更常见的买卖方式是化整为零，由小贩们精心剖开去皮，放置在保鲜膜中单卖果肉。剥好的榴莲肉卖相自然不佳，但可以通过肉眼观察和手指按压判断是否成熟，衡量一下利弊，也便欣然接受了吧。

×
一方水土
一方旨味

比起传统的中国本土水果，榴莲肉细腻柔软的质感让它更容易受到甜点的青睐。单纯的榴莲自然是引人入胜的，但"水果之王"又怎能甘心仅作为水果而存在呢？甜点、比萨、糖果、冰淇淋……但凡想得到的地方，都有榴莲的身影，在粤菜中还有一道极接地气的佳肴——榴莲炖鸡，让人感慨榴莲真是上得了厅堂下得了厨房。而在都市男女中大行其道的甜点界，榴莲则比任何水果都如鱼得水：榴莲雪媚娘、榴莲班戟、榴莲冻芝士、榴莲布丁、榴莲糯米糍……如果甜点是一家公司，那榴莲家族绝对是超级大股东，分分钟可以掌控食客们的舌头与肠胃。

丰富的脂类使得榴莲肉作为甜点的原料比其他水果更容易驾驭，而甜点的制作工艺又有效克制了榴莲对某些人来讲过分刺鼻的味道，使榴莲甜点成为大众喜闻乐见的盘中美味。把吉利丁片放入凉水泡软，放入牛奶中隔热水浸泡至融化，而后放入榴莲肉，拌匀后倒入包了锡纸的慕斯卷中入冰箱冷藏三个小时，便能制成甜美可人的榴莲冻芝士；做轻乳酪蛋糕时将榴莲肉捣碎后加入面糊，烹制出的蛋糕会有一股若即若离的榴莲香；雪媚娘就更是榴莲的绝佳表演场——细白弹滑的冰皮下散发出怡人的奶油香气，内里再裹着软糯的榴莲，还有比这更让人流连的吗？

原生态的榴莲容易在家里留下久久难以散去的味道，这给广大的榴莲控们带来了不小的困扰。有些人把榴莲剖开之后用保鲜膜和木炭一起包好，放进冰箱里，这样榴莲的味道会吸附在木炭中，可这样的方式未免有些过于繁琐，"伐薪摆炭冰箱中"的做法也并不利于环保，如此看来，将榴莲与甜点相结合或许是化解这种矛盾的绝妙消费方式：既满足了"榴莲控"的饕餮心，又避免了数日不绝的榴莲味。清朝乾隆皇帝六下江南，此次题一回玲珑酥，彼次题一回灯芯糕，一根御笔龙飞凤舞地谱写了一代帝王"唯美食与美景不可辜负"的任性传记，而在当下的社会，这样的享受将由一个又一个甜点品牌通过市场经济的运作飞入寻常百姓家。然而纵是资深的榴莲控，在面对林林总总的甜点时，也未必有能力指点江山。问苍茫大地，谁又知道榴莲甜点哪家强呢？

其实，甜点虽然以抑制气味的方式让榴莲更为大众所接受，但真正让榴莲控所流连的，还是榴莲本身那份返璞归真的榴莲香，这便是榴莲的"旨味"。由大卫·贾柏拍摄的纪录片《寿司之神》中，三星大厨小野二郎不止一次提到了"旨味"这个概念：最适合的原料，最适合的吃法，最适合的食客，如此方能品味极简而纯粹的"旨味"。"旨味"的玄妙很难解释，或许可以将其理解为最佳状态下的本初之味。榴莲甜品正是如此，有些事情可以通过后期加工改变，比如制作工序，比如产品包装；但有些事情是从一开始就注定了，那便是榴莲原料的产地。

中国人对饮食一向讲究。孔子尝云"割不正不食，席不正不坐"；文人饮茶更是不厌其烦：龙井茶须用虎跑泉水，大红袍离了那半山腰就没了腔调，峨眉雪芽更是因为生长地域的区别被分成了天池、竟月、白岩、黑水、宝掌"五峰雪芽"，这便是因原料产地而产生的高低贵贱之别。恰如龙井，那"杭州龙井"与"西湖龙井"便不可同日而语；普通龙井与狮云龙虎梅又天差地别，正所谓一方水土养一方人，物产也大抵如此。

　　榴莲的世界亦是如此。当下由于经济运作，榴莲的种植地域已经拓展到了整个东南亚乃至于中国南方，但马来西亚依然是其不变的家乡，一方水土养一方榴莲的古话依然适用——榴莲以马来西亚出产的为冠，"金凤凰""猫山王""苏丹王"则更是精品中的精品。泰国榴莲产量虽大，也有"金枕""金手指"一干名品，但比起马来西亚的三巨头，恐怕也只能喟叹一声天外有天了。当下中国大陆流行的榴莲大多都进口于泰国，没成熟就被果农砍下来等放熟了再卖，马来西亚榴莲可容不得如此草率，以"猫山王"为例：马来西亚人会将熟透后自己从树上掉下来但没有裂开的完整榴莲，送到一只困在笼中的"猫山"（即果子狸，马来语Musang）面前，由它闻香鉴别优劣，如果"猫山"闻完后兴奋不已，这榴莲就是极品的"猫山王"。比起硕大的泰国榴莲，"猫山王"榴莲的体积通常都较小，否则成熟后从树上掉下来也会摔成稀巴烂，更不要说食用了——而这严格的筛选过程也限制了这几种榴莲的生产，纯正的"猫山王"榴莲价格居高不下也就不足为奇了。

食后感

榴莲在中国最早的名称是"赌尔焉",虽然是纯粹的音译,但仅从字面意思理解,却别有一番趣味。榴莲的果实是分瓣生长的,每一瓣果实被称为"一房",房数越多,果实越大,当然也越受食客们欢迎。六房榴莲已属少见,七房榴莲更是万里挑一,普通人买榴莲,能碰到五房榴莲便算运气不错。房数是一方面,每房果实的质量则是另一方面,房数众多、房房满肉的榴莲,才是最好的榴莲。

不过,榴莲有一层厚实的果壳,壳上又长满尖刺,人们买西瓜时可以通过拍打瓜皮辨别质量,这个方法当然无法用在榴莲身上。要知道榴莲的成色只能用刀劈开后细细盘查,也就是说,如果食客想买一整个榴莲,只有在消费完成后才能知道所购榴莲的质量,因此坊间就有了"赌榴莲"一说。在水果摊,开榴莲的档位常常最为热闹,一旦有人买下哪个榴莲,周边就不免有人过来围观——在拥趸眼中,榴莲在价值上虽然不能和玉石相比,但"赌榴莲"的快乐,可绝不输于赌石。如此看来,"赌尔焉"三个字,是不是隐藏了某种奇妙的宿命?

榴莲毕竟是热带水果,经过长途跋涉,再好的水果也难免失了神韵,因此便有不少人无惧瀚海之远定要去东南亚大快朵颐一番。作为榴莲的老家,马来西亚槟城每年六到八月还会举行盛大的榴莲节,吸引来自世界各地的榴莲爱好者们完成各自的美食朝圣之路。榴莲节上的榴莲,多是久经考验的名品,如"D24""青豆""红虾""葫芦""黑刺""丁香头""猫山王""坤宝红肉"……满天神佛汇聚一堂,那些不远万里来到槟城的客人看到这神仙打架的热闹,怕是真的要从"流连"至"留恋",最终乐不思蜀了。

不过,榴莲虽美,但其果香的"侵略性"太强,因此包括东南亚国家在内的很多国家和地区都明令禁止在公共场合吃榴莲,以免引发榴莲不耐受者的不安。和很多别致的事物一样,榴莲只适合私藏,不适合共享。在榴莲面前不存在中庸之道,唯有爱恨两殊途。

在中国人的餐桌上，酒以外的饮料似乎都算不上主角。
但将视野放宽便能发现，饮料一直是中国美食不可或缺的部分。
古代士大夫阶层嗜饮茶酒，现代都市白领热衷于咖啡；
自古以来的寻常百姓更缺不了辅佐主食、承载烟火的各色饮品。
饮料是配角，却无处不在、润物无声。

本课包含茶、酒、豆汁、咖啡，涵盖古人与今人各具特色的中国味道，
以及各色饮品在三教九流扎下的庞杂根系。

饮料
×
BEVERAGES

茶与丝绸、瓷器一样，都是中国古代文明最耀眼的标识。丝绸、瓷器是被"发明"的，其历史自然被包含于人类文明史中；而茶则是被"发现"的，其岁月历程的漫长远迈人类文明自身，难以估算其悠久。

中国"茶圣"陆羽[1]在《茶经》中开宗明义地将茶称为"南方之嘉木"，原始茶树也的确源于中国西南古老的亚热带、热带原始森林中，并沿着北回归线一路延伸到长江、珠江下游。《茶经》中茶树高达"一尺、二尺乃至数十尺"，在巴山、峡川一带，甚至有粗到"两人合抱"的，需要将树枝砍下才能采到叶子。这些描述与后世茶园中矮小、稠密的灌木型茶树有明显差异，但的确符合原始茶树的特征：广东台山的黄龙头大茶树高6.5米；四川古蔺的黄荆大茶树高10余米；而云南西双版纳的巴达大茶树竟高达32.12米，树龄约1700年，大有"刺破青天锷未残"的架势了。

那么，茶是如何从茶树上的树叶变成杯盏中的饮品的呢?《茶经》中提及"茶之为饮，发乎神农氏"，这是引用了神农氏尝百草一日遇七十二毒，得茶而解的传说。传说自然不足为凭，"茶"字的字形直到汉代才出现，其形音义的统一则在中唐之后，其早期历史考据不易。不过，《茶经》中记载了茶的五种称谓："一曰茶，二曰槚，三曰蔎，四曰茗，五曰荈。"《尔雅·释木》又有："槚，苦荼。"——如果将视野拓展到"槚""蔎""茗""荈""荼"几类，那关于茶的早期线索就多了起来。

《诗经》中有不少关于茶的诗句，如"谁谓荼苦，其甘如荠""出其闉阇，有女如荼""其铺斯赵，以薅荼蓼"等。这些"荼"可能指苦菜、茅花、杂草，未必就是后人眼中的茶。不过，茶最初的食用方法本非饮用而是食用，至今云南基诺族尚保留有"腊攸"（凉拌茶）这一道特色菜品，由此推测，先秦人民在采集树叶、野果作为食材时或有意或无意地将茶叶入菜，可能性是不小的。

东晋常璩[2]《华阳国志·巴志》载："周武王伐纣，实得巴蜀之师……丹漆茶蜜……皆纳贡之。"清顾炎武[3]《日知录》中考证到："自秦人取蜀而后，始有茗饮之事。"可见茶叶自先秦时期为四川一带的特产，通过贡品流入王室，而秦代一统天下后，饮茶风气渐渐传入中原。南宋王象之[4]《舆地纪胜》记载"汉有僧从岭表来，以茶实蒙山"，西汉王褒[5]《僮

1　陆羽（约733—804年），字鸿渐、季疵，名疾，唐代人。著有《茶经》。被尊为"茶圣""茶仙"。《茶经》为世界上第一部茶叶专著。

2　常璩（约291—约361年），字道将，东晋人。著有《华阳国志》。

3　顾炎武（1613—1682年），字忠清、宁人，初名继绅、绛，后改名炎武，明末清初人。著有《日知录》《音学五书》《天下郡国利病书》《肇域志》《亭林诗文集》。与黄宗羲、王夫之合称"清初三先生"。

4　王象之（1163—1230年），字仪父（一作肖父），南宋人。著有《舆地纪胜》。

5　王褒（生卒年不详），字子渊，西汉文学家、辞赋家。作品有《九怀》《圣主得贤臣颂》《僮约》。与扬雄并称为"渊云"。

约》中明确规定了奴仆有"烹茶尽具""武阳买茶"的义务，"蒙山"即四川蒙顶山，王褒写《僮约》时亦居于四川，武阳是成都以南一处知名的茶产地，可见最迟在汉代，四川一带种茶及饮茶之风已经普及。

魏晋时期，饮茶之风更不罕见。《三国志·吴书·韦曜传》记载："（孙）皓每飨宴，无不竟日，坐席无能否率以七升为限，虽不悉入口，皆浇灌取尽。曜素饮酒不过二升，初见礼异时，常为裁减，或密赐茶荈以当酒。"韦曜作为孙皓的宠臣，宴席上能有以茶代酒的"殊荣"，传中体现的虽然是人臣之宠，但也表明了三国时期茶的流行范围已经扩展到江南朝堂之上。三国时期流行的茶为茗茶，三国张揖《广雅》记载了详细做法及功效："荆、巴间采叶作饼，叶老者，饼成以米膏出之。欲煮茗饮。先炙令赤色，捣末置瓷器中，以汤浇覆之，用葱、姜、橘子茫之。其饮醒酒，令人不眠。"可见，当时的茶是先制成饼用米汤浸泡，再与葱、姜、橘子等合煮而成的茶粥。茶能醒酒提神，难怪孙皓要用茶来代韦曜之酒以示恩宠了。南北朝时期，甚至还出现了王濛这样的"茶罐子"，《世说新语》中讲述了这样一段轶事："晋司徒长史王濛好饮茶，人至辄命饮之，士大夫皆患之，每欲往候，必云：'今日有水厄'。"王濛之好饮茶，已经到了访客至王府时要担心经受"水厄"，说笑之余不难看出当时以茶敬客的风气业已形成。

王褒的"武阳买茶"也好，韦曜的"茶荈以当酒"也好，王濛的"水厄"也好，都毫无例外地发生在南方，可见直到南北朝时期，茶这一"南方之嘉木"还保持着地方特色。建安十三年（208年），曹操大军南征意图一统天下，在赤壁之战前吟诵道："何以解忧？唯有杜康。"曹操最终惨败于赤壁，倘若曹操果然能平定江南，品味到茗饮之乐，恐怕这句诗就要改写为"何以解忧？茶与杜康"了。从食物史的角度来看，恰恰是军事上的失利将曹操的"格局"锁定在了酒上——不平江南，枭雄如曹操也是无法识得茶中趣的。

直到此时，茶依然以粥的面貌存在，与后人眼中的饮品形态相去甚远。

以"秦人取蜀"为起点，至魏晋人士以茶敬客，其间长达近千年，如此漫长的岁月，对于茶来说却如同漫漶的史前岁月。茶之所以成为茶，还要经历三次技法上的大变革——如果将煎茶、点茶和瀹茶分别视为茶史上的三个朝代，那当这三段"断代史"均画上句号时，这一片略带苦涩的树叶才算真正浴火重生，成为千年后恩泽世界的饮品。

×

直到南北朝结束时，饮茶之风依然主要流行于南方。北魏时，茶在北方还得到了一个"酪奴"的贬称，南北风俗之异可见一斑。随着南北朝统一、隋唐易代，茶终于大举北上，演变成全国性的饮品。唐代封演[1]《封氏闻见记》记录了这一风俗的发扬："南人好饮之，北人初不多饮。开元中，泰山灵岩寺有降魔师大兴禅教，学禅务于不寐，又不夕食，皆许其饮茶。人自怀挟，到处煮饮。从此转相仿效，遂成风俗。"杨晔[2]《膳夫经手录》则提及，在东到山东、西到吐蕃回鹘、南到南诏的广袤地区，百姓已经到了"累日不食犹得，不得一日无茶"的程度，饮茶之风的盛行，至此可谓有了质的飞跃。民间如此，宫廷亦然，张文规有一诗《湖州贡焙新茶》："凤辇寻春半醉回，仙娥进水御帘开。牡丹花笑金钿动，传奏吴兴紫笋来。"诗中的"吴兴紫笋"即紫笋茶，为唐代贡茶，这首诗后两句描写宫娥们听说有新焙的贡茶入京，开心得"牡丹花笑金钿动"，其中意味与"一骑红尘妃子笑，无人知是荔枝来"颇有相似之处。

当然，仅仅是流传范围还不足以赋予茶灵魂。唐代的茶之盛，更在于茶文化的形成与繁荣。在这一时期，茶逐渐脱离了粥的形态而向更为文雅的饮品转型，其技艺范式逐渐形成并艺术化，最终经以"茶圣"陆羽为代表的众多茶人之手升华为茶道。

陆羽《茶经》的问世在中国茶史上是一件大事，这本仅约7000字的小书是现存最早、最完整、最全面的第一部茶专著，将茶文化提升到了一个空前的高度，而陆羽也因此被后人誉为"茶圣"，《新唐书》中已有"时鬻茶者，至陶羽形置炀突间，祀为茶神"的记载。梅尧臣在《次韵和永叔尝新茶杂言》曾写下"自从陆羽生人间，人间相学事春茶"的诗句，换句话说，经过孕育出了陆羽的唐代之后，茶终于有了茶的"样子"了。

茶"改头换面"的第一步，是茗茶的式微。对这种流传近千年的茶粥，《茶经》的批评几近于尖锐："或用葱、姜、枣、橘皮、茱萸、薄荷之等，煮之百沸，或扬令滑，或煮去沫，斯沟渠间弃水耳，而习俗不已。"陆羽将茗茶视为"沟渠间弃

1　封演（约唐玄宗天宝年间前后在世），唐代人。著有《封氏闻见记》。
2　杨晔（约唐宣宗大中年间前后在世），唐代人。著有《膳夫经手录》。

水"，如此辛辣的抨击甚至让后人觉得这位"茶圣"有些可爱。那陆羽所推崇的饮茶技法是什么呢？答案是煎茶。

通过《茶经》，可以大致总结出煎茶法如下：先将茶饼炙烤并碾磨成茶末，按喝茶人各一盏的茶量取水，放入锅中煮并加入盐调味，待水二沸时舀出一碗，在锅中心投入茶末并用竹䇲搅拌，待水大开时再将舀出的水倒回使之不再沸腾，这叫"育华救沸"，之后便可以舀入茶碗中饮用。如此煮出的茶汤会有一层沫，这层沫被视为茶的精华，薄的叫"沫"，厚的叫"饽"，细轻的叫"花"。在这一技法的操作下，茶汤显现出华丽的视觉效果，如刘禹锡"白云满碗花徘徊"，卢仝"白花浮光凝碗面"等，都是唐代煎茶的动人写照。

唐代煎茶法不仅对煎茶这一环节讲究，对备器、选水、取火等环节亦颇为重视，比如选水当以山水为上，江水为中，井水为下；即使是山水，也要注意避开瀑涌湍漱与澄浸不泄的水。张又新[1]还写了一篇《煎茶水记》，其中记载了时人对天下名水排名的两个版本——更为绝妙的是，张又新还亲自从扬子江到淮水、从庐山康王谷水帘到桐庐严陵滩，一一收集品茗，方感慨"诚如其说"。再如苏廙[2]《十六汤品》依茶的沸腾程度、注法缓急、茶器种类、薪炭燃料将茶分为十六等，是为"十六汤品"。

唐代文人对煎茶一事精益求精，技法的精进自然提高了品茗的标准，茶客在饮茶时赏汤形、观茶色、识茶香、品茶味，并最终升华为悟茶德。刘贞亮[3]曾撰《茶十德》云："以茶散郁气，以茶驱睡气，以茶养生气，以茶除病气，以茶利礼仁，以茶表敬意，以茶尝滋味，以茶养身体，以茶可行道，以茶可雅志。"经过唐代的熏陶，茶终于摆脱了数百年的粗粝，沾染上浓浓的文化气息。以至于每逢科举，朝廷都会派人专门送茶到考场上给举子和考官，以茶助考，茶也由此得到了"麒麟草"的雅称。

唐代以近三百年的国运将茶捧为了与酒并驾齐驱的"国民饮品"，但细品之余，又有那么一丝"茶雅酒俗"之别。唐代著名诗僧皎然《九日与陆处士饮茶》云："俗人多泛酒，谁解助茶香。"高适《同群公宿开善寺，赠陈十六所居》云："读书不及经，饮酒不胜茶。"张谓《道林寺送莫侍御》云："饮茶胜饮酒，聊以送将归。"当然，面对这些论调，醉唱着"五花马，千金裘，呼儿将出换美酒"的"诗仙"李白和感叹着"酒债寻常行处有"的"诗圣"杜甫，大约会不以为然吧。

1　张又新（公元813年前后在世），字孔昭，唐代人。著有《煎茶水记》。
2　苏廙（生卒年不详），唐代人。著有《十六汤品》。《十六汤品》又称《十六汤》《汤品》。
3　刘贞亮（生卒年不详），唐代人。著有《茶十德》。刘贞亮一说为晚唐宦官俱文珍（？—813年）。《茶十德》又称《饮茶十德》。

点
茶
时
代
：
欲
笑
当
时
陆
鸿
渐

如果说唐代借"茶圣"之威在古典茶文化掀起了一股高潮，那宋代茶人们则在唐代的基础上，将茶文化推向巅峰。在宋代，繁复华丽到甚至有些奢侈的点茶技法问世了。

点茶技法源于福建建安茶。建安地处东南，五代十国时这一地区制茶业异军突起，至北宋统一天下后建安茶便跻身于贡茶之列，因茶场号"北苑"，又称为"北苑贡茶"。经过唐及五代十国时期茶文化的浸染，建安民间逐渐发展出了一套冲点茶汤的技艺，而随着北苑贡茶流入北宋都城开封，在朝廷官僚士大夫阶层的研究革新下，最终形成了宋代独树一帜的点茶法。

点茶法流行于王公贵族之家，其工序在蔡襄[1]《茶录》、宋徽宗赵佶[2]《大观茶论》中有颇为详尽的记载，大体分为碾茶、罗茶、候汤、熁盏、点茶几个步骤，因点茶是最为核心的工序，亦最见功力，故整个技法以点茶为名。

第一道工序是碾茶。将紧压的茶饼"以净纸密裹槌碎"，而后放入碾槽中碾为茶末。如是陈茶，则需要先"炙茶"以保护茶饼的干净清爽。若茶饼质量上乘、碾法得当，制成的茶末也会香气逼人。第二道工序是罗茶。将碾好的茶末放入茶罗中细筛，确保入茶的茶末"绝细"而均匀，如此才能"入汤轻泛，粥面光凝，尽茶色"。第三道工序是候汤。候汤分为选水与煮水。宋人对水源不及唐人般苛求，如非斗茶所需，平时只要水质清轻甘洁即可。至于煮水，重点在于火候：水有三沸，陆羽以水二沸时最佳，而宋人则提出"背二涉三"，即刚过二沸略及三沸时的水为上，而且水在离开火炉后不能直接使用，尚要等沸腾状态完全停止后点茶才不会苦。第四道工序是熁盏。熁盏即俗称的"温杯"，手冲咖啡中即有此技法。宋人认为"熁盏令热"利于点茶时茶沫上浮，既能激发茶香又利于分茶。

第五道工序，也是最关键的一道工序，是点茶。点茶的第一步是调膏，即将茶末舀入茶碗后先注入少量煮好的水，用茶筅搅成均匀的茶膏，之后分数次一边注水一边击拂直至茶汤完成。至于击拂次数，各有章法，《大观茶论》中推崇"七步法"，并对其过程进行了详细描绘。具体而言，自调膏后的七步依次如下：

---

1 蔡襄（1012—1067年），字君谟，北宋名臣，书法家。著有《茶录》。书法与苏轼、黄庭坚、米芾并称为"宋四家"。
2 赵佶（1082—1135年），宋徽宗。著有《大观茶论》，组织编撰有《宣和书谱》《宣和画谱》和《宣和博古图》。书法、绘画造诣极高，开创"瘦金体"，画作代表作有《芙蓉锦鸡图》《红蓼白鹅图》《池塘秋晚图》。

"第二汤自茶面注之，周回一线。急注急止，茶面不动，击拂既力，色泽渐开，珠玑磊落。三汤多寡如前，击拂渐贵轻匀，周环旋转，表里洞彻，粟文蟹眼，泛结杂起，茶之色，十已得其六七。四汤尚啬，筅欲转稍宽而勿速，其清真华彩，既已焕发，轻云渐生。五汤乃可稍纵，筅欲轻匀而透达。如发立未尽，则击以作之。发立已过，则拂以敛之。结浚霭，结凝雪，茶色尽矣。六汤以观立作，乳点勃然，则以筅着居，缓绕拂动而已。七汤以分轻清重浊，相稀稠得中，可欲则止。乳雾汹涌，溢盏而起，周回凝而不动，谓之咬盏。宜匀其轻清浮合者饮之。《桐君录》曰，'茗有饽，饮之宜人。'虽多不为过也。"

宋徽宗赵佶笔下的七步法每一步均极为短暂，这一方面对茶人的技艺提出了极高的要求，另一方面也凸显出赵佶茶道大家的身份。赵佶书法、绘画、茶艺堪称举世无双，偏偏作为一国之君又极度缺乏政治才能，最终落得国破被掳、受辱而死的下场，实在不免令人喟叹。

与点茶法相应，宋人崇尚的自然也是能够碾磨成茶末的紧压茶。紧压茶多制成茶饼或茶团，故又被称为团茶，李清照《鹧鸪天·寒日萧萧上琐窗》中的"酒阑更喜团茶苦"，指的便是这一类茶。又因其饮用时需碾磨成末，亦可称为末茶——日本抹茶及抹茶茶道即渊源于此。宋代茶中以"龙凤团茶""龙团凤饼"等贡茶最为上乘，其价堪与黄金比肩。

点茶已然繁复至此，而分茶则为宋代茶道披上了一层更加熠熠生辉的艺术光环。陆游《临安春雨初霁》一诗颔联为"矮纸斜行闲作草，晴窗细乳戏分茶"，这里的分茶，指的正是宋代茶道中的分茶之技。

宋代人在点茶过程中，在用茶筅击拂时茶汤表面会出现茶沫，在这些稍纵即逝的茶沫上勾画出各种山水草木、花鸟鱼虫图案的技法，便是分茶，又称"茶百戏""茶丹青"。茶汤上的图案无法如拿铁拉花一样保持较长时间，因此分茶的观赏更在于其过程而非结果，类似沙画表演。

北宋陶谷《清异录·茗荈门》中记载了一位分茶名家福全和尚，称其"能注汤幻茶，成一句诗。并点四瓯，共一绝句，泛乎汤表"。瓯即茶盏，并点四瓯即同时在四个茶盏中分茶，每盏一句诗，遂成一首绝句，如此技艺，在陶谷眼中已然"通神"。福全和尚身负绝技，以至于不太看得上"茶圣"陆羽的煎茶，作诗嘲弄道："生成盏里水丹青，巧画工夫学不成。欲笑当时陆鸿渐，煎茶赢得好名声。""鸿渐"是陆羽的字，福全和尚之自负，由此可见。其实，陆羽之所以为"茶圣"又岂是因为煎茶，《左传》有云："太上有立德，其次有立功，其次有立言。"一部《茶经》那是"立言"的不朽伟业，在士大夫眼中又岂是分茶这种"奇技淫巧"可比。须知在唐代，哪怕贵为右丞相的阎立本，也深被"左相宣威沙漠，右相驰誉丹青"的揶揄所困扰，乃至于以精通丹青为耻。当然，福全和尚是方外之人，自有另一套行事作风了。

善分茶者极少，因而咏分茶之诗亦不多，与陆游、陶谷同样有眼福的还有杨万里，他的一首《澹庵坐上观显上人分茶》将分茶之美描绘得淋漓尽致：

"分茶何似煎茶好，煎茶不似分茶巧。蒸水老禅弄泉手，隆兴元春新玉爪。二者相遭兔瓯面，怪怪奇奇真善幻。纷如擘絮行太空，影落寒江能万变。银瓶首下仍尻高，注汤作字势嫖姚……"

普通茶人无分茶之技，但依然有斗茶之风。所谓斗茶，即通过比拼茶汤的香气、色泽以及茶盏壁上水痕出现的早晚一决胜负。值得一提的是，宋代茶汤以纯白为上，之后是青白、灰白、黄白，这与后世各色茶品争艳以及日本抹茶以绿为主又完全不同了。

×
渝茶时代：
遂开千古茗饮之宗

中国的古典茶道至宋代已臻化境，然而历史的有趣——或者说残忍之处也正在于巅峰与衰落常常相伴。祥兴二年（1297年），元灭南宋，陆秀夫背着八岁的宋末帝赵昺跳海而亡，中原大地由此被蒙古人这个马背上的民族统治了近一个世纪。

元朝为游牧民族所开创，精巧繁复的点茶不为马上民族所喜，散茶在这一历史背景下走向台前。散茶是相对紧压茶而言的——唐代煎茶、宋代点茶所用的茶均为紧压制成的茶饼或茶团，而未通过紧压这一道工序塑形的便被称为散茶。散茶在唐代并不多见，至宋代时虽然已不稀奇，但因宋代崇尚以紧压茶为基础的茶道，因此散茶一直不被士大夫阶层所重视，这一情形一直延续到宋元易代。

元朝国祚未及百年，中原再次易手于汉人建立的明王朝，而当时不少汉族文人仍然保留着以团茶为尊的记忆。按照历史的逻辑，紧压茶完全有可能恢复其历史地位，然而历史的逻辑之一就是历史往往不讲逻辑，就在明初，一个意外出现了：明太祖朱元璋下诏将团茶排除出贡茶——统领两宋三百余年的紧压茶从此失宠了。

明代何孟春[1]《余冬序录》记载了其中缘由：
"国初建宁所进，必碾而揉之，压以银板，
为大小龙团，如宋蔡君谟所贡茶例。太祖
以重劳民力，罢造龙团，一照各处，采
芽以进。"这一说法得到了不少文献的
印证，如明代沈德符[2]《万历野获编补
遗》亦记载："岁贡上供茶，罢造龙团，
听茶户惟采芽茶以进。"这里的"芽茶"，
即以纤嫩新芽制成的散茶。

与散茶相匹配的是简单易行的瀹茶法，
也即撮泡、冲沦法：将茶叶置于茶壶、茶盏中，
以沸水冲泡，再分到茶盏、茶杯中即可直接饮用。相对
于繁复的点茶，推行瀹茶的确能起到克制奢靡之风、节约民力的效果，但不应将团
茶向散茶的转型过分归因于一人的旨意，因为朱元璋仅将团茶排除出了贡茶之列，
但并没有废止这一茶种；文人、商人阶层最终弃团茶而不用，背后是宋元之后民间
饮茶风俗转变的结果。

宋代点茶尚白色，除了"其叶莹薄""芽叶如纸"的白茶外，其他茶叶只能依
靠榨干汁液来"提纯"茶色，这就引导紧压茶在色香味诸方面与茶叶本身的物性相
违。南宋陈鹄[3]《耆旧续闻》记载："今自头纲贡茶之外，次纲者味亦不甚良，不若
正焙茶之真者已带微绿为佳。"这说明除了顶尖的贡茶外，其余茶种反而是带微绿
色的味道更好，紧压茶技法不适合所有茶种的事实已不容回避。

这一观念到了明代为更多人所接受，如罗廪[4]《茶解·总论》谓："碾造愈工，
茶性愈失，矧杂以香物乎！"田艺蘅[5]《煮泉小品》谓："茶之团者片者，皆出于
碾硙之末，既损真味，复加油垢，即非佳品，总不若今之芽茶也。盖天然者自胜
耳。"沈德符在《万历野获编补遗》中抨击更甚，直言："茶加香物，捣为细饼，已
失真味。宋时又有宫中绣茶之制，尤为水厄第一厄。今人惟取初萌之精者，汲泉置
鼎，一瀹便啜，遂开千古茗饮之宗……陆鸿渐有灵，必顺首服；蔡君谟在地下，亦
咋舌退矣。"陆鸿渐是陆羽不需复提，蔡君谟即蔡襄，沈德符以瀹茶法为荣已到睥
视陆蔡的程度，可见当时的茶人很可能已是苦团茶久矣。

1　何孟春（1474—1536年），字子元，明代人。著有《余冬序录》。
2　沈德符（1578—1642年），字景倩、虎臣、景伯，明代人。著有《万历野获编》。
3　陈鹄（1174—1224年），字西塘，南宋人。著有《耆旧续闻》。
4　罗廪（1573—1620年），字高君，明代人。著有《茶解》《胜情集》。
5　田艺蘅（1524—? ），字子艺，明代人。著《留青日札》《煮泉小品》。

明朝开国百年后，丘濬[1]在《大学衍义补》中写道："茶有末茶，有叶茶……唐宋用茶，皆为细末，制为饼片，临用而辗之，唐卢仝诗所谓'首阅月团'、宋范仲淹诗所谓'辗畔尘飞'者是也。《元志》犹有末茶之说，今世惟闽广间用末茶。而叶茶之用，遍于中国，而外夷亦然，世不复知有末茶。"可见在丘濬所处的时代，末茶已几乎在中国绝迹，当然丘濬笔下的"外夷"并不全面，因为日本的抹茶茶道依然继承了宋代茶道的衣钵，并一直延续到了更遥远的未来。

散茶的流行，也伴随着制茶技术的变革与进步。明代，利用干热发挥茶叶香气的炒青逐渐取代了蒸青，大大提高了茶叶的色香味。而制茶过程中通过不同工艺创造不同品质特征的茶叶也成为可能，由此茶叶逐渐发展出绿茶、黄茶、黑茶、白茶、红茶、乌龙茶诸类；同时随着窨制花茶的技术日臻完善，明代花茶的品类也丰富起来，朱权[2]《茶谱》中所载的便有桂花、茉莉、玫瑰、蔷薇、兰蕙、橘花、栀子、木香、梅花等九种花茶。

瀹茶法兴起后，宋代的茶具自然也被废弃，取而代之的则是紫砂壶。文震亨《长物志》记载："茶壶以砂者为上，盖既不夺香，又无熟汤气。供春最贵，第形不雅，亦无差小者。时大彬所制，又太小。若得受水半升而形制古洁者，取以注茶，更为适用。"宋代龙凤团茶贵于黄金，明代末期则变成了紫砂壶与黄金争价，这又岂是"重劳民力"的朱元璋所能想到的呢？

无论如何，中国的茶与茶道，终于再次"改朝换代"，迎来了瀹茶法统治的王朝。从"唐煮"到"宋点"到"明瀹"，中国茶在几易章法后终于让茶变成了当下的模样。这种简易的泡茶方式可能少了些古意和仪式感，但正是这些形式上的"舍"，奠定了茶叶灵魂深处的"得"。

1　丘濬（1421/1420—1495年），字仲深，明代人。著有《大学衍义补》《朱子学的》《世史正纲》《琼台类稿》。曾被明孝宗御赐为"理学名臣"，被史学界誉为"有明一代文臣之宗"，与张九龄、宋余靖、崔与之被后世并称为"岭南四大儒"。
2　朱权（1378—1448年），明太祖朱元璋第十七子，封号宁王。著有《茶谱》。

食后感

茶与咖啡、可可并称为"世界三大无酒精饮料",从演变历程来看，茶和咖啡也颇有可比之处。咖啡最早由埃塞俄比亚人直接取其果实和树叶煮制，之后才发展出取其种子烘焙、磨粉、萃取，乃至于在工业时代经机械增压被制成意式浓缩咖啡；茶叶也是先直接被熬成茶粥，继而在工艺的加持下制成紧压茶并碾磨成末，只是后来又多出来一段返璞归真的情节。如今习惯了美式、拿铁的咖啡爱好者们看到埃塞俄比亚人、阿拉伯人、土耳其人依然延续着古老的、不过滤的咖啡制作技法，或许难免会有些不适应；恰如今人得知古人饮茶时居然还会加入盐、葱、姜等调味时，脑中难免会浮现出一丝惊诧。

其实，一种饮品在漫长的历史上"改头换面"是再正常不过的事。茶史是立体的、复杂的、多元的，不同国家和地区在不同的传承路径下会孕育出不同的制作与饮用方式，这些方式的流传有其必然，但更多的可能是偶然。明人废弃了紧压茶，不会想到这种古老的茶与其茶道会在日本继续发展，并孕育出日后独树一帜的日本抹茶；明人发明了红茶，也不会想到这种经发酵而得的新品种会漂洋过海，在英国人的杯中与白糖、牛奶相融。中国茶与紫砂的相遇固然浪漫，但日本抹茶与粗陶的邂逅、英国红茶与瓷器的陪伴又何尝不是另一种美呢？"越是民族的，越是世界的"，这句话放在中国茶身上，实在是再贴切不过了。

酒：被蒸馏打败的五千年餐桌

相对于茶在世界范围内的独树一帜，同样在中国传统中占有重要地位的酒，在全球范围内的名气却并不突出——何止不是突出，简直有些泯然众人。中国黄酒漫说国际市场，甚至在国内都有些小众，带着颇为明显的江南色彩；而中国白酒虽能与白兰地、威士忌、伏特加等蒸馏酒并称，却没有随着中餐的扩张节奏占领海外的餐桌，成为吹向海外的风潮。宏观来看，中国酒与中国酒文化，依然很"中国"。

中国酒文化传承已久，而且雅俗共赏。从"雅"的角度而言，酒桌上的人们可以轻易念出"劝君更尽一杯酒""酒逢知己千杯少"这样的关于酒的诗句；从"俗"的角度而言，各种劝酒词顺口溜和游戏酒令更是比比皆是，诸如"人在江湖走，不能离了酒；人在江湖飘，哪能不喝高""感情深，一口闷；感情浅，舔一舔"，或者是常令人面红耳赤的"哥俩好""两只小蜜蜂"……

在相对传统的地方尤其是华北、东北地区，酒桌上迎来送往谈笑风生的技巧娴熟程度，会成为判断一个人能力高低的重要指标，"久经考验"这句成语也常常被酒友调侃成"酒精考验"。有时，这种酒文化还与社会风气相互交织，进而折射出人间百态。这种人间百态当然包含着积极的、快乐的、热闹的、繁华的一面，但同样包含了消极的、冲动的、无奈的、浪费的一面，因而中国人对酒的态度总是很矛盾：它是忘忧水，也是迷魂汤；它是情谊的见证，也是穿肠的毒药。

无论是酒的拥趸还是酒的反对者，都不会忽视酒与酒文化在中国的根深蒂固。不过，这一印象与中国酒真实的历史之间，往往有不小的误会。误会之一，是中国饮酒传统虽然源远流长，但儒家所倡导的饮酒是以"不及乱"为前提的，也就是不应当喝醉；反而因为对酿酒耗粮、饮酒丧德的危害早有认识，历代均不乏统治者禁酒，甚至于吟诵"何以解忧，唯有杜康"的曹操也屡次颁布过禁酒令。误会之二，是古人动辄"千杯""一斗"的酒量其实不能与今人等量齐观，当下的白酒属于高度数蒸馏酒，这种酿酒技术直到元代才真正发展起来，在此之前古人饮用的是酒精度较低的发酵酒，诗仙李白动辄"三杯通大道""会须一饮三百杯"，未必说明其酒量有多高。一言以蔽之，中国酒文化的精髓不在于豪饮更不在攀比海量，放歌纵酒固然快意，却并不合"酒以成礼"的体统，更多见于文人骚客、剑士豪侠的别样人生。

在数千年的漫长岁月，中国的酒随着酿酒工艺的革新，缓慢地丰富着品类、提升着纯度、优化着饮用方式，中国的酒文化也因此变得极富层次感。不同的酒与酒文化装点着不同朝代的气质，凝聚着不同地域的风俗，杯中的玉液琼浆醉的是酒客，而杯外的传说轶事却足以醉倒整个民族——而这一切，还要从一只猿猴说起。

在详细论述中国酒进展历程之前，大体可以将中国"古酒"与"今酒"的区别，等同于发酵酒与蒸馏酒的区别。在元代之前，中国古酒的历史即是发酵酒的历史。

酒的发酵分两种。一种为单发酵：是指使用糖质原料，加入酵母后就可以直接发酵成为酒精，而不必经过糖化过程的发酵法，葡萄酒、朗姆酒、白兰地等即属此类。另一种为复发酵，这种发酵法主要以谷物为原料，需要先将谷物中的淀粉水解为糖，再通过酵母转化为酒，包括中国古酒、威士忌，龙舌兰等。中国原产的糖质农作物并不算丰富，单发酵酒在很长的时间内都没有发展起来；而相对于葡萄、甘蔗这些单发酵原料，中国谷物在古代就已经获得了较大的发展，因此谷物酿酒就成了中国古酒的起点——中国古酒源于谷物虽不假，然而其最古老的起源传说却与猿猴相关。

猿猴好酒的传说不绝于史。《淮南子·氾论篇》载："猩猩知往而不知来"，东汉高诱注道："猩猩……嗜酒，人以酒搏之，饮而不耐息，不知当醉，以禽其身。"《后汉书·西南夷传》载："哀牢出猩猩。"唐代李贤在注中亦引了一则《南中志》中的猩猩饮酒著屐的故事。其实在古籍中，猿猴、猩猩这些灵长类动物不仅好酒，也是酿酒高手。明代周旦光[1]《蓬栊夜话》记载："黄山多猿猱，春夏采杂花果于石洼中，酝酿成酒，香气溢发，闻数百步。"清代李调元《南越笔记》载："琼州多孩……尝于石岩深处得猿酒，盖猿以稻米杂百花所造，一石穴辄有五六升许，味最辣，然极难得。"可见猿猴酿酒不仅历史悠久而且开枝散叶，直到明清时期文人们还对既香且辣的猿酒念念不忘。

其实，猿猴的好酒与酿酒一脉相承。猿猴以采集野果为生，而且聪明到能够根据果实的季节性加以储存。这些果实堆积于岩洞、石洼，久而久之在挤压破裂中产

1　周旦光（生卒年不详），明代人。著有《蓬栊夜话》。

生果浆，再加上上层果物阻隔了氧气，这些果酱与野生酵母菌产生反应，便自然发酵形成了酒浆。古人不解其中缘由，遂生出了"猿猴善采一百花酿酒""尝于石岩深处得猿酒"的传说——其实这也不全然是传说，而是自然现象的人类解读。

"人猿相揖别"之后，另外两个酿酒的"创始人"仪狄和杜康登场了。战国吕不韦[1]《吕氏春秋·审分览》言："仪狄作酒。"西汉刘向《战国策·魏策》的记载更为详细："昔者，帝女令仪狄作酒而美，进之禹，禹饮而甘之，遂疏仪狄，绝旨酒，曰：'后世必有以酒亡其国者。'"东汉许慎《说文解字》云："古者少康初作箕帚、秫酒。少康，杜康也。"北宋张表臣[2]《珊瑚钩诗话》云："中古之时，未知曲糵，杜康肇造，爰作酒醴，可为酒后，秫酒名也。"

仪狄是大禹时代掌造酒的官员，杜康一说即少康，为夏代中后期君主。这两人生活年代过于久远，至汉晋时学者们也无法辨别谁才是酒真正的发明者，西晋江统在《酒诰》中对这两说均进行了驳斥，认为酒的发明源于残羹剩饭的自然发酵："酒之所兴，肇自上皇，或云仪狄，一曰杜康。有饭不尽，委之空桑，积郁成味，久蓄气芳，本出于此，不由奇方。"而《世本》（孙冯翼辑本）中又对两说进行了折中："仪狄始作酒醪变五味。杜康造酒。少康作秫酒。"这里的秫即高粱。

综合众多古籍记载，不妨做一个不算大胆的猜想：上古时期，古人受猿猴所"酿"果酒的启发，通过剩饭发明或发现了最早的谷酒。仪狄对原始的酿酒法加以变革，从而促成了"旨酒"的诞生；而杜康更在此基础上以高粱为原料，发明了秫酒。这一猜想颇符合自然规律：剩饭秽变发酵后在微生物作用下形成曲糵，自然引发糖化和酒化的过程。古人发现后遂主动用秽饭拌熟饭酿酒，无意中发明了酒曲，因此《酒诰》中言酒"有饭不尽……不由奇方"。在酒曲这个糖化发酵剂的作用下，谷物中的淀粉得以转化为乙醇，"粮为酒本，曲为酒骨"一说由此而来。通过这种原始酿造方式得到的谷酒品质当然不会太高，直到在仪狄手中，酿酒技术实现进化——有可能提升了原始谷酒的浓度或纯度，这就是《战国策》所谓"仪狄作

1　吕不韦（公元前292—公元前235年），战国时期名臣。组织编纂《吕氏春秋》。初为卫国商人，后任秦国丞相。
2　张表臣（约北宋末、南宋初在世），字正民，宋代人。著有《珊瑚钩诗话》。

酒而美"。夏代人以粟（小米）为主食，到了杜康统治时期，以高粱为原料的酒出现，中国古酒的诞生传说也由此定型。杜康是夏代明君，在其统治下诞生出了"少康中兴"的太平盛世，因此相较于被大禹疏远的仪狄，后人更愿意将杜康视为酒的创造者，以周公自居的曹操在《短歌行》只提杜康更不足为奇。不过，仪狄之名并未被遗忘，如南宋刘克庄《水龙吟·行藏自决于心》便有"且寻狂友，杜康仪狄"之句。

猿猴、仪狄、杜康所构建的传说体系显示出了酿酒历史呈阶段性发展的特性，而在未来，中国古酒也将顺着这一节奏进化，直到黄酒诞生。

× 由浊而清：从『五齐三酒』到黄酒

囿于技术限制，杜康时代的酒不可能具备太高的浓度和纯度，但已经足够美味到流行于世。夏代亡国之君桀造酒池，其规模之大"使可运舟……一鼓而牛饮者三千人"；商代亡国之君纣，"以酒为池，悬肉为林，使男女裸相逐其间，为长夜之饮"。虽然这些记载的重点在于警醒后世统治者莫要玩物丧志，但也折射出夏商两代饮酒之风的盛行。有鉴于夏商亡国之训，周代立国伊始便以重典治酒，明令禁止群饮、崇饮、醉酒等不合礼法的行为。

周代重典治酒的另一面体现的是酿酒技术的发展。《周礼》将酒分为"五齐三酒"，"五齐"分别为泛齐、醴齐、盎齐、缇齐、沈齐，对应不同清浊度和颜色；"三酒"为事酒、昔酒、清酒，对应不同的酿造时长。与此同时，与举荐制度相结合的宴饮风俗乡饮酒礼也逐渐形成。饮酒既已成为人才选拔过程中的重要一环，更披上了一层庄严之意——周代君主对酒持有警惕之心，这种文化基因不可避免地融入周礼之中，而作为周礼的重要传承者，孔子提出饮酒"不及乱"也就不足为奇了。

春秋战国时期，酿酒日渐普遍，酒肆开始兴起。《史记·刺客列传》中讲荆轲"嗜酒，日与狗屠及高渐离饮于燕市。酒酣以往，高渐离击筑，荆轲和而歌于市中，相乐也，已而相泣，旁若无人者"，这种江湖中的嗜酒之风多多少少带有些许"礼崩乐坏"的意味，而在庙堂之上，晏子谏景公饮酒数日的故事依然屡见不鲜。几十年后，西汉邹阳在《酒赋》中写道："庶民以为欢，君子以为礼"，也正体现荆轲与晏子、江湖与庙堂对于酒的矛盾心理。

汉代人对于酒的态度远较周代人积极，汉代酒的分类相较于周代的"五齐三酒"也更为复杂。以原料分，有稻酒、黍酒、秫酒、米酒；以酿造时间分，有春酒、冬酒；以酿酒形态分，有浊酒、清酒。这其中，浊酒与清酒的分类影响最为深远。谷酒容易浑浊，因此酿造时间较长、度数较高而且酒液较清的清酒为人所追捧。邹阳《酒赋》开篇便是"清者为酒，浊者为醴；清者圣明，浊者顽騃"，而两汉文人对酒的歌颂也以清酒居多，如西汉刘向《九叹》中的"欲酌醴以娱忧兮，蹇骚骚而不释"。

汉代嗜酒之风已渐渐兴起，以至于汉末三国时期曹操、刘备、吕布等军阀需要下禁酒令以正风气；而到了魏晋南北朝时期，嗜酒之风愈演愈烈，这一时期饮者之众、饮量之大、饮风之烈，在中国历史上可谓绝后佼佼者如冯跋"饮酒至一石不乱"，元慎"性嗜酒，饮至一石，神不乱"，乃至于魏晋文人的精神领袖"竹林七贤"皆性嗜酒，改称为"竹林七酒徒"也不为过。

从浪漫的角度来看，魏晋风骨是被酒"酿"出来的；而从技术的角度来看，魏晋的酒的确有所发展。直到秦汉时期，中国古酒的度数一直保持在很低的水平，魏晋时期酿酒工艺进一步革新，食用谷物与酿酒谷物开始区分，酿酒者习惯用黏性较大、出酒率较高的秫米酿酒，从而令酒的度数获得了明显提升——从中也可以看出，冯跋、元慎等人的酒量相较于前朝的"牛饮"者有了一定的"含金量"。据北魏杨衒之《洛阳伽蓝记》所载，有一刘白堕善酿酒，其酒"香美而醉，经月不醒"，虽然不免有夸张之嫌，但中国古酒的度数的确在提升。

隋唐易代后，中国古酒在盛唐气象的熏染下百花齐放，官酿、坊酿与私酿争奇，名酒辈出，如名相魏征的家酿醽醁酒、翠涛酒，裴度的家酿"鱼儿酒"，尤为长安冬季名饮。唐代酿酒须经制曲、投料、发酵、取酒、加热等步骤，亦有掺草药增强发酵程度的手法。此时酿酒技术尚未臻成熟，但也因此令唐代的谷酒变得"五光十色"。如杜甫《舟前小鹅儿》中的"鹅儿黄似酒"，李贺《将进酒》中的"小槽酒滴真珠红"，白居易《代书诗一百韵·寄微之》中的"白醪充夜酌"。当然，唐代谷酒依然以绿色为主流，如李咸《短歌行》中的"一樽绿酒绿于染"，李白《赠段七娘》中的"千杯绿酒何辞醉"皆为此类。白居易名篇《问刘十九》中写道："绿蚁新醅酒，红泥小火炉。晚来天欲雪，能饮一杯无？"此处的"绿蚁"，亦是新酿而未过滤的谷酒上的绿色泡沫。

宋代酿酒技艺亦有显著提高，各类酿酒专著亦应运而出。北宋朱肱[1]《北山酒经》将酿酒过程分为卧浆、淘米、煎浆、汤米、蒸醅等十三道工序，而且已经出现

1　朱肱（1050—1125年），字翼中，北宋人。著有《南阳活人书》《北山酒经》。

了加热灭菌的技法。与唐代相比，虽然各色谷酒依然广为流行，但宋代黄酒酿造技术已日渐完善，苏轼《东坡酒经》中记载了极为详尽的酿造方法。不过，在缺乏蒸馏这道工序的前提下，发酵酒的酒精浓度很难超过20％，这个数字也成为唐宋时期中国古酒度数的理论上限。

与汉代一样，唐宋同样以清浊之别判定酒的高下，"金樽清酒斗十千"与"浊酒一杯家万里"之间的差距，亦是清酒与浊酒之间的差距。至元代，浊酒逐渐退出历史主舞台，黄酒酿造技术的提高令清浊之分不再像汉代那么重要。到了明代，黄酒酿造工艺更至巅峰，明代王世贞曾写《酒品前后二十绝》点评了襄陵酒、太原酒、秋露白、金华酒等天下名酒，当时制酒之盛，由此可见一斑。直至清代中后期，名品竞逐的黄酒仍统治着中国人的餐桌，从这个角度来看，将中国古酒史视为黄酒史也并不过分。

× **阿剌吉西来：**
中国古酒『忽』必『烈』

直至清代中后期，源于谷酒、臻于黄酒的发酵酒一直是中国人饮用的首选。那在这之后呢，中国餐桌的主流酒类变成了什么呢？答案是白酒。不过，此处的"白酒"已被时代赋予了新的意义：它专指谷物烧酒，属于古代烧酒中的一类。在源远流长的发酵酒面前，烧酒的历史非常短暂——元朝的开国皇帝名为忽必烈，而中国古酒也正是在元代"忽"然"烈"了起来。

宋元易代，在中国历史上是一个重要的转折点，北方游牧民族第一次入主中原并成功建立起大一统的王朝，这一政治上的风云变幻自然带来了饮食上的移风易俗。元代极具时代特色的酒有几种，一是马奶酒，二是葡萄酒，三就是日后取代黄酒霸主地位的白酒——阿剌吉酒，即烧酒。

阿剌吉酒是在发酵酒的基础上采用蒸馏技术提取了酒精和其他呈香物质酿造出的酒。蒸馏技法源于海外，而"阿剌吉"即源于阿拉伯语"Araqi"的音译，原意为"汗、出汗"。以阿剌吉为酒命名，取酿酒过程中蒸馏时容器中凝结的水珠形状。阿剌吉酒准确的传入时间及路径均不可考，元代忽思慧《饮膳正要》记载："阿剌吉酒，味甘，辣，大热，有大毒。主消冷坚积，去寒气。用好酒蒸熬，取露成阿剌

吉。"许有壬[1]《至正集·咏酒露次解恕斋韵》诗序中记载，其法"出西域，由尚方达贵家，今汗漫天下矣"。《饮膳正要》成书于天历三年（1330年），许有壬主要活动于14世纪中叶，由此可以推测蒸馏酒可能于14世纪前期传入，先见于王公贵族之家，而后向民间传播。

几百年后，这种阿剌吉酒将改变中国酒的格局并最终影响了中国酒文化的走向。但在传入之初，中国人对这种烈酒的接受度未必有多高。《饮膳正要》对其"大热，有大毒"的判断已算"温柔"，元代熊梦祥[2]《析津志》称其"尤毒人"，元末明初的叶子奇[3]在《草木子》甚至称"饮之则令人透液而死"。这些记载与许有壬"汗漫天下"的说法似有出入，但足以表明阿剌吉酒在中国的传播之路并非一帆风顺，白酒想要统治中国人的餐桌，还需要漫长积淀。

相较于味道猛烈的蒸馏酒，中国人依然更为青睐传统的发酵酒。囿于酵母菌的发酵所限，传统谷酒的酒精含量很难超过20%，《水浒传》中武松路过景阳冈一酒家时，店家称其酒之烈能达到"三碗不过冈"的程度，若非文学夸张，那这应当归于《水浒传》的创作者们以元后的酿酒技术揣度宋代酒而引发的误会了。宋代酿酒技术未达巅峰且各地发展不均，乡村野店出产的私酿本无法与当时最精良的黄酒相比，而《水浒传》中又提到店家给武松上酒前要先行筛酒，可见武松所饮之酒应当为度数更低的浊酒，这一类浊酒的酒精含量可能尚不到10%，也难怪武松前后共吃了十五碗还能打虎了。

经过蒸馏提纯这道工序之后，传统谷酒的酒精含量可以一跃至60%左右，这让酒的面貌有了根本性的改观。不过，"元代之前无烈酒"之说究竟能否成立呢？这个问题的确值得进一步探讨。中国传统谷酒与阿剌吉酒之间最关键的不同点在于是否有蒸馏工序，那元代之前中国是否存在蒸馏技术呢？答案是肯定的。在海昏侯墓出土的文物中便有一具青铜蒸馏器，这意味着至晚在西汉时期，中国已经发展出了蒸馏技术。不过，这种蒸馏技术是否实际用于酿酒呢？答案是否定的。

明代李时珍的《本草纲目》记载："烧酒非古法也，自元时始创……凡酸坏之酒，皆可蒸烧。"清代檀萃[4]《滇海虞衡志》记载："盖烧酒名酒露，元初传入中国，中国人无处不饮乎烧酒。"章穆[5]《调疾饮食辨》记载："烧酒又名火酒，《饮膳正要》曰'阿剌吉'。番语也，盖此酒本非古法，元末暹罗及荷兰等处人始传其法于中土。"如果说以上记载还只明确了"烧酒始于元代"在明清时期已成为共识。那《居家必用事类全集·酒曲法》中对蒸馏工艺则做了极为完备的描述：

1 许有壬（1286—1364年），字可用，元代人。著有《至正集》。

2 熊梦祥（生卒年不详），字自得，元代人。著有《析津志》。

3 叶子奇（约公元1327—1390年前后在世），字世杰，元末明初人。著有《草木子》《太玄本旨》。

4 檀萃（1725—1801年），字岂田，清代人。著有《滇海虞衡志》《楚庭稗珠录》。

5 章穆（生卒年不详），字深远，清代医家。著有《调疾饮食辨》。

"南番烧酒法（番名'阿里乞'）。右件不拘酸甜淡薄，一切口味不正之酒装八分一瓶，上斜放一空瓶，二口相对。先于空瓶边穴一窍，安以竹管作咀，下面安一空瓶，其口盛住上竹咀子。向上瓶口边，以白瓷碗碟片遮掩令密，或瓦片亦可。以纸筋捣石灰厚封四指。入新大缸内坐定，以纸灰实满，灰内埋烧熟硬木炭火二三斤许，下于瓶边，令瓶内酒沸。其汗腾上空瓶中，就空瓶中竹管内却溜下所盛空瓶内。其色甚白，与清水无异。酸者味辛甜，淡者味甘。可得三分之一好酒。"

阿里乞即阿剌吉。由此可见，阿剌吉酒是在已酿成酒的基础上经蒸馏而成的重酿酒，与后世直接以谷物发酵、蒸馏制成的谷物烧酒尚有区别。不容忽视的是，《居家必用事类全集》与《本草纲目》均强调了这种烧酒的原料不惧"酸坏之酒""口味不正之酒"，因此这种南番烧酒法很有可能被广泛用于对劣质酒的补救，从而导致烧酒与劣质酒之间——至少是在文化层面上画上等号，而这或许也是明代蒸馏酒工艺进一步提高、谷物烧酒种类进一步丰富，但却一直未能撼动黄酒地位的原因之一。

明清时期，中国酒类品种全部定型，黄酒酿造技术臻于大成，谷物烧酒也逐渐普及，甚至逐渐形成了南酒与北酒两大"酒系"。当然，这里的南北之争依然是黄酒的内部之争。清代中期北沧酒、南绍酒格局大致形成，之后南酒日益强势，随着花雕、太雕、女儿红等绍兴名酒流行于大江南北，终于一统江山，并在烧酒崛起之后成为黄酒最后的骄傲。

"白酒"一词，是新中国成立之后形成的行业标准术语，专指谷物烧酒。因此，白酒的逆袭之路要从谷物烧酒的主要原料——高粱的崛起开始讲起。

清代是中国人口爆炸的重要时期，至乾隆五十九年（1794年）人口升至3亿，至道光三十年（1850年）人口更超过了4亿，如此庞大的人口带来了沉重的粮食压力。为弥补粮食生产的缺口，耕地逐渐向不适宜种植传统粮食作物的地区延伸，于是耐湿、耐旱、耐盐碱且适宜在低洼之地生存的高粱在东北、华北被广泛推广开来。

高粱成本低廉，而且用途广泛，清代杨镳[1]《辽阳州志》载："蜀黍入麹烧酒，糟粕可饲牲畜，秸可以织席造纸，土人用以为薪，本境土产此为大宗。""蜀黍"即高粱，可见当时高粱已成为贫苦大众赖以为生的重要农作物。高粱口感差，但却是蒸馏酒的良好原料，于是高粱烧酒便在高粱种植区——尤其是底层阶级中流行开来。清代晚期，东北、华北烧锅遍地，高粱荒年可充饥，丰年可烧酒，为支撑百姓的营生做出了巨大贡献。

相较于黄酒，高粱烧酒最大的优势就是造价低廉。所谓"黄酒价贵买论升，白酒价贱买论斗"：黄酒的酿造原料如黍米、糯米等皆为百姓日常口粮，酿制过程受时间限制，酿成之后又不方便储存与运输，这一切都导致黄酒"价贵论升"；而高粱价贱，在丰年无人愿意以高粱为食，如此一来高粱烧酒的原料可谓源源不断，而且烧酒不受季节所限，一年四季均可酿造。底层百姓对高粱烧酒的青睐缓慢而坚定地改变着中国人的饮酒习惯，直到文人士大夫阶层也一点一点接受了这股新风尚。

"食圣"袁枚是较早发现烧酒优点的人。《随园食单》便提到："既吃烧酒，以狠为佳。"袁枚以汾酒为"烧酒之至狠者"，而在李汝珍《镜花缘》中，汾酒亦是名酒第一，可见"以狠为佳"的饮酒风尚已经逐渐为人所接受。清代末期，民生疲敝，黄酒进一步式微，南酒的传统势力范围也渐渐缩小，各种雪酒、木瓜酒、五加皮、绍兴酒都被高粱烧酒——取代。高粱烧酒多为土法酿制，是典型的"百家酒"，民间称呼亦非常混乱，如土烧酒、小酒、烧刀子等，不一而足。新中国成立后，这一类谷物烧酒被统一称为白酒，这便是白酒名称之始。新中国成立初期百废待兴，白酒相对于"奢侈"的黄酒具备天然优势，自然在统购统销机制的运作下向全国推广，迅速塑造了新时代下的饮酒习俗，而传承千年的黄酒也终于在这一过程中沦落

1　杨镳（生卒年不详），清代人。主持编纂《辽阳州志》。康熙二十年任辽阳州知州。

成为地域性酒品，不复古时气象。

　　中国酒文化的发展轨迹以发酵酒为主线，以黄酒为巅峰，而白酒直到清代才缓缓走上台前，对于白酒的拥趸来说，这样的历史或许有些意外。不过，历史一向是由种种意外组成的，饮食史同样如此。如果将清代乾隆年间作为白酒逆袭的起点，那白酒仅仅用了两百年时间就迅速打败了传承数千年的黄酒，并根本性地重塑了中国人的酒文化。从这个角度来看，中国酒史也大有一种"出走半生，归来少年"的另类浪漫了……

豆汁：走不出皇城根脚下的余味

孙中山在《建国方略》曾写过这么一句话："我中国近代文明进化，事事皆落人之后，惟饮食一道之进步，至今尚为文明各国所不及。"百年过去，中国早已摆脱了"事事皆落人之后"的历史包袱，而"饮食一道"依然保持着无与伦比的优势，有时随便输出一道中国人早已司空见惯的菜肴，便能将世界各国食客的想象力按在地板上摩擦。

美国"福克斯"网站曾经组织过一次"全球十大恶心食品"的评选，在这个如同食品界"金酸莓奖"的榜单上，有些是中国人喜闻乐见甚至可能价值不菲的食物，如燕窝、醉虾等，也有些评价呈两极分化之态的食物如皮蛋、菲律宾"巴卢特"——这个"巴卢特"，基本等同于中国南京特色小吃"煮毛蛋"。《福布斯》的专栏作家杰夫·贝尔科维奇对这些食物做了如此评价："鉴于一般的经验法则，这些食品极大挑战了西欧人或者北美人的美食概念。"

与电影不同，美食虽然有取材、技艺、营养等诸多方面的高下之分，但从味道层面来说毕竟"萝卜青菜各有所爱"，阿加莎[1]《谋杀启示》中的那个匈牙利女仆做菜嗜放大蒜，但这并不妨碍她成为一个很棒的厨师，所以食品界的"金酸莓奖"这个概念其实有些地域歧视，背后凸显了人类视野局限性下的"美食霸权主义"。当然，《福克斯》并非国际餐饮组织，这一类的评选有着浓浓的娱乐性质，但考虑到榜上有名的多是中国小吃，不知食客到底该感慨是欧美人的思想太保守，还是中国人的料理太天马行空了。

不过，美食上的地域歧视倒不仅爆发于东西方文明之间，中国地大物博，风俗各异，"阋墙而争"的传统小吃并不少见。在南北饮食文化有明显差异的大背景下，这种"内战"一般源于咸甜之争，比如豆浆、豆花、汤圆、粽子甚至番茄炒蛋；而另一种则牵扯到地方小吃在"饮食一体化"进程中的蜕变或是消亡——老北京传统小吃豆汁的坚持与挣扎，便属于后者。

1　阿加莎·克里斯蒂（Agatha Christie）（1890—1976年），英国女侦探小说家、剧作家。著有《无人生还》《东方快车谋杀案》《尼罗河上的惨案》。和日本松本清张（まつもとせいちょう），英国阿瑟·柯南·道尔（Arthur Conan Doyl）并称"三大推理文学宗师"。

× 『异端』
豆制品一族里的

生长在"天子脚下，皇城根儿"的老北京人，无疑是喜欢"吃豆腐"的，这种喜爱首先便体现在老北京花样繁多的豆制品上：豆浆、老豆腐、冻豆腐、豆腐干、豆腐熏干、白豆腐干、豆腐皮、豆腐脑、豆腐泡、炸三角、酱豆腐、臭豆腐、豆汁、麻豆腐、血豆腐、豌豆黄……仅仅把这些名字捋顺都让人觉得像是在念"贯口"，也难怪京城自古不乏相声艺人。不提这舞台上的你逗我捧，豆制品在老北京"遍地开花"的盛况也体现在歌谣中，一首老北京儿歌是这样唱的："要想胖，去开豆腐房，一天到晚热豆腐脑儿填肚肠。"

个中的"豆腐控"之意，自不难体会。老北京有些饭庄以豆腐为主打，同和居的大豆腐，砂锅居的砂锅豆腐，西单胡同里富庆楼的鱼头豆腐，都是一方街衢巷陌的名点；更有名气的则是京酱肉丝这样早已红遍大江南北的京派特色菜：细细的肉丝葱丝浇上浓郁的酱料，一股脑卷到准备好的一方豆皮里——千万要是豆皮，在老北京人眼中，那滋味能把薄饼春卷之类的替代品甩到河北……

不过，老北京小吃中的豆制品也不是样样都为外人所道，如王致和臭豆腐一般打出名号的更在少数；没了京酱与肉丝，即使把那个名声在外的豆皮单拎出来，做成凉拌老豆皮、豆皮糯米卷等，出了北京那堵老城墙也少有食客买单。"天子脚下，皇城根儿"八个字诚然是荣耀，但也如同一把无形的巨锁将这个千年古都画地为牢，很多只属于老北京的味道一旦越过这条地理上的界限，便立刻变得漫漶不清，尤其是老北京人钟爱的豆制品，有一些干脆便没有走出来，最终随着时光的流逝发酵成仅属于老北京的独特味道。

而其中最莫名的，便是让人又"爱"又"烦"的豆汁。

中国的豆制品以豆腐为一大宗，其余很多豆制品均为豆腐的衍生物。相传豆腐是汉文帝前元十六年（公元前164年），淮南王刘安在八公山上烧药炼丹时，偶然以卤水点豆汁发明出来的。这里的"豆汁"并不是后世的老北京豆汁，而是豆腐在点卤之前的液体形态——豆浆。点卤之后，通过特定的搅拌手法，豆浆会凝结成豆腐脑（又称豆腐花、豆花）；再将豆腐脑包起用木板压制，便成了最为常见的豆腐。由此看来，豆浆、豆腐脑和豆腐算得上豆制品中血缘最亲近的"三兄弟"了。

豆腐取材广泛。李时珍《本草纲目·谷部》二十五"豆腐"中记载：

"凡黑豆、黄豆及白豆、泥豆、豌豆、绿豆之类，皆可为之。水浸，硙碎。滤去渣，煎成。以卤汁或山矾叶或酸浆醋淀，就釜收之。"

豆腐是百家菜，取材广泛，黑白泥豌绿豆等都可以作为原材料，这是百家菜的"将就"；然而老北京豆汁的原料，只能是绿豆，其他的豆类便做不出来，这是豆汁的"讲究"。或许，也正是这种说不上"贵族"还是"异端"的特立独行，让豆汁注定无法像豆浆一样飞入寻常百姓家呢？

虽然用料讲究，但豆汁其实并不贵族。豆汁的"真实身份"，一言以蔽之就是在生产淀粉或粉丝过程中产生的绿豆残渣（下脚料）进行发酵而产生的汁水。不像生豆浆有毒必须煮沸了喝，生豆汁本身便可以喝，且别有一番青涩的滋味。根据老北京的传统，在粉房[1]喝生豆汁不用给钱，打走（外带）才付钱。豆汁本是贫民食物，不值什么钱。汪曾祺专门有一篇散文《豆汁儿》，里面专门写到过生豆汁：

"过去卖生豆汁儿的，用小车推一个有盖的木桶，串背街、胡同。不用"唤头"（招徕顾客的响器），也不吆唤。因为每天串到哪里，大都有准时候。到时候，就有女人提了一个什么容器出来买。有了豆汁儿，这天吃窝头就可以不用熬稀粥了。"

当然更为人青睐的是熟豆汁——便是将生豆汁慢慢熬制而成的什物。熟豆汁色泽灰绿，口感醇厚，味酸而回味微甜，老北京早餐铺子里的豆汁指的便是这种热气腾腾的熟豆汁。熬豆汁也有讲究，忌用铝锅铁锅等金属质地的灶具——发酵的豆汁会腐蚀金属，产生絮凝影响豆汁口感，而且过量摄入铝离子会影响人体健康，所以讲究的豆汁店均用砂锅熬制。不过砂锅的容量毕竟小，难以支撑商业用途，所以如隆福寺等豆汁名店用的是不锈钢大锅，比不上砂锅熬出的豆汁醇厚，但味道和颜色均远胜于铁锅。

还是汪曾祺的《豆汁儿》，关于熟豆汁的描绘更有老北京气息：

"卖熟豆汁儿的，在街边支一个摊子。一口铜锅，锅里一锅豆汁，用小火熬着。熬豆汁儿只能用小火，火大了，豆汁儿一翻大泡，就"澥"了。豆汁儿摊上备有辣咸菜丝——水疙瘩切细丝浇辣椒油、烧饼、焦圈——类似油条，但作成圆圈，焦脆。卖力气的，走到摊边坐下，要几套烧饼焦圈，来两碗豆汁儿，就一点辣咸菜，就是一顿饭。"

比起卖生豆汁的走街串巷，卖熟豆汁的通常有自己固定的摊位，一旦扎根就融

---

1 粉房，又称粉坊，是制作粉条、粉皮、粉丝等食品的作坊。

入了一座城市的风土人情。清末有本小吃集子名为《燕都小食品杂咏》，其中有描述老北京街头喝豆汁的情景："糟粕居然可作粥，老浆风味论稀稠。无分男女齐来坐，适口酸盐各一瓯。"

其后还有一注："得味在酸咸之外，食者自知，可谓精妙绝伦。"

这一个注，便颇值得玩味了。豆汁与其他城市的小吃相比在起源上并不出奇，奇的是它的味道：无论是生是熟，豆汁的制作过程都少不了发酵，所以带有很强的特殊气味，这种气味外地人一般喝不惯，不少人还会产生强烈的抗拒之心。《燕都小食品杂咏》所评的"精妙绝伦"四字因人而异，但"酸咸之外"的口感实在是"食者自知"——豆汁除北京以外几乎再没有消费市场，北京的豆汁店也基本集中在二环以内，而走街串巷零售豆汁的小商贩更是几乎绝迹，汪曾祺笔下的风物，《燕都小食品杂咏》中的盛况，如今统统化成文学作品里的追忆，那是再也看不到了。

其实在外人眼中，熬豆汁的过程倒真像是制作一道"黑暗料理"：倒入半砂锅的豆汁，熬到冒泡的时候倒进一些新的豆汁继续熬，待冒泡再倒，一点点地把剩余的豆汁加完，小火咕嘟着，直到黏稠适度、水粉交融。豆汁本身色泽便泛灰泛绿，味道又近泛酸泛泔，这般情景原本便容易让食客退避三舍，再加上那点半天不退的气泡——说是毒药恐怕也是有人会信的。

如此奇怪的豆汁为什么能被品味刁钻的北京人所接受反而令人称奇，不过汪曾祺在《豆汁儿》中倒是也多了一句嘴："北京的穷人喝豆汁儿，有的阔人家也爱喝。"

联想到老北京有喝生豆汁不用给钱的传统，豆汁很有可能便是穷人在柴米油盐的烦恼中开发出来的调剂品。豆汁的原料，本是制造绿豆粉丝时的下脚料，底层老北京人的日子过得并不富裕，有点食材便不舍得浪费，于是自然动起了这些下脚料的主意。粉房原是出产粉皮淀粉的地方，本不以卖生豆汁为营生，上磨时把豆子放在石磨上加水碾，细的成了豆浆，品质最好，用来做淀粉；顶稀的成了汁儿，即是豆汁；中间一层稠糊凝滞的暗绿色粉浆，装入布袋加热一煮，滤去水分，就成了老北京另一道特色小吃"麻豆腐"。作为下脚料，豆汁与麻豆腐价钱自然便宜，有小贩将它们整理好，到秋高气爽的时节推车挑担长吆短喝着"豆汁儿来——麻豆腐——"，日子久了自然也便成了产业，算得上一方豆汁养一方民了。

不仅仅是豆汁，叫得上名号的老北京小吃绝大部分都是汪曾祺笔下的"贫民食物"，上不得"台面"。老北京小吃有一个别称叫"碰头食"，指卖小吃的无固定摊位，而食客也多为游走闲逛之人，随性而至随心而食，不需要高消费也能图个新鲜。而北京地处中原与北方游牧势力的交界处，又因为皇城之利吸收了多民族的饮食风俗，所以老北京小吃虽然廉价，但依然能呈现出百花齐放的兴旺之势。著名的"老北京小吃十三绝"，有回人的艾窝窝，有满人的糖火烧和炒肝——豆汁作为饮品没能挤入"十三绝"，但跟它焦不离孟、孟不离焦的老搭档焦圈便位列其中。老北京人喝豆汁必吃焦圈，走街串巷的豆汁贩，其扁担上往往是一头挂豆汁锅，另一头摆着焦圈、咸菜、烧饼之类，没有这些"零食"，豆汁便没了一半滋味。老北京有个段子：把一个人踹躺下，踩着脖子灌碗豆汁下去，这人要是外地的，站起来少不了一番争斗；但要是北京人，站起来第一句怕是："有焦圈么？"其实这个焦圈也大有"来头"，和撒子一样源于一种古老的油炸面食——寒具。苏轼曾写过一首《寒具诗》："纤手搓成玉数寻，碧油煎出嫩黄深，夜来春睡无轻重，压褊佳人缠臂金。"所谓大俗即大雅，大致如此。

不过老北京风物到底没有如此雅致了。清末民初，穿戴体统者若坐在摊上吃这些小吃会被人耻笑——大体上也便是"孔乙己"之流的印象；唯有摊上喝豆汁算不上体面。一碗热气扑面的熟豆汁旁是几个大玻璃罩，内有店家自制的萝卜干、麻酱烧饼、椒盐马蹄等点心，凉棚上再挂起"X记豆汁"四个大字，一年四季生意不断，这背后是老北京人对豆汁的体谅。

如今，这些"X记豆汁"之类的老字号大多已经消逝在历史洪流中了。新生的北京人大多嫌豆汁味道古怪，卖豆汁的店家也越来越少。好这一口的老北京人为了一碗豆汁愿意大老远跑去地安门或是天坛——毕竟是富裕了，豆汁不再成为贫富差距的缩影，那个一买一大锅回家，一家人一起喝豆汁的情景自然也渐渐消失了。

食后感

　　很多饮食情结背后，往往不仅有文化、习俗，更有经济的推动。豆汁在百姓生活并不富裕的年代里为寻常人家增添了很多乐趣，这里有贫穷的动因，但也是老北京人对豆制品的情有独钟使然。无论豆汁能不能在新的时代留存乃至于发扬光大，它都将作为老北京传统文化的代表而被永远定格在历史与北京人的心中。

　　话说回来，外地人常常嫌豆汁的味道让人难以下咽，有时这也不是因为豆汁自身的原因——通常喝的熟豆汁需趁热饮用，凉了再入口便难免有怪味，只有把握了时机才能品味到甜中带酸、酸中有涩的独特滋味。有了好花，少了赏花的人，一样不解风情，豆汁滋味趁香时，品味美食之妙，又何尝不是如此呢？

对中国人来说，咖啡是一种外来食物，恰如苹果、辣椒和小麦一样——这一论断无疑是正确的，但读起来却有些不协调。的确，咖啡源于海外毋庸置疑，但苹果、辣椒和小麦的中国传统色彩浓厚，怎么成了外来食物呢？

先说苹果。不用提"一天一苹果，医生远离我"这句在中国深入人心的俗语——中国知名的苹果产地也比比皆是，而且分布广泛：东到太平洋沿岸的山东烟台，西到深入亚欧大陆的新疆阿克苏一线，均是苹果的势力范围。21世纪的第二个十年，中国更已成为世界上最大的苹果生产国，苹果种植面积和产量均占世界半壁江山。

次说辣椒。辣椒在中国餐桌上的"出镜率"之高，难有食材可媲美。八大菜系中均不乏辣椒的身影，川菜、湘菜更是以辣椒为灵魂。而作为调料，辣椒油更是打遍天下无敌手，无论是东北的拉皮、西北的凉皮、东南的米粉、西南的米线、横行大江南北的饺子……没有什么小吃，是一碗辣椒油驾驭不了的。

再说小麦。在中国人的食谱里，如果说苹果和辣椒还只是锦上添花，那小麦就只能用不可或缺来形容。小麦是当代中国主粮之一，在古代更是与稻米一道主宰了"北面南米"的格局，如果考虑到中原文化在数千年的时间里都代表了古代中国最先进的生产力，将中华文明归入小麦文明一派也不算特别不妥。

相比之下，咖啡似乎诞生伊始就带有浓浓的城市文化色彩。繁华的商圈或楼宇，时间大多在下午一两点，来去匆匆的都市白领手捧着来不及合上的笔记本电脑，对着咖啡师喊一声"拿铁""摩卡""馥芮白""卡布奇诺"……仅凭这些"洋气"十足的音译词，咖啡似乎也要和中国传统划清界线了。

不过，历史的有趣之处就在于，只需换一个视角，同样的事实就能带来不同的答案。

就以21世纪的第一年为起点。向前回溯129年，是同治十年（1871年），美国长老会成员约翰·倪维思将西洋苹果带到了烟台，而这种西洋苹果，日后在中国将流行到连名称中的"西洋"二字都被略去。向前回溯279年，是康熙六十年（1721年），《思州府志》上出现了中国最早食用辣椒的记载："海椒，俗名辣火，土苗用以代盐。"向前回溯409年，是万历十九年（1591年），高濂[1]在《遵生八笺》里记下了"番椒，丛生，白

1　高濂（明代嘉靖、万历年间前后在世），明代人。著有《遵生八笺》。擅戏曲，作品有《玉簪记》《节孝记》。

花。子俨秃笔头，味辣，色红，甚可观"，这一记载为后人确定了辣椒传入中国的时间下限。向前回溯约4000年，此时的中国尚未进入信史时代，小麦刚刚来到黄河流域，这里的人们甚至还没有发明出文字记录这一外来物种，当然更想象不到它将在后人手中经历漫长驯化，并成为建构中华文明最重要的农作物之一。

苹果的起源地在欧洲和中亚，辣椒的起源地在美洲，小麦的起源地在两河流域，而咖啡豆的起源地在非洲，它们"外来食物"的身份并没有不同。诚然，苹果、辣椒、小麦早已成为中华饮食的重要组成部分，但咖啡亦是如此——自1886年上海出现中国第一家咖啡馆虹口咖啡馆之后，咖啡之名就渐渐渗入诗词、小说、散文、戏剧等各类文学作品中，成为中国当代文化发展重要的见证者；而当时间进入21世纪时，全球咖啡馆最多的城市已然不是纽约、伦敦、东京、巴黎，而是上海。

如果说中国美食史就是一部外来物种的引进史，那咖啡的到来将是这部引进史中熠熠生辉的一页。

×『一次密接』一场发生于15世纪的

咖啡于清末传入中国。通过梳理各种文献资料，还可以将"清末"这个时间段进一步精确到具体年份，但这不代表咖啡在正式传入中国前与中国人没有交集。

咖啡豆起源于埃塞俄比亚与南苏丹接壤的高原地带，一个更为精确的推断是埃塞俄比亚南方州卡法地区的曼奇拉森林——卡法的拼写方式（Kaffa）与咖啡（Coffee）颇为相似也是佐证之一，但这一说法还有待证实。埃塞俄比亚分别于公元4世纪和6世纪两次跨越红海攻占也门，咖啡由此传入阿拉伯半岛。也门西南沿海有一个在中古时代极为繁荣的港口摩卡港（Mocha），依托摩卡港的贸易量，咖啡很快传播到了红海、地中海沿岸，而这些咖啡也统一被称为摩卡咖啡。如今有一种名为摩卡的花式咖啡，由拿铁及巧克力酱、奶油混合制成，这款咖啡名称的渊源便是古老的摩卡港。

阿拉伯帝国崛起后，也门始终掌握在阿拉伯人的手中，这一格局持续了数百年。阿拉伯人对是否接受咖啡一直摇摆不定，但最终于1454年宣布咖啡种植合法，咖啡遂以极快的速度传遍整个帝国。

也门所在的西亚正处于"五海三洲"¹之地，自古以来为兵家所必争，每数百年都会诞生出一个庞大的帝国。13世纪末，日渐强盛的奥斯曼帝国前后耗费了三个世纪，一点一点蚕食着阿拉伯人的领地，并最终将势力铺满这一地区，顺理成章地继承了咖啡豆种植技术和摩卡港。咖啡在奥斯曼帝国统治期间虽然屡遭保守派禁止，但最终为土耳其人所接受，成为上至王公、下至平民均无比热爱的国民饮品。咖啡的流行自然带来了咖啡文化的兴盛，16世纪30年代，大马士革出现了世界上第一家咖啡馆，至17世纪下半叶，咖啡馆已经遍布伊斯坦布尔等帝国都市的街头。在咖啡豆经欧洲人之手传遍世界之前，奥斯曼帝国是咖啡独一无二的中心，恰如中国之于茶一样。

15世纪的地中海局势动荡，而在东方也发生了一件波澜壮阔的大事：大明帝国的郑和自永乐三年（1405年）到宣德八年（1433年）七次率领船队下西洋，并在最后一次到达红海，咖啡与中国的"次密接"历史，由此在不经意间书写开来。

郑和下西洋后，阿拉伯半岛的居民开始使用近似于中国茶碗的陶器或瓷器饮用咖啡。再之后，也门古城宰比德附近的小镇海斯开始生产一种小巧精致、釉亮光滑的"咖啡碗"，其中一些碗甚至还模仿起中国瓷器中典型的蓝白青花图案。郑和第七次下西洋的时间为宣德八年（1433年），21年之后，咖啡在阿拉伯地区合法化；1517年，奥斯曼帝国终于将也门纳入版图。土耳其人在接受咖啡的同时也接受了使用瓷器饮用咖啡的习惯，直到今天，土耳其人喝啤酒习惯用桶型玻璃杯，喝红酒习惯用高脚玻璃杯，而喝咖啡依然习惯用瓷杯。虽然经过数百年的本地化，土耳其咖啡杯与中国茶杯已颇有不同，但在伊斯坦布尔的托普卡帕宫中，依然能看到当时奥

---

1 "五海"指地中海、黑海、里海、红海和阿拉伯海。"三洲"指亚洲、欧洲和非洲。

斯曼帝国皇室成员使用中国瓷茶杯作为咖啡杯的证据。

为什么中国的茶杯会成为阿拉伯人、土耳其人饮用咖啡的首选呢？安东尼·威尔蒂在《咖啡：黑色的历史》中记载了这样一个故事："当郑和的宝船于1417年到达亚丁港时，年轻的盖玛勒丁也恰好在亚丁。他被关于中国人饮用一种热水冲泡的叫做茶的干燥叶子来提神的描述所震撼了。盖玛勒丁后来成了一名在科学和宗教领域都受到尊重的苏菲信徒和学者。"

阿拉伯人、土耳其人使用中国瓷器饮用咖啡的选择可谓自然而然。在传入欧洲之前，咖啡饮用时是不需过滤的。咖啡师直接将水注入磨细的咖啡粉后用火或砂加热，煮好后直接倒入小杯，这一过程与中国人饮茶——尤其是工夫茶的模式并没有太大区别。如果阿拉伯人已经了解到中国人饮茶的习惯，将相关器具引入并进行适当的本土化改造，就是情理之中了。

这背后有着怎样的历史真相已经无从查证，但咖啡与茶共享中国茶杯的故事，却清晰地保留在各国的文化印记中。在这之后的几百年，欧洲的"咖啡大盗"和"茶叶大盗"们终于成功盗取了咖啡豆种和茶叶种并移植于全球，瓷器的制造工艺不再是中国工匠独有的秘密，奥斯曼帝国和大清帝国在欧洲文明的侵袭下逐渐衰落，而咖啡也最终在意式咖啡机的萃取中完全改变了喝法……联想到这一历史进程，咖啡与中国的"次密接"往事，又平添了一丝悲壮与苍凉。

兵分三路：咖啡步入中国之旅

在15世纪的"次密接"之后，中国与咖啡便再无瓜葛，直到鸦片战争之后，清朝不得不在坚船利炮的威逼下打开国门经受侵略者的"洗礼"，咖啡这才真正传入中国。咖啡在奥斯曼帝国日渐衰落中传入欧洲，又在大清帝国日薄西山时从欧洲传入中国，或许也是冥冥之中自有天意。

咖啡传入中国时已到近代，这时的史料相对丰富，文献留存也较完整，因此对咖啡传入具体年份的考证也相对容易一些。确切来说，这里所说的"传入"，是指咖啡豆作为一种农作物在中国得到有效种植，而非咖啡作为一种饮料成品出现在中国人的视野里。中国咖啡产地主要分布于台湾、云南、海南三省，这也是咖啡最早传

入中国的地区。三地咖啡传入的时间和路径相互独立，因而孕育出了三段微历史。

中国最早引入咖啡的省份是台湾，时间为光绪十年（1884年）。光绪二年（1876年），洋务运动的先驱之一丁日昌出任福建巡抚，第二年，在其拟定的《抚番善后二十一条章程》中载有以下内容：“咖啡之属，俾有余利可图，不复以游猎为事……”台湾大学王裕文于1998年主持编写的《国产咖啡质量特色及产业调查研究计划》中考证到：“光绪十七年（1891年）清澎台道兼布政使唐赞衮[1]《台阳见闻录》卷下提过‘英商杜西凌向白胳坪购地数十亩布种加非番果甚多’。”“加非”为咖啡旧译，这意味着咖啡至晚在1891年就已经实现了本土种植。

不过，通过外国文献还可能将这一时间下限进一步提前。美国驻华记者詹姆斯·惠勒·戴维森[2]于光绪二十九年（1903年）所著的《美丽岛的古往今来》中提及，英商德记洋行于光绪十七年（1891年）自美国旧金山引入一批咖啡苗并种植于三角涌。光绪二十一年（1895年），清朝与日本签订《马关条约》割让台湾，自此直至1945年，台湾均处于日据时期，因此日本人对台湾农业的研究相对详尽。1916年，

---

1 唐赞衮（清光绪年间前后在世），清代人。著有《台阳见闻录》。

2 詹姆斯·惠勒·戴维森（James W. Davidson），又译大卫生、达飞声（1872—1933年），美国人，首位美国驻华领事，记者。《美丽岛的古往今来》原名*TheIsland of Formosa, Past and Present*，出版于1903年。“Formosa”为葡萄牙文，音译为“福尔摩沙”，意为“美丽”。新航路开辟之后，葡萄牙人在全球开辟新航线，对许多新发现的土地以“福尔摩沙”命名，台湾岛亦在此列，被称为“福尔摩沙岛”。因此，该书书名亦可翻译为《福尔摩沙岛的过去与现在》《台湾岛的古往今来》。

台湾总督府技师田代安定所辑《热带植物殖育场报告》中记载，光绪十年（1884年），英商德记洋行自菲律宾马尼拉引入100株咖啡苗并种植于"台北州"[1]海山郡三角涌，最后存活了10株。此外，日本人泽田兼吉则通过《台湾农事报》考证，认为台湾的咖啡苗是由英商德记洋行自锡兰岛引入并种植于三角涌，存活大约3000株。

以上三种说法对中国引入咖啡苗的时间给出了三个不同的答案，但咖啡苗经英商德记洋行引入并种植于三角涌这一点是一致的。英商德记洋行于道光二十五年（1845年）由一位苏格兰商人泰特在厦门创立，并在同治四年（1865年）增设驻台分公司，从事台湾茶叶等农作物外销贸易，经营规模颇为可观。三角涌为台湾省新北市三峡区旧称，因处于大汉溪、三峡溪、横溪三河的汇流之口而得名，自清末便是台湾著名的开垦中心。英商德记洋行在开展农贸活动的同时自海外陆续引入一些咖啡苗在台湾垦区种植，符合当时的历史面貌。因此不妨推断，英商德记洋行分别于1884年、1885年、1891年从不同地方引入了咖啡苗——事实上引入的尝试可能更为频繁，但最终湮灭于史料中——因此台湾有籍可考的咖啡最早引入时间，是1884年，其源头则是菲律宾。

作为中国咖啡三大产地的另外两个成员，海南省、云南省咖啡引入的时间就相对较晚，但在路径上却独立于台湾。《澄迈县地方志》编纂委员会办公室编纂的《澄迈县大事记》提及："1898年，华侨引进咖啡苗种植于今文昌市南阳镇石人坡村。1908年，又有华侨引进咖啡种植于今儋州市那大镇附近。"琼海县政协编纂的《琼海文史》第1辑《我国第一次大批引种咖啡成功》中记载，1908年琼安垦务有限公司和华侨垦务公司分别从马来西亚、印度尼西亚大批引进咖啡苗并在琼海县石壁区、儋县那大镇种植，存活率很高。以光绪三十四年（1908年）作为咖啡引入海南的时间为众多书籍所接受，由此可以逆推出不知名华侨于光绪二十四年（1898年）引入海南的咖啡苗或是规模太小或是存活状态并不理想，因此没有产生影响。但可以明确的是，海南咖啡源自马来西亚、印度尼西亚。

云南咖啡的引入时间则更晚。云南省方志编纂委员会编纂的《云南省志》记载："1914年，景颇族从缅甸引入云南瑞丽县弄贤寨栽种，20世纪20至30年代分布到德宏州境内部分村寨的房前屋后零星种植。1950年全省仅存咖啡树5000余株，这些母树是后来全省发展咖啡生产的主要种苗来源……"陈德新在《中国咖啡史》中对1914年的来源做了更深入的考证，得出云南咖啡母树是景颇山官诺坎娶妻时从缅甸木巴坝引入的。按当地风俗，女方出嫁要以优良作物的种子陪嫁，因此缅甸的咖啡种便随着这门亲事来到了中国。不过，诺坎两次娶妻，咖啡种子的传入应为诺坎第一次成婚的光绪三十四年（1908年）。当然无论是哪一个年份，云南咖啡源自

---

1 台北州为台湾北部于日据时期至战后初期的行政区划之一，由原台北厅合并宜兰厅及桃园厅的三角涌支厅而成，辖域为今台北市、新北市、基隆市、宜兰县。

缅甸是可以明确的。

中国三大咖啡产地的咖啡苗均在清末传入，但彼此之间不仅路径的不同，模式更是不同。台湾咖啡的传入有着浓烈的殖民色彩，海南咖啡的传入则有着华人自我开放的意味，而云南咖啡的传入更多是传统制度框架下自然的农作物流动。而这三条轨迹和文化内蕴各异的路线，最终让咖啡这一饮品走上中国人的餐桌，并成为中华饮食文化中崭新却重要的组成部分。

咖啡 中华饮食的「新文化运动」

如果说自三代而始或原生，或引进的水稻、小麦等农作物构成了中华饮食文化的根基，那自19世纪末传入的咖啡则不啻中华饮食的"新文化运动"。自张骞通西域之后，中国历代均不乏新农作物的引入，其中汉晋时期引入的多以"胡"字打头，宋至明引入的多以"番"字打头，清末引入的多以"洋"字打头。相较而言，"咖啡"之名为纯粹的音译，在中华饮食引进史中颇有些"后现代"色彩。

道光二十年（1840年）在中国历史上是极为重要的一年。这一年鸦片战争爆发，中国逐渐沦为半殖民地半封建社会；也就在这一年，禁烟名臣林则徐[1]主持编译的《四洲志》出版，其中出现了"加非豆""架非豆"的记录——这就是咖啡在汉语中最早的译名。此后，咖啡的各类音译不绝于史，如"枷榧""茄啡""高馡""考非"等，1909年中国最早的西餐烹饪书《造洋饭书》中甚至译为"磕肥"，委实有失"信达雅"的原则。不过，清末开埠之后，外来事物如雨后笋一般涌入，面对众多的新生食物，国人亦难在短时间内寻求合适译名，如可口可乐便曾被音译为不知所云的"蝌蝌啃蜡"，相比之下"磕肥"倒还符合农作物的培养过程了。

作为农作物的咖啡直到1884年才引入台湾，但作为饮料的咖啡早在1853年便出现在上海人的视野中。这一年，英国药剂师莱维林于大马路花园弄成立了老德记药店，其中向客人提供咖啡。只是上海人对这种既酸且苦的饮料并不买账，以"咳嗽药水"称之。不过随着开埠程度的提高，至19世纪60年代，大量外国人成立的饭店、夜总会、俱乐部开始附设咖啡馆。直到1886年，上海公共租界出现了一家

1　林则徐（1785—1850年），字元抚，清代名臣。主持编译有《四洲志》《华事夷言》。主持开展"虎门销烟"运动。

独立营业的咖啡馆"虹口咖啡馆"，这成为中国咖啡馆之始。

当咖啡出现在药店时，中国人将其视为药品；一旦出现了声色犬马的咖啡馆中，咖啡就变成了闲趣雅兴，迅速融入文人骚客的笔端，成为诗词中一道亮丽的风景线。

当然，咖啡最初的亮相带有浓浓的猎奇意味。如辰桥《申江百咏》中的一首："几家番馆掩朱扉，煨鸽牛排不厌肥。一客一盆凭大嚼，饱来随意饮高馣。"余姚颐安主人《沪江商业市景词》中的竹枝词："考非何物共呼名，市上相传豆制成。色类砂粮甜带苦，西人每食代茶烹。"朱文炳《海上竹枝词》："大菜先来一味汤，中间肴馔辨难详。补丁代饭休嫌少，吃过咖啡即散场。"

随着中国人对咖啡的日渐熟悉，这种舶来的饮料也抛开其异域色彩并融入诗人心境，如毛元征《新艳诗》："饮欢加非茶，忘却调牛乳。牛乳如欢谈，加非似侬苦。"或周瘦鹃《生查子》中的："更啜苦加非，绝似相思味。"在这两部作品中，创作者已不把咖啡当成稀罕事物，而将其特征与情感相关联，"相思"从"酒入愁肠"变成了"更啜苦加非"，说明咖啡已经开始了文化层面的本土化历程。

当然，在特殊的历史境遇下，这种本土化注定将在漫长的岁月里局限于上海这座"东方巴黎"。20世纪后，上海咖啡文化已蔚为壮观，霞飞路、四川北路、愚园路等市区街道上咖啡馆林立，诞生了一批如特卡琴科、DDS、雷勃斯、文艺复兴等名店——在"新文化运动"的背景下，这一系列咖啡馆恰好为新时代的知识分子提供了温床，中国左翼作家联盟诞生的摇篮正是位于四川北路的公啡咖啡馆，而与

左联关系紧密的鲁迅，在日记中更屡屡提及咖啡，如"午后同柔石，雪峰出街饮加菲""侍桁来，同往市啜咖啡""午后同柔石往公啡喝咖啡"……如此说来，鲁迅虽然在《革命咖啡馆》里揶揄喝着"无产阶级咖啡"的革命文学家要"年轻貌美，齿白唇红"，其实其个人生活也绝离不开咖啡。

在众多文化大家的青睐下，上海的咖啡馆自然成了新时代文学作品的"孵化池"，田汉、张若谷、马国亮、周瘦鹃、曹聚仁、何为、冯亦代等作家都是咖啡文化的忠实拥趸。田汉1921年创作的独幕话剧《咖啡店之一夜》，最早在新文学作品中抒发了咖啡馆情结。之后林徽因的《花厅夫人》、温梓川的《咖啡店的侍女》、张若谷的《咖啡座谈》等咖啡文化作品，不一而足。咖啡馆招揽的顾客多文人，以至于连咖啡馆女侍都要具备一定的文学素养，张若谷在《咖啡座谈》提到田汉发起创办咖啡店时"训练懂文学兴趣的女侍，使顾客既得好书，又得清谈小饮之乐"，从中不难看出当时知识分子对咖啡馆所承载文化使命的热望。如果说，知识分子是"新文化运动"的主力军，那咖啡无疑就是中华饮食"新文化运动"的主打饮品了。

咖啡文化与海派知识分子勾连，第二次世界大战后美国咖啡对华大量倾销，咖啡也逐渐褪去精英色彩飞入寻常百姓家，咖啡加面包更成了街边小吃，为包括黄包车夫在内的底层人民所喜。1958年，"上海牌"咖啡诞生，虽然马上就迎来了三年严重困难，但饮用咖啡的风潮并未停歇，程乃珊《咖啡的记忆》中描述了当时的情景："三年困难时期上海仍有咖啡，为刺激销售，买一听上海牌咖啡可发半斤白糖票；在咖啡店堂吃咖啡可额外获得四块方糖和一小盅鲜奶。那个时候父母似更热衷无糖无奶的黑咖啡，然后像摆弄金刚钻样小心地将带回来的方糖砌成金字塔形。""上海牌"咖啡不仅仅是上海人的记忆，更一度"统治"了中国咖啡馆、宾馆的咖啡，成为全中国的时代记忆。

食后感

　　农作物意义上的咖啡传入中国的时间比西洋苹果晚不了多久，饮品意义上的咖啡传入时间则比苹果还要早数十年。相对于苹果，咖啡在中国人心中之所以带有更浓的异域色彩，其实不在于食物本身，而在于咖啡所代表的城市文化。

　　与始于呼朋唤友、终于微醺酩酊的传统酒馆不同，咖啡馆更适合城市文化下快节奏的陌生人社会，白领、职人之间打交道，相对安静独立的咖啡馆再加上提神又便于饮用的咖啡，无疑比酒与茶更为适宜。咖啡文化与城市文化相得益彰，咖啡传播的过程也自然伴随着城市文化对传统社会的侵袭，正是这种新旧文化的变革，给咖啡带来了异域感。

　　其实，中华饮食向来是不择细壤、海纳百川的。苹果、辣椒和小麦只是中华饮食千百年间引入的众多农作物中的九牛一毛，同时也在中国厨人的打磨下透出了浓浓的中国风味，咖啡当然也"逃"不了这样的命运。咖啡是世界的，不是某一个国家和地区的；咖啡也不可能被某一种文明所定义，当下的埃塞俄比亚、阿拉伯、土耳其等地区流行的咖啡技法与文化，便依然与欧美截然不同。

在中国，咖啡的本土化从一开始就是饮食与文化双重意义上的，也因此这一本土化过程会相对漫长；也因为这一过程的相对漫长，咖啡本土化又成为中华饮食文化演进的活化石，为后人研究古代外来食品的引入和演化提供了参考。这一点，从各类花式咖啡名称的翻译及定型历程中也多有体现。比如，拿铁源自意大利语中的"牛奶（Latte）"，因此以咖啡为基液做出的牛奶咖啡应当被称为"咖啡拿铁"。单独说一个"拿铁"，指的不一定就是"咖啡拿铁"，比如用抹茶为基液，饮品的名称就应该是"抹茶拿铁"，然而在业界，"拿铁"天然就等同于"咖啡拿铁"；如果将牛奶变成燕麦，那饮品的名称就应当是"燕麦咖啡"，然而业界对这种饮品的称呼却是"燕麦拿铁"，音译为汉语就成了"燕麦牛奶"而非燕麦咖啡。究其原因，是拿铁已经从文化角度被"咖啡"所"抢注"，和其原意牛奶的关系反而不那么密切——此时设想一个意大利人来到中国，发现"燕麦拿铁"中有咖啡却没有"拿铁（牛奶）"，会不会觉得有趣呢？这种误会最终会成为食物本土化过程中的典故，并成为中华饮食史乃至于世界饮食史的文化底蕴。

从中华饮食发展史的视角来看"更啜苦加非"中所蕴含的，可不只是文人的相思，更是文化上的传承。在未来的某一个时代，当后人追溯咖啡起源时，或许会略带一丝惊讶地发现咖啡居然也是一种外来食物，恰如苹果、辣椒和小麦一样。而这样的情节，在中华饮食发展史上已发生过无数次，未来也依然会如此。

（本课插图中出现的手冲咖啡、土耳其咖啡、拿铁等，均为作者本人制作。）

一食一课毕业季："晚熟"的中华美食

　　时至今日，中国食客们早已习惯了"中华美食甲天下"的尊荣，街边商厦林林总总的小吃店，墙上往往喜欢挂一段上逾千年的传说——虽然食客大多也不会把这些动辄与乾隆、诸葛亮、秦始皇甚至是黄帝、女娲有关的故事当真，但换个视角将华夏数千年历史视为数千年美食史，似乎也不算太夸张。

　　然而当我们沉下心来，沿着由无数农学专著、饮食典籍、地方志铺就的道路向时光深处回溯时，是不难发现这一真相的：中国历史虽然源远流长，但中华美食文化其实异常"晚熟"。"南食""北食"直到唐宋时期才逐渐分野，土豆、玉米、番茄、辣椒等食材直到明代才传入，"四大菜系"直到清初才成型，而当"八大菜系"隆重登场时，中国封建时代已经走向了尾声。不少如大盘鸡、螺蛳粉这种人们习以为常的小吃、菜肴菜式直到新中国成立之后才诞生，而"菜系"作为一个专有词条，直到1992年才被收录到《中国烹饪辞典》中。

　　本书这二十四节"美食课"在某种程度上来讲，并不是单纯地为了弘扬中华美食文化的源远流长而讲述的。它更像是一种祛魅，一种反思，让食客在中华美食的光环中回归真实，用理性的眼光去观察中华美食的本初面貌，感受它成长过程中的曲折萦纡、历经磨难。

　　了解中华美食的"晚熟"，能够让我们更客观地理解美食之重究竟重在哪里。很多学者热衷于证明中国为某某食材的起源地、某某烹饪技法的发明地，其实，本着学术精神，论证出来中国美食史的悠久固然可喜，但若这些食材和烹饪技法本是舶来品，硬要在发源的意义上将其中国化就大可不必，引用李根蟠在《中国农业史上的"多元交汇"——于中国传统农业特点的再思考》一文中的话，就是"任何一个国家、任何一个民族、任何一种文化，都不可

注：本文原名《中华尚食之道里，自有一个民族坚韧的初心》，发表于《文汇报》，有修改。原文被摘编为2022年浙江高考语文试卷阅读理解题，见封面勒口处。

能包打天下，它的生命力在于不断吸收异质文化来充实和发展自己。而中国的农业文化，历来有这种兼容并包的气度和能力"——中国农业文化是如此，中国美食文化当然也是如此。

了解中华美食的"晚熟"，能够让我们更冷静地意识到中华美食的演进其实是一个沉重而深邃的议题。中国人对烹饪技法的想象力、对食材的包容性、对饮食文化的钻研心，背后可能是几千年来面对自然灾害、粮食危机而不自觉总结出的自救手段。恶劣的生存环境倒逼出了中国人的美食创造能力，而当生活轨迹偶然进入太平盛世时，这种美食创造能力也不会消失，而是会在宽松的条件下迎来新一轮的进化。在数千年的累积过程中，这种略有些冷酷乃至于血腥的"一治一乱"，终于取得了璀璨华丽、福泽绵长的成果。因此，中华美食因其"晚熟"而显然更为耀眼。

被"民以食为天"逼出的想象力

每当新闻说海外某国某一物种——比如英国的小龙虾、美国的鲤鱼、挪威的帝王蟹泛滥成灾时，便有老饕开玩笑说愿主动请缨带着肠胃前去平叛，只要中国人举起筷子，压力就来到了食材这边。但其实，压力从来都在人这边，即便是中国人也不例外。

司马迁所引的"民以食为天"，指的也不是百姓对食物的盲目热情，而是传统农耕社会生存压力的写照。作为农业古国，中国较之其他文明更早出现了人口生态压力，这一压力在缔造了灵渠、都江堰、大运河等奇迹的同时，也极大激发了中国人对食材的想象力。林语堂在《中国文化精神》中提及中国人"吃遍了整个生物界"，这背后的血泪史实在一言难尽。

中国人的美食追求并非天然通向"味道至上"。先秦以降，中国饮食与养生、医疗结合得更为紧密，两汉时期谶纬之学与仙道之风盛行，饮食养生的风气远较宴席间的觥筹交错更吸引士大夫阶层。历史悠久的辟谷习俗，从某种角度来看甚至是反美食主义。

中国广袤的土地带来了丰富的物产，也伴随着频繁的霜雪瘟疫、旱涝蝗灾；中国悠久的历史孕育了璀璨的文明，但在封建专制的剥削下，苛捐杂税、土地兼并、兵燹之祸也不绝于史。天灾与人祸，常常将百姓劳心经营的农业生产成果吞噬得一干二净，严重时就是一片哀鸿遍野、赤地千里的惨象。《史记·货殖列传》中记载："岁在金，穰；水，毁，木，饥，火，旱……六岁穰，六岁旱，十二岁一大饥。"囿于认知与技术的限制，古人不得不将农业丰歉与五行学说联系起来，但这"十二岁一大饥"的判断背后有多少人间悲剧，可想而知。

后人言及"盛世"，大多会将目光指向汉唐两代。这两个朝代，国家统一、文化昌明、武功强盛、国威远播，直到几千年后，"汉字"和"唐人街"依然是中华文化的代名词。然而即便是这两个朝代，中国人的粮食危机也不绝于史。《汉书》中动辄出现"大饥，人相食。""饥，或人相食"的记载，而唐代皇帝曾十余次因缺粮暂时迁都洛阳，留下了"逐粮天子""就食东都"这些历史名词。帝尤如此，民何以堪。吴慧在《中国历代粮食亩产研究》中总结道："历史的事实是，一方面人们并非年年在饿肚子，吃饭问题并非始终没有解决，另一方面人们的日子很难老是过得好，吃饭问题在搞饭吃的劳动人民身上却不断发生。"这一论断正是四千年中国史背后的沉重真相。

穷则思变，在巨大的粮食危机面前，也不由得中国人对食物不具备足够的想象力。三国时期，中原动荡不安，天下四分五裂，曹操一边感叹着"白骨露於野，千里无鸡鸣"，一边编著了中国第一部独立饮食著作《四时食制》。南北朝时期，战争连年不断，自然灾害频发，集北方民间减灾思想和经验之大成的著作《齐民要术》应运而生。金人入主中原，宋室及北方士大夫阶层大举南迁后，以水稻栽培为主要内容的《陈敷农书》问世。元朝借助强大的骑兵缔造了人类历史上最庞大的帝国，但也让无数肥沃富饶的田地变得满目疮痍，司农司受命编著官书《农桑辑要》，之后王祯《农书》、鲁明善《农桑撮要》几乎同时出现，这一系列农学方面的成熟绝非偶然的巧合。

掩卷，又不得不联想到中华美食的烹饪技法和食材范围，相较于其他国家的菜系简直丰富到令人咋舌的程度，这是不是源于因为生存状况倒逼而产生的想象力呢？

"五谷杂粮"隐藏的包容性

如果说尽可能提高食材的利用率是"节流"，那积极引入外来物种为己所用就是"开源"。如果说"节流"表现了中华美食背后的地大物博，那"开源"则揭示了中华美食文化的兼容并蓄。

俗语有云："人食五谷杂粮，孰能无疾。""五谷"可以说是中国饮食文化的代表。"五谷"有两种说法，一是郑玄认为的"麻、黍、稷、麦、豆"，二是赵岐认为的："稻、黍、稷、麦、菽"。无论哪一种说法，麦——这里主要指小麦，都是中国人自古以来最重要、最普遍的主食之一。

然而，小麦并非中国土生土长的农作物。换句话说，支撑起中国几千年文明、给中华美食带来无限荣光的小麦，其实是个货真价实的舶来品。小麦起源于新月沃地，在甘肃民乐东灰山遗址、新疆孔雀河畔的古墓沟等西北地区分别发现了公元前两三千年的小麦遗存，这让后世的考古学家大致能勾勒出小麦传入中国的路线。小麦古称"麳"，在甲骨文中，"来"为小麦植株形象，"来"的"行来"之义正源于小麦的舶来品身份。当然，小麦的本土化也经历了数百年甚至上千年之久，直到北宋时期，中国农人才在土壤耕作、种子处理、栽培管理等技术层面积累到了足够的经验，让小麦在北方种植制度中取得了核心地位。

中国的主食，有"北面南米"之称，这背后是农作物的"北麦南稻"格局。中国是水稻的原产地之一，这毋庸置疑，但在古代中国"华夷秩序"的视野下，水稻来源于百越族先民的驯化，其实也并非纯粹的中原物产。大禹曾在黄河流域尝试推广稻作，对于以河南、河北、山西、山东为中心的夏王朝来说，大禹的做法无疑是一次物种引进的尝试，只是因为这一引进史过于久远，而长江文明最终与黄河文明一道成为中华文明不可分割的组成部分，因而被淡忘了。

但即便如此，关于水稻的引进史也并没有停止，《宋史·食货志》载："大中祥符四年（1011年）……帝以江淮、两浙稍旱即水田不登，遣使就福建取占城稻三万斛，分给三路为种，择民田之高仰者莳之，盖旱稻也……稻比中国者穗长而无芒，粒差小，不择地而生。"这里提到的占城稻，即源于古代越南南部的小国占城。占城稻适应性强、生长期短，因而在大中祥符被引入长江流域，以应对灾荒之困。

20世纪40年代，正值中国抗日战争最为艰苦的时期，东北地区流传了一首悲愤激昂的《松花江上》，起首一句便是："我的家在东北松花江上，那里有森林煤矿，还有那满山遍野的大豆高粱。"

"高粱"二字，很东北，也很中国，但不要意外——高粱的原产地不是中国，甚至不是东亚，而是遥远的非洲。高粱传入中国的时间与路线更难考证，因其早期有"蜀林""巴禾"之称，可能是由西南地区渐次传入中原，直到宋元两代成为北方人的重要主食。

除了主食，中国人对蔬菜瓜果更是海纳百川。中国人的菜谱上，有三类食材从名称就能看出其"海外血统"：第一类名称中带"胡"，基本于汉晋时期由西北陆路引入，主要有胡豆（蚕豆）、胡瓜（黄瓜）、胡蒜（大蒜）等。胡萝卜也源于西亚，但传入中国的时间稍晚。第二类名称中带"番"，主要于南宋、元明及清初由番舶引入，如番茄、番薯（红薯）、番椒（辣椒）等。第三类名称中带"洋"，大多由清代乃至近代引入，洋葱、洋芋（马铃薯）、洋白菜（甘蓝）等。如今，这些外来物种早已融入中华美食，甚至成为某些食物的灵魂所在——没有了蒜泥，火锅会黯然失色；没有了辣椒，整个川菜都会"哑火"；没有了番茄，多少人学会的第一道炒菜（番茄炒蛋）恐怕也要变个名称了……

"可以不朽也"背后的钻研心

中国食客说起中华美食之道，往往喜欢引用孔子的"食不厌精，脍不厌细"八个字。其实，孔子所言的"食不厌精，脍不厌细"更侧重于祭祀时饮食的态度而非对味道的追求。孔子生活的春秋末期，烹饪、碓春、切肉工艺均相对原始，将"食"做"精"、"脍"做"细"，体现了厨人与食者严肃真诚的态度。与此相对，孔子针对口腹之欲多有"君子食无求饱"的论断，追求食物的奢华精细，本身便与孔子的理念背道而驰。

孔子的饮食观背后，是其心怀的礼制。其实中国人与食物最早的联结不是味道，而是礼仪。《礼记》所言"夫礼之初，始诸饮食"，大意即是"礼仪制度和风俗习惯始于饮食礼"；而据《周礼》所载，周王室四千多名治官中一半以上的职责与饮食相关，细品之余不难发现上古食物与生俱来的森严与拘谨。春秋时期最著名的厨师——同时也是后世厨师的"祖师"易牙，其精致的厨艺与其说是职人的素养，更不如说是史书为勾画其残忍而加的脚注，从中也不难体味到美食与美德之间隐隐的矛盾。

古代中国对食物的"淡漠"不仅出于食材的缓慢积累、交融，更在于儒家文化对口腹之欲的"打压"。一方面，孔子"君子谋道不谋食"的教诲让士大夫阶层往往远离庖厨，以修齐治平为己任；另一方面，自汉武帝刘彻"罢黜百家独尊儒术"后，士大夫阶层仕途通畅，"学而优则仕"也有着丰富的现实回报。至晚在唐代之前，文人对于饮食之事是少有重视的。

隋唐时期饮食文化尤其是宴席之风虽有较大发展，但在盛世文治武功的影响下，士大夫阶层的追求依然在"提笔安天下、马上定乾坤"之中，"烹羊宰牛"式的盛筵并没有孕育出与之相当的饮食文化。唐代盛极一时的烧尾宴，也只是公卿士大夫的盛宴，远非平民百姓所能享受。

转折来自两宋：从个人角度来看，两宋文化昌盛导致读书人与日俱增以至于仕途门槛抬高，同时武功疲弱又令多少人雄志难酬。从朝廷角度来看，宋室有鉴于唐朝藩镇割据之痛，自宋太祖赵匡胤"杯酒释兵权"始便鼓励藩臣"择便好田宅市之，为子孙立永远之业，多致歌儿舞女，日饮酒相欢，以终其天年"。用舍行藏之下，也不由得士大夫们不将视线转向饮食了。北宋苏轼以嗜美食闻名，而其半生谪居的仕途，多多少少也体现了当时的饮食与儒家传统追求此消彼长的关系。

元朝统一后，汉族士人愈加边缘化。明清易代，朝廷中枢又多为满族垄断，"学而优则仕"的路途不再畅通无阻，文人的兴趣自然而然愈加转向犬马声色。张岱在其《自为墓志铭》中明言自己"好精舍，好美婢，好娈童，好鲜衣，好美食，好骏马，好华灯，好烟火，好梨园，好鼓吹，好古董，好花鸟，兼以茶淫橘虐，书蠹诗魔"，其实这也未尝不是当时文人集体的众生相。

特殊的时代背景使得"饮食之人"不再被轻贱，一大批美食家在明清之交应运而生。前述的张岱在其《陶庵梦忆》中洋洋自得地夸口"越中清馋，无过余者"，从北京的苹婆果到台州的江瑶柱，从山西的天花菜到临海的枕头瓜，大明两京一十三省的美食竟被他尝了个遍。又如戏曲大家李渔，一边醉心于梨园之乐，一边也不忘鲜衣美食这一类"家居有事"，并在其理论巨著《闲情偶寄部》中加入"饮馔"一部，系统阐述其"存原味、求真趣"的饮食美学思想与"宗自然、尊鲜味"饮食文化观念。再如评点"六才子书"的金圣叹，甚至传说他曾专门给儿子写了一封美食家书："字谕大儿知悉，花生米与豆腐干同嚼，有火腿滋味。"虽是传说，却能品味出当时文人士大夫阶层对美食的热衷沉迷已经到了怎样一种境界。在这一背景下，"食圣"袁枚的登场，可谓水到渠成。

袁枚在《与薛寿鱼书》公然提出"夫所谓不朽者，非必周、孔而后不朽也。羿之射，秋之奕，俞跗之医，皆可以不朽也"，而他自己则将饮食之道视为堪与周公孔子之作为相媲美的事业，因此可以毫无顾忌地"每食于某氏而饱，必使家厨往彼灶觚，执弟子之礼"。

袁枚作诗以"性灵说"为主张，认为诗直抒心灵，表达真意，这一主张也融合到了饮食中：他认为在烹饪之前要了解食材、尊重物性，注意食材间的搭配和时间把握；他反对铺张浪费，提出"肴佳原不在钱多"，食材之美更在于物尽其用；他将人文主义引入饮食，宣扬"物为人用，使之死可也，使之求死不得不可也"；他强调烹饪理论的重要性，以为中国烹法完全依厨人经验不利于传承，为了给后世食客厨人树立典范，又煞费苦心撰写出了《随园食单》——这部南北美食集大成之作，再一次为中华美食的发展开启了新的纪元。

《随园食单》之前，中国历代亦不乏饮食著作，但关于制法的记述往往过于简略，如《食经》《烧尾宴食单》之类甚至流于"报菜名"。宋元以降，饮食著作的烹饪方法逐渐明晰，但亦停留在"形而下"的层次。而《随园食单》则完成了饮食文化从经验向理论的最终蜕变。如"须知单""戒单"中梳理了物性、作料、洗刷、调剂、搭配、火候、器具、上菜等方方面面，"上菜须知"中的"盐者宜先，淡者宜后；浓者宜先，薄者宜后"等，都是对中国千年烹饪经验一次开创性的总结与编排。

在袁枚和他的《随园食单》之后，中国饮食文化在"形而上"的思想层面迈上了一个新台阶，在之后的百余年里，帮口菜渐渐发达，"四大菜系""八大菜系"逐渐成形，直到清朝国门被坚船利炮强行打开时，孙中山在《建国方略》中依然能够自信地写下："我中国近代文明进化，事事皆落人之后，惟饮食一道之进步，至今尚为文明各国所不及。"

说在最后

了解到中华美食荣光背后的漫漫长路，在物质生活极大丰富的岁月里，食客们或许会对"一粥一饭，当思来之不易"这句古训有更深的感悟。中华美食是美好的、华丽的、精致的，同时也是坚韧的、顽强的、隐忍的。中华美食文化是古老悠远的，同时也是大器晚成的。三代以降，四千年时光仿佛是一场漫长的蛰伏，为的只是在某一个时间，爆发出最绚烂的华章。

更值得回味的是，这个爆发的时段，正处于中国"四千年来未有之大变局"，当时的清王朝在长期"闭关锁国"消耗下，早已如风中残烛，无法应对西方的坚船利炮。当时的食客，在推杯换盏之时，是否曾想过，中国的美食自古以来最不缺的就是兼容并蓄的气度和能力？倘若孔子泉下有知，见到这一幕大约也不会再坚持"君子谋道不谋食"了吧——谋食之道里，自有一个民族最坚韧的初心。